모아 전기기사
전력공학

필기 이론+과년도 8개년

모아합격전략연구소

전기기사 자격시험 알아보기

01. 전기기사는 어떤 업무를 담당하는가?

A. 전기기사는 전기 설비의 설계, 시공, 유지 보수, 안전 관리 및 연구 개발을 담당합니다. 주요 취업 분야는 한국전력공사, 전기기기 제조업체, 전기공사업체, 전기 설계 전문업체 등 다양하며, 전기부품과 장비의 설계, 제조, 실험을 담당하는 연구실에서도 근무할 수 있습니다. 특히 신기술의 급격한 발전과 에너지 절약형 기기의 개발로 인해 전기 전문가의 수요가 꾸준히 증가할 전망입니다.

02. 전기기사 자격시험은 어떻게 시행되는가?

시행기관
한국산업인력공단

시험과목(필기)
전기자기학
전력공학
전기기기
회로이론 및 제어공학
전기설비기술기준

시행과목(실기)
전기설비설계 및 관리

검정방법(필기)
객관식 과목당 20문항
(과목당 20분)
※ 2025년부터 시험시간 단축

검정방법(실기)
필답형 2시간 30분

합격기준
필기 : 100점 만점에 과목당 40점 이상
전과목 평균 60점 이상
실기 : 100점 만점에 60점 이상

03 전기기사 자격시험은 언제 시행되는가?

구분	필기원서접수	필기시험	필기 합격자 발표 (예정자)	실기 원서접수	실기 시험	최종 합격자 발표일
2024년 제1회	01.23 ~ 01.26	02.15 ~ 03.07	03.13(수)	03.26 ~ 03.29	04.27 ~ 05.12	1차 : 05.29(수) 2차 : 06.18(화)
2024년 제2회	04.16 ~ 04.19	05.09 ~ 05.28	06.05(수)	06.25 ~ 06.28	07.28 ~ 08.14	1차 : 08.28(수) 2차 : 09.10(화)
2024년 제3회	06.18 ~ 06.21	07.05 ~ 07.27	08.07(수)	09.10 ~ 09.13	10.19 ~ 11.08	1차 : 11.20(수) 2차 : 12.11(수)

2025년 시험일정과 자세한 정보는 큐넷(https://www.q-net.or.kr)을 참고 바랍니다.

04 전기기사 최근 합격률은 어떠한가?

연도	필기			실기		
	응시	합격	합격률	응시	합격	합격률
2023	51,630명	11,477명	22.2%	23,643명	8,774명	37.1%
2022	52,187명	11,611명	22.2%	32,640명	12,901명	39.5%
2021	60,500명	13,365명	22.1%	33,816명	9,916명	29.3%
2020	56,376명	15,970명	28.3%	42,416명	7,151명	16.9%
2019	49,815명	14,512명	29.1%	31,476명	12,760명	40.5%
2018	44,920명	12,329명	27.4%	30,849명	4,412명	14.3%
2017	43,104명	10,831명	25.1%	25,309명	9,457명	37.4%

05 전기기사 자격시험 응시 사이트는 어디인가?

A. 큐넷(http://www.q-net.or.kr) 원서 접수는 온라인(인터넷, 모바일앱)에서만 가능합니다. 스마트폰, 태블릿PC 사용자는 모바일앱 프로그램을 설치한 후 접수 및 취소, 환불서비스를 이용하시기 바랍니다.

참 잘 만들어서 참 공부하기 쉬운
모아 전기기사 전력공학 필기

이 책의 특징 살짝 엿보기

예제 및 개념 체크 OX문제로 ONE-STEP 정리하기

이론을 학습한 후
예제와 개념 체크 OX문제를 통해
개념을 확실히 체크하고
문제에 바로 적용할 수 있습니다.
이론 이해와 문제 적용을
ONE-STEP으로 해결하세요.

최다빈출 N제로 유형 파악하기

과년도 15개년을 분석하여
최다 빈출 유형을
단계별 난이도로 분류하였습니다.

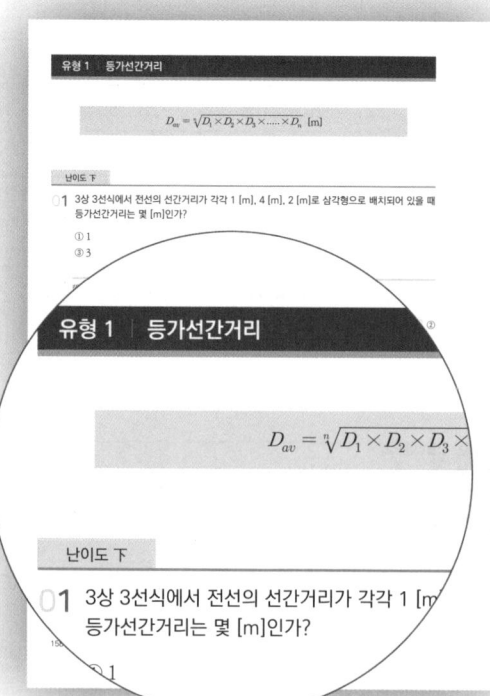

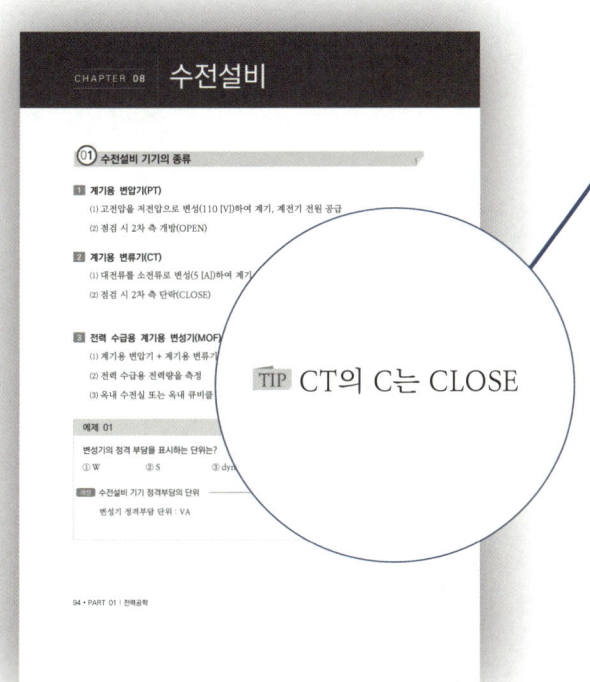

TIP으로 확실히 다지기

막히거나 **놓치기 쉬운 부분**도
잊지 않고 팁으로 안내해 드립니다.

8개년 기출로 시험 정복하기

기출 정복이 곧 합격 정복입니다.
2024년 최신 기출 복원문제부터
2017년 기출문제까지 모두 수록하여
충분한 연습이 가능하도록 하였습니다.
또한 **풍부한 해설을 포함**하여
어려움 없이 문제를 해결할 수 있습니다.

전기기사 전력공학 필기
11일 만에 완성하기

하루 소요 공부예정시간
대략 평균 3시간

📝 모아 전기기사 전력공학 **필기**

DAY 1	Chapter 01 전선로 Chapter 02 선로정수 및 코로나 Chapter 03 송전 특성	🖊 **학습 Comment** 전선로의 기본 개념을 익히고 송전 특성에 대하여 학습해 주세요.
DAY 2	이전 내용 복습 Chapter 04 조상설비 및 전력원선도	🖊 **학습 Comment** 기본개념을 복습하며 상을 조절하는 설비와 전력원선도에 대해 학습해 주세요.
DAY 3	Chapter 05 고장계산 Chapter 06 중성점 접지 및 유도장해 Chapter 07 이상전압 및 보호계전기	🖊 **학습 Comment** 고장, 이상이 생겼을 때의 대책에 대해 공부하는 단원입니다.
DAY 4	이전 내용 복습 Chapter 08 수전설비	🖊 **학습 Comment** 수전설비, 차단기에 대해 공부하는 단원입니다.
DAY 5	Chapter 09 배전방식 및 전기 공급 방식 Chapter 10 배전선로의 부하특성 및 운용	🖊 **학습 Comment** 송전 내용을 되새기며 배전 파트를 학습해 주세요.
DAY 6	Chapter 11 수력발전 Chapter 12 화력발전 Chapter 13 원자력발전	🖊 **학습 Comment** 발전에 대하여 학습하는 단원입니다. 방대한 분량에 비해 실제 출제 비중이 적으니 가벼운 마음으로 공부해 주세요.
DAY 7	최다빈출 N제 플러스	🖊 **학습 Comment** 복습과 함께 최다빈출을 풀어보며 과년도를 맞이하기 위한 준비를 해주세요.
DAY 8 ~ 11	매일 과년도 2개년 씩 풀기	🖊 **학습 Comment** 틀린 문제를 체크해가며 어느 단원에 취약한지 파악해 주세요.

최종점검 ▶▶▶ 과년도의 틀린 문제 위주로 학습하고 빈출 유형을 정리할 것

2025 모아 전기기사 시리즈

『However difficult life may seem,
there is always something you can do and succeed at.』

아무리 인생이 어려워보일지라도,
당신이 할 수 있고, 성공할 수 있는 것은 언제나 존재한다.

영국의 천재 물리학자인 스티븐 호킹이 남긴 말입니다.

호킹은 갑작스러운 루게릭 병 발병으로 신체적 장애를 얻었지만,
포기하지 않고 기계를 통해 세상과 소통하며
물리학에서 눈부신 업적을 이뤄내게 됩니다.

아무리 어렵고 불가능해 보일지라도,
자기 자신을 믿고 할 수 있는 일을 해내다 보면
반드시 성공할 날이 올 것입니다.

여러분 모두가 합격이라는 결승점에 닿을 때까지
저희가 곁에서 응원하겠습니다.
포기하지 마세요!

천은지 드림

모아 전기기사
전력공학

필기 이론+과년도 8개년

모아합격전략연구소

이 책의 순서

PART 01 전력공학

Ch 01 전선로

01 전선 ································ 016
02 애자 ································ 022
03 지지물 ······························ 023
개념 체크 OX ·························· 025

Ch 02 선로정수 및 코로나

01 선로정수 ···························· 026
02 복도체, 연가 ······················· 030
03 코로나 ······························ 032
개념 체크 OX ·························· 035

Ch 03 송전 특성

01 거리별 선로정수 및 회로 ········· 036
02 단거리 송전선로 ··················· 037
03 중거리 송전선로 ··················· 039
04 장거리 송전선로 ··················· 042
개념 체크 OX ·························· 045

Ch 04 조상설비 및 전력원선도

01 조상설비 ···························· 046
02 전력원선도 ························· 053
03 송전용량 ···························· 054
개념 체크 OX ·························· 057

Ch 05 고장계산

01 고장계산 ···························· 058
02 대칭좌표법 ························· 062
개념 체크 OX ·························· 066

Ch 06 중성점 접지 및 유도장해

01 중성점 접지 방식 종류 ············ 067
02 유도장해 ···························· 073
03 안정도 ······························ 076
개념 체크 OX ·························· 078

Ch 07 이상전압 및 보호계전기

01 이상전압 ······································· 079
02 이상전압의 대책 ························· 082
03 보호계전 방식 ····························· 087
개념 체크 OX ··································· 093

Ch 08 수전설비

01 수전설비 기기의 종류 ················ 094
02 CT결선 방법 ································ 097
03 차단기(CB) ··································· 098
개념 체크 OX ··································· 101

Ch 09 배전 방식 및 전기공급 방식

01 배전선로 구성 ····························· 102
02 배전 방식 ···································· 103
03 전기공급 방식 ····························· 108
개념 체크 OX ··································· 115

Ch 10 배전선로의 부하특성 및 운용

01 배전선로 전압강하 ····················· 116
02 부하특성 ······································ 116
03 배전선로의 전압조정 ················· 119
04 이상 현상 ···································· 121
05 보호설비 ······································ 123
개념 체크 OX ··································· 126

Ch 11 수력발전

01 수력발전소 구성도 ····················· 127
02 수력발전 구성설비 ····················· 127
03 수차 ··· 129
04 수력발전의 종류 ························· 131
05 수력학 ·· 133
06 기타 부속설비 및 용어 정리 ····· 135
07 하천유량 및 유량 측정 ············· 136
개념 체크 OX ··································· 138

Ch 12 화력발전

01 화력발전소 구성도 ····················· 139
02 화력발전 구성설비 ····················· 139
03 열 사이클 ···································· 141
04 열역학 ·· 143
개념 체크 OX ··································· 147

Ch 13 원자력발전

01 원자력발전소 구성도 ················· 148
02 원자력설비 ·································· 148
03 원자력발전의 특징 ····················· 150
04 원자력발전소의 종류 ················· 150
개념 체크 OX ··································· 154

PART 02

최다빈출 N제 플러스

유형 1 등가선간거리 ·················· 158
유형 2 이도(D) – 처짐정도 ·········· 160
유형 3 전압강하 ·························· 162
유형 4 %Z ································ 164
유형 5 전력용 콘덴서(병렬 콘덴서, SC) ······ 167
유형 6 4단자 정수 ······················ 169
유형 7 수력발전 출력(P) ·············· 171

PART 03

과년도 기출문제

2024년 1회 ····································· 176
2024년 2회 ····································· 181
2024년 3회 ····································· 186
2023년 1회 ····································· 191
2023년 2회 ····································· 196
2023년 3회 ····································· 201
2022년 1회 ····································· 206
2022년 2회 ····································· 211
2022년 3회 ····································· 217
2021년 1회 ····································· 223
2021년 2회 ····································· 229
2021년 3회 ····································· 235
2020년 1, 2회 ································ 241
2020년 3회 ····································· 246
2020년 4회 ····································· 252
2019년 1회 ····································· 257
2019년 2회 ····································· 262
2019년 3회 ····································· 267
2018년 1회 ····································· 272
2018년 2회 ····································· 278
2018년 3회 ····································· 283
2017년 1회 ····································· 288
2017년 2회 ····································· 293
2017년 3회 ····································· 298

CHAPTER 01 전선로
CHAPTER 02 선로정수 및 코로나
CHAPTER 03 송전 특성
CHAPTER 04 조상설비 및 전력원선도
CHAPTER 05 고장계산
CHAPTER 06 중성점 접지 및 유도장해
CHAPTER 07 이상전압 및 보호계전기
CHAPTER 08 수전설비
CHAPTER 09 배전 방식 및 전기공급 방식
CHAPTER 10 배전선로의 부하특성 및 운용
CHAPTER 11 수력발전
CHAPTER 12 화력발전
CHAPTER 13 원자력발전

01 PART
필기

모아 전기기사

전력공학

CHAPTER 01 전선로

01 전선

1 전선로의 구성

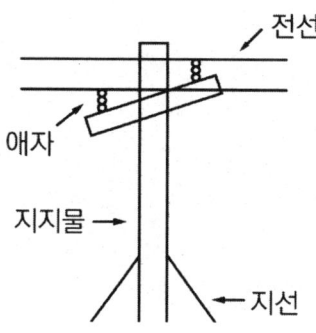

2 전선

(1) 구비조건
　① 큰 도전율
　② 충분한 기계적 강도
　③ 좋은 내구성
　④ 큰 가요성
　⑤ 작은 비중
　⑥ 저렴한 가격

(2) 전선의 굵기 선정
　① 전선의 굵기 선정 시 고려사항 : 허용전류, 전압강하, 기계적 강도　　　암기 허접강도
　② 캘빈의 법칙 : 가장 **경제적인** 전선 굵기 선정 방법

3 구조에 의한 분류

(1) 단선 : **한 가닥**의 소선으로 만든 전선
(2) 연선 : 소선 **여러 가닥**을 꼬아서 만든 전선

(3) 연선 각 요소 계산 정리

① 소선 층수 n : 중심 소선을 뺀 층수

② 연선 소선 총수 $N = 3n(n+1) + 1$ [가닥]

③ 연선 바깥지름 $D = (2n+1)d$ $[mm]$ d : 전선 직경

④ 연선 공칭 단면적 $S = \dfrac{\pi}{4}d^2 \times N$ $[mm^2]$

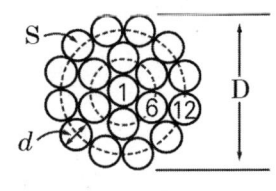

(4) 중공연선

① 도체 중심부가 비어 있음

② 코로나 발생 방지

③ 표피 효과 대응 가능

예제 01

19/1.8 [mm] 경동연선의 바깥지름은 몇 [mm]인가?

① 5   ② 7   ③ 9   ④ 11

해설 소선 층수(n) 계산

- 소선 총수 식 N = 3n (n + 1) + 1
  19 = 3n (n + 1) + 1,   n = 2
- 바깥지름 D = (2n + 1) d = (2×2 + 1) × 1.8 = 9 [mm]

정답 ③

4 재료에 의한 분류

(1) 동선

① 경동선 $\rho = \dfrac{1}{55}$ $[\Omega \cdot mm^2/m]$ ρ (고유저항) : 전선 자체 저항

② 연동선 $\rho = \dfrac{1}{58}$ $[\Omega \cdot mm^2/m]$

(2) 강심 알루미늄 연선(ACSR)

구조	특징
강심(철), 알루미늄	• $\rho = \dfrac{1}{35}[\Omega \cdot mm^2/m]$ • 알루미늄은 구리보다 가벼우므로 **중량이 감소함** • 전선 중앙에 강심을 넣어 일반 전선보다 **바깥지름이 큼** • 코로나 발생 방지

5 표피 효과

전류가 전선 중심부보다 표피로 흐르는 현상

(1) 침투깊이 $\delta = \dfrac{1}{\sqrt{\pi f \mu k}}[m]$ f : 주파수, μ : 투자율, k : 도전율

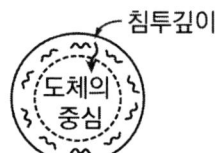

(2) 투자율·주파수·전선 굵기·도전율이 클수록
  침투깊이 감소, 표피 효과 증가

예제 02

표피 효과에 대한 설명으로 옳은 것은?

① 표피 효과는 주파수에 비례한다.
② 표피 효과는 전선의 단면적에 반비례한다.
③ 표피 효과는 전선의 비투자율에 반비례한다.
④ 표피 효과는 전선의 도전율에 반비례한다.

해설 표피 효과(전류가 표피 측으로 흐름)

• 침투깊이 $\delta = \dfrac{1}{\sqrt{\pi f \mu k}}[m]$ f : 주파수 μ : 투자율 k : 도전율
• 침투깊이와 표피 효과의 관계
  1) 투자율이 클수록   2) 주파수가 높을수록
  3) 전선이 굵을수록   4) 도전율이 높을수록
              ∴ 침투깊이 감소, 표피 효과 증가

정답 ①

6 전선 보호설비

(1) 댐퍼(Damper) : 전선 **진동방지**설비

(2) 오프셋(Offset) : 전선 도약에 의한 상·하부 전선의 단락사고 방지

(3) 아머로드(Armor Rod) : 전선 지지점에서의 단선 방지

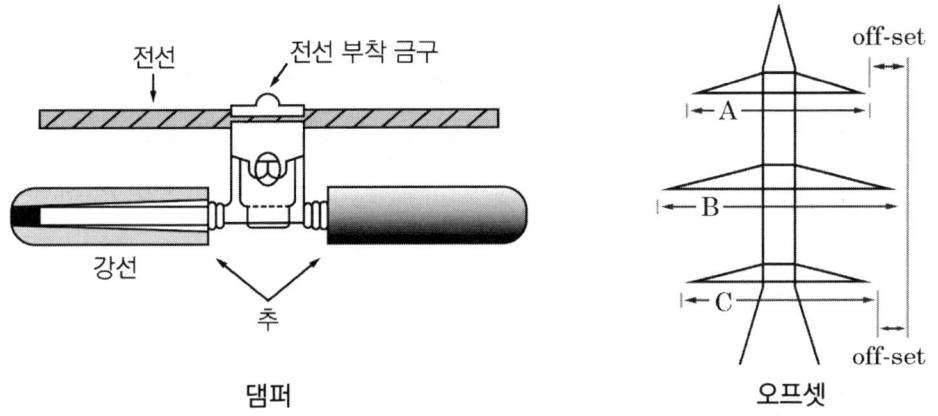

예제 03

다음 중 송·배전선로의 진동 방지 대책에 사용되지 않는 기구는?

① 댐퍼   ② 조임쇠   ③ 클램프   ④ 아머 로드

[해설] 전선 진동 방지 대책설비

댐퍼·클램프·아머로드

정답 ②

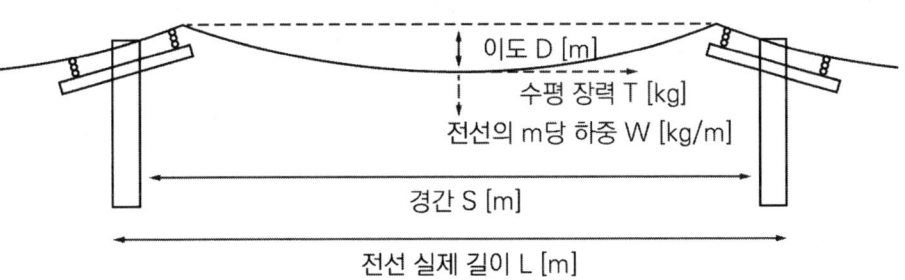

7 이도(D) – 처짐정도

전선이 밑으로 처진 정도를 나타내는 수직거리

(1) 이도 계산

$$D = \frac{WS^2}{8T} [m]$$

T : 수평장력 $\left(= \frac{인장하중}{안전율}\right)$ [kg]

W : 전선의 [m]당 하중 [kg/m]   S : 경간 [m]

(2) 수평장력 : 전선이 직선거리로 팽팽하게 될 때 전선주와 전선에 작용하는 힘

(3) 경간 : 전주와 전주 사이의 수평거리

(4) 전선 실제 길이 $L = S + \frac{8D^2}{3S} [m]$

(5) 전선 평균 높이 $H_0 = H - \frac{2}{3}D [m]$

예제 04

가공전선로의 경간 200 [m], 전선의 자체 무게 2 [kg/m], 인장하중 5000 [kg], 안전율 2인 경우 전선의 이도는 몇 [m]인가?

① 2   ② 4   ③ 6   ④ 8

해설 전선의 이도

- 수평장력 $T = \frac{인장하중}{안전율} = \frac{5000}{2} = 2500 [kg]$
- 전선의 이도 $D = \frac{WS^2}{8T} = \frac{2 \times 200^2}{8 \times 2500} = 4 [m]$

W : 전선 무게 [kg/m] S : 경간 [m] T : 수평장력 [kg]

정답 ②

예제 05

전선의 지지점의 높이가 15 [m], 이도가 2.7 [m], 경간이 300 [m]일 때 전선의 지표상으로부터의 평균 높이 [m]는?

① 14.2   ② 13.2   ③ 12.2   ④ 11.2

> **해설** 전선 평균높이

$$H_0 = H - \frac{2}{3}D = 15 - \frac{2}{3} \times 2.7 = 13.2[m]$$

> **정답** ②

예제 06

가공 선로에서 이도를 D [m]라 하면 전선의 실제 길이는 경간 S [m]보다 얼마나 차이가 나는가?

① $\frac{5D}{8S}$ ② $\frac{3D^2}{8S}$ ③ $\frac{9D}{8S^2}$ ④ $\frac{8D^2}{3S}$

> **해설** 전선의 실제 길이

$$L = S + \frac{8D^2}{3S}[m]$$

> **정답** ④

8 전선의 하중(W)

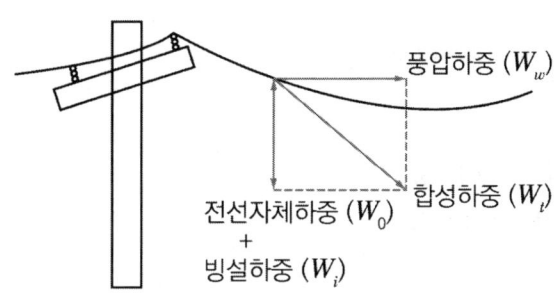

(1) 전선 자체의 하중(W_0)

(2) 빙설하중(W_i) : 빙설이 부착된 상태의 하중

(3) 풍압하중(W_w) : 바람에 의한 하중, 가장 크게 작용

　① 빙설이 적은 지방(고온계) $W_W = \dfrac{Pd}{1000}\ [kg/m]$

　② 빙설이 많은 지방(저온계) $W_W = \dfrac{P(d+12)}{1000}\ [kg/m]$

P : 풍압 $[kg/m^2]$　d : 지름 $[mm]$

(4) 합성하중(W_t)

① 빙설이 적은 지방(고온계) $W_t = \sqrt{W_0^2 + W_W^2}\ [kg/m]$

② 빙설이 많은 지방(저온계) $W_t = \sqrt{(W_0 + W_i)^2 + W_W^2}\ [kg/m]$

02 애자

전선로와 지지물 사이를 **절연** 및 **지지**하기 위한 설비

1 애자의 구비 조건

(1) **절연 내력** 및 저항이 클 것

(2) 온도 급변에 견디고, 습기를 흡수하지 말 것

(3) **누설전류**가 적을 것

(4) 기계적 강도가 클 것

2 애자 보호설비

(1) 선로의 섬락으로부터 애자련을 보호

(2) 종류

① 초호환 = 소호환 = 아킹 링

② 초호각 = 소호각 = 아킹 혼

3 전압별 애자 개수(250 [mm] 현수애자 기준)

[kV]	66	154	345	765
개	4 ~ 6	9 ~ 11	19 ~ 23	39 ~ 43

TIP 대략적인 애자 개수
66 [kV] : 5개 / 154 [kV] : 10개
345 [kV] : 20개 / 765 [kV] : 40개

4 애자련의 전압부담

(1) 전압부담이 가장 큰 것
전선에서 가장 가까운 것

(2) 전압부담이 가장 적은 것
① 철탑에서 1/3 지점
② 전선에서 2/3 지점

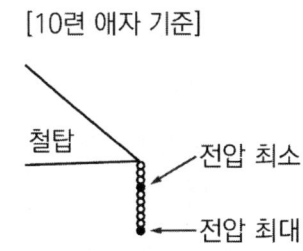

TIP 애자련 10개 연결 시, 철탑에서 세 번째 있는 것

5 현수애자의 섬락 전압(250 [mm] 현수애자 기준)

(1) 현수애자의 양 전극 간에 시험전압을 인가해서 섬락이 일어나는 최대전압

(2) 섬락전압의 종류
① 건조 섬락전압 : 건조한 상태에서 섬락전압, 약 80 [kV]
② 주수 섬락전압 : 물기가 있는 상태에서의 섬락전압, 약 50 [kV]
③ 유중 섬락전압 : 절연유가 있는 상태에서의 섬락전압, 140 [kV]
④ 충격 섬락전압 : 충격파를 가한 상태에서의 섬락전압, 125 [kV]

6 애자련의 효율(연능률)

$\eta = \dfrac{V_n}{nV_1}$　　V_n : 애자련의 섬락전압　V_1 : 애자 1개의 섬락전압　n : 애자 개수

03 지지물

전선을 안전하게 지지해주기 위한 구조물

1 지지물의 종류

(1) 목주 : 나무로 만든 전주

(2) 철근 콘크리트주 : 철근에 콘크리트를 입혀 만든 전주

(3) 철주 : 철근으로 만든 전주

(4) 철탑 : 철골이나 철주를 소재로 한 송전선의 지지물

2 철탑의 종류

(1) 직선형(A형) : **수평각도 3° 이하**인 직선 전선로 부분에 채용

(2) 각도형 : 수평각도 3°를 초과하는 부분에 채용
　① B형 : 수평각도 3°를 초과하는 부분에 채용
　② C형 : 수평각도 20°를 초과하는 부분에 채용

(3) 인류형(D형) : 수평각도 60°까지 되는 경우 적용, **끝부분에 시설**

(4) 보강형 : 전선로 직선 부분을 보강할 경우 채용, 철탑 5기마다 보강을 위해 설치

(5) 내장형(E형) : 10기 이하마다 1기 비율로 첨가(**경간 차가 큰 곳**)

예제 07

전선로의 지지물 양쪽의 경간의 차가 큰 장소에 사용되며, 일명 E형 철탑이라고도 하는 표준 철탑의 일종은?

① 직선형 철탑　　　　　　　　② 내장형 철탑
③ 각도형 철탑　　　　　　　　④ 인류형 철탑

해설 내장 철탑(E 철탑)
전선로 양쪽 경간의 차가 큰 부분에 설치

정답 ②

---

3 지선(지지선)

(1) 정의 : 지지물 강도 보강 및 전선로의 안정성을 증대시키는 보조선

(2) 지선의 종류
　① 보통지선 : 일반적으로 전선을 지지하기 위한 지선
　② 수평지선 : 토지상황에 따라 보통지선의 시설이 곤란한 경우 사용하는 지선
　③ 공동지선 : 장력이 거의 같은 경우 수평으로 시설하는 지선
　④ Y지선 : 장력이 큰 경우 시설하는 지선
　⑤ 궁지선 : 장력이 비교적 작고, 공사상 부득이한 경우 시설하는 지선

CHAPTER 01 | 개념 체크 OX

1. 전선의 굵기 선정 시 고려사항은 허용전류, 전압강하, 기계적 강도 세 가지이다. [O][X]
2. 표피 효과는 전선의 단면적에 반비례한다. [O][X]
3. 댐퍼(Damper)는 전선 진동방지설비이다. [O][X]
4. 전선 실제길이 계산식은 $L = S + \dfrac{8D^2}{3S}\,[m]$ 이다. [O][X]
5. 애자는 절연내력 및 저항이 작아야 한다. [O][X]
6. 초호환은 애자보호설비이다. [O][X]
7. 직선형 철탑은 수평각도 3°를 초과하는 부분에 채용한다. [O][X]
8. 경간 차가 큰 곳에는 내장형 철탑을 첨가한다. [O][X]
9. 전선에서 가장 가까운 애자가 전압부담이 가장 크다. [O][X]
10. 수평장력은 전선이 팽팽하게 될 때 전선주와 전선에 작용하는 힘이다. [O][X]

정답 01 (O) 02 (X) 03 (O) 04 (O) 05 (X) 06 (O) 07 (X) 08 (O) 09 (O) 10 (O)

2. 표피 효과는 전선의 단면적에 <u>비례</u>한다.
5. 애자는 절연내력 및 저항이 <u>커야</u> 한다.
7. <u>각도형</u> 철탑은 수평각도 3°를 초과하는 부분에 채용한다.

CHAPTER 02 선로정수 및 코로나

01 선로정수

1 선로의 4가지 정수

(1) 저항(R), 인덕턴스(L), 정전용량(C) 및 누설 컨덕턴스(G)

(2) 전선 종류·굵기·배치에 따라 정해지고, 전압·주파수·전류·역률 등에는 영향을 받지 않음

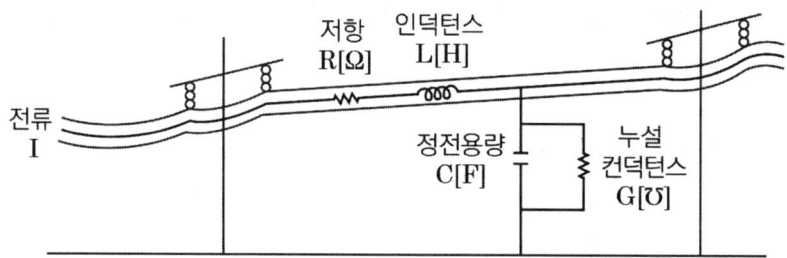

2 저항 R [Ω]

(1) 정의 : 전하의 흐름을 방해하는 정도

(2) 저항 계산

$R = \rho \dfrac{l}{A}$ [Ω]

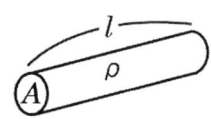

ρ : 저항률 [$\Omega \cdot m$]　A : 단면적 [m^2]　l : 선로길이 [m]

3 인덕턴스 L [H]

(1) 정의 : 전선에 전류가 흐르면 자속(ϕ)이 발생하며, 이 자속에 의해 전류 흐름을 방해하는 역기전력을 발생시키는 성분

(2) 인덕턴스 계산

① 도체의 작용 인덕턴스

$L = 0.05 + 0.4605 \log_{10} \dfrac{D}{r}$ [mH/km]

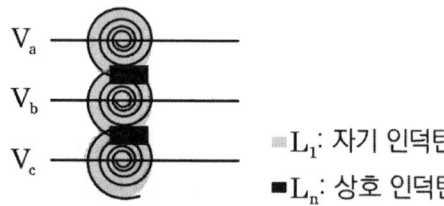

■ L_1 : 자기 인덕턴스
■ L_n : 상호 인덕턴스

D : 등가선간거리　r : 전선의 반지름

② 대지 귀로 자기 인덕턴스

$$L = 0.1 + 0.4605 \log_{10} \frac{2H}{r} \, [mH/km]$$

H : 등가 대지면의 깊이

예제 01

가공 왕복선 배치에 지름이 d [m]이고, 선간거리가 D [m]인 선로 한 가닥의 작용 인덕턴스는 몇 [mH/km]인가? (단, 선로의 투자율은 1이라 한다)

① 직선형 철탑
② 내장형 철탑
③ 각도형 철탑
④ 인류형 철탑

해설 작용 인덕턴스 계산

$$인덕턴스\ L = 0.05 + 0.4605 \log_{10} \frac{D}{r} = 0.05 + 0.4605 \log_{10} \frac{D}{\frac{d}{2}}$$

$$= 0.05 + 0.4605 \log_{10} \frac{2D}{d} \, [mH/km]$$

정답 ④

예제 02

송배전선로에서 도체의 굵기는 같게 하고, 도체 간의 간격을 크게 하면 도체의 인덕턴스는?

① 커진다.
② 작아진다.
③ 변함이 없다.
④ 도체의 굵기 및 도체 간의 간격과는 무관하다.

해설 도체 간 간격과 인덕턴스의 관계

$$인덕턴스\ L = 0.05 + 0.4605 \log_{10} \frac{D}{r}$$

∴ 선간거리(D) 증가 시 인덕턴스 증가

정답 ①

4 정전용량 C(F)

(1) 정의 : 도체 간 전위차가 나타날 때 전하를 축적하는 능력

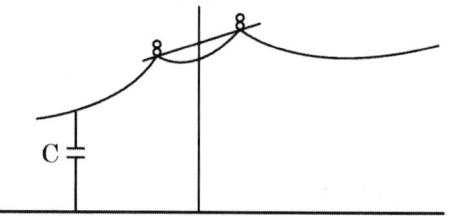

(2) 정전용량 계산

① 1선당 작용정전용량
- 단도체

$$C = \frac{0.02413}{\log_{10}\frac{D}{r}} [\mu F/km]$$

D : 등가선간거리 r : 전선의 반지름

② 1선당 작용정전용량(부분정전용량)

단상 1회선	3상 1회선
$C = C_s + 2C_m$	$C = C_s + 3C_m$

예제 03

정삼각형 배치의 선간거리가 5 [m]이고, 전선의 지름이 1 [cm]인 3상 가공 송전선의 1선의 정전용량은 약 몇 [μF/km]인가?

① 0.008   ② 0.016   ③ 0.024   ④ 0.032

해설 정전용량(C) 계산

$$\text{정전용량 } C = \frac{0.02413}{\log_{10}\frac{D}{r}} = \frac{0.02413}{\log_{10}\frac{5}{0.5\times 10^{-2}}} = 8.04\times 10^{-3} = 0.008\times 10^{-6} = 0.008 [\mu F/km]$$

정답 ①

예제 04

3상 3선식 송전선로에서 각 선의 대지정전용량이 0.5096 [μF]이고, 선간정전용량이 0.1295 [μF]일 때 1선의 작용정전용량은 약 몇 [μF]인가?

① 0.6 ② 0.9 ③ 1.2 ④ 1.8

해설 작용정전용량 계산

$C = C_s + 3C_m = 0.5096 + 3 \times 0.1295 ≒ 0.9\,[\mu F]$ C_s : 대지정전용량 C_m : 선간정전용량

정답 ②

5 선로정수를 이용한 등가선간거리(Dav) 계산

(1) 등가선간거리의 정의 : 전선 사이의 기하학적 평균거리를 계산한 것

(2) 등가선간거리의 계산

$$D_{av} = \sqrt[n]{D_1 \times D_2 \times D_3 \times \cdots \times D_n}\,[\text{m}]$$

(3) 배열별 등가선간거리의 계산 [m]

직선 배열	정삼각형 배열	정사각형 배열
$D_1 = \sqrt[3]{D \times D \times 2D}$ $= \sqrt[3]{2}\,D$	$D_2 = \sqrt[3]{D \times D \times D}$ $= D$	$D_3 = \sqrt[6]{D \times D \times D \times D \times \sqrt{2}\,D \times \sqrt{2}\,D}$ $= \sqrt[6]{2}\,D$

예제 05

3상 3선식 송전선로의 선간거리가 각각 50 [cm], 60 [cm], 70 [cm]인 경우 기하학적 평균 선간거리는 약 몇 [cm]인가?

① 50.4
② 59.4
③ 62.8
④ 64.8

해설 등가선간거리 계산

등가선간거리 $D = \sqrt[3]{D \times D \times D} = \sqrt[3]{50 \times 60 \times 70} = 59.4\,[cm]$

정답 ②

02 복도체, 연가

1 복도체(다도체)

(1) 등가반지름 R_e [m]
  ① 복도체 내 2개 이상 가닥을 하나의 전선으로 보았을 때의 반지름
  ② 등가반지름 $R_e = \sqrt[n]{rs^{n-1}}$　　　　　　n : 소도체 수　s : 소도체 간격

(2) 다도체에서의 인덕턴스, 정전용량
  ① 다도체에서의 인덕턴스
  $$L = \frac{0.05}{n} + 0.4605 \log_{10} \frac{D}{\sqrt[n]{rs^{n-1}}}\,[mH/km]$$　　n : 소도체 수　s : 소도체 간격

  ② 다도체에서의 정전용량
  $$C = \frac{0.02413}{\log_{10} \frac{D}{\sqrt[n]{rs^{n-1}}}}\,[\mu F/km]$$　　n : 소도체 수　s : 소도체 간격

예제 06

3상 3선식 송전선로가 소도체 2개의 복도체 방식으로 되어 있을 때 소도체의 지름 8 [cm], 소도체 간격 36 [cm], 등가선간거리 120 [cm]인 경우에 복도체 1 [km]의 인덕턴스는 약 몇 [mH]인가?

① 0.4855　　② 0.5255　　③ 0.6975　　④ 0.9265

해설 복도체 인덕턴스(L) 계산

$$L = \frac{0.05}{n} + 0.4605 \log_{10} \frac{D}{\sqrt[n]{rs^{n-1}}} = \frac{0.05}{2} + 0.4605 \log_{10} \frac{120}{\sqrt[2]{4 \times 36}} \fallingdotseq 0.4855\,[mH/km]$$

정답 ①

예제 07

그림과 같이 반지름 r [m]인 세 개의 도체가 선간거리 D [m]로 수평 배치하였을 때 A도체의 인덕턴스는 몇 [mH/km]인가?

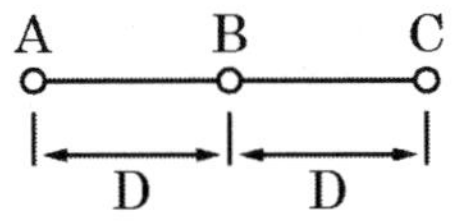

```
A     B     C
o-----o-----o
|  D  |  D  |
```

① $0.05 + 0.4605\log_{10}\dfrac{D}{r}$ ② $0.05 + 0.4605\log_{10}\dfrac{2D}{r}$

③ $0.05 + 0.4605\log_{10}\dfrac{\sqrt[3]{2}D}{r}$ ④ $0.05 + 0.4605\log_{10}\dfrac{\sqrt{2}D}{r}$

해설 인덕턴스 계산

- 등가선간거리 $D = \sqrt[3]{D \times D \times 2D} = \sqrt[3]{2}D\,[m]$
- A도체 인덕턴스 $L = 0.05 + 0.4605\log_{10}\dfrac{\sqrt[3]{2}D}{r}\,[mH/km]$

정답 ③

(3) 가공 및 지중 전선로 인덕턴스, 정전용량 크기 비교

가공선	선간거리(D) 증가	인덕턴스(L) 증가	정전용량(C) 감소
지중선	선간거리(D) 감소	인덕턴스(L) 감소	정전용량(C) 증가

2 단도체와 비교했을 때 다(복)도체

(1) 복도체의 장점

① L 감소, C 증가 → 역률 향상(각 20 ~ 30 [%]씩)
 - 복도체 사용 시 등가반지름(r)이 커지므로 인덕턴스 감소되고, 정전용량 커짐

② 전력손실 감소

③ 송전용량 증가, 안정도 증가

④ 코로나 발생 억제

(2) 복도체의 단점

① 복도체 사이에 같은 방향으로 전류가 흐를 시 흡인력 작용
 - 흡인력 대책 : 스페이서 설치

② 페란티 효과 → 수전단전압 상승

③ 공사 비용 증가

3 연가 - 전선 위치 바꿈

(1) 정의 : 선로(L)를 3으로 나눈 길이 기준으로 각 상의 위치를 변경시키는 것

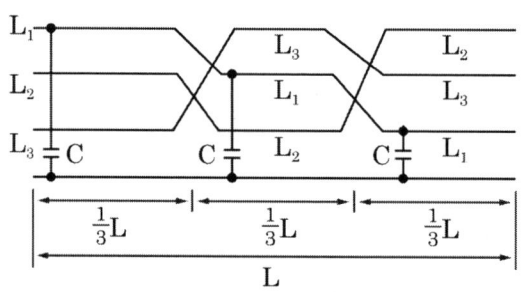

(2) 목적
  ① **선로정수 평형**
  ② 유도장해 감소
  ③ 중성점 잔류전압 감소
  ④ 직렬공진 방지

03 코로나

1 코로나의 개념

(1) 절연이 부분적으로 파괴되는 현상

(2) 직류 30 [kV/cm], 교류 21 [kV/cm]일 때 공기의 절연내력이 파괴됨

(3) 코로나 손실 발생식

$$P_c = \frac{241}{\delta}(f+25)\sqrt{\frac{d}{2D}}(E-E_0)^2 \times 10^{-5}\,[kW/km/line]$$

δ (상대공기밀도) : 온도가 낮을수록 좋음
기압이 높을수록 좋음
E : 대지전압 E_0 : 코로나 임계전압

2 코로나 임계전압

(1) 코로나가 발생하기 시작하는 최저한도 전압

(2) 코로나 임계전압 E_0

$$E_0 = 24.3 m_0 m_1 \delta d \log_{10} \frac{D}{r} [kV]$$

m_0 : 전선표면계수 m_1 : 기상(날씨)계수

δ : 상대공기밀도 $= \dfrac{0.386b}{273+t}$

d : 전선 직경

3 코로나 발생 시 현상

(1) 발생 시 현상
  ① 전선 부식
  ② 전력 손실
  ③ 전파 장해

(2) 코로나 방지 대책
  ① 굵은 전선을 사용
  ② 전선의 바깥지름을 크게 함
  ③ 가선금구를 개량

예제 08

송전선로의 코로나 방지에 가장 효과적인 방법은?

① 전선의 높이를 가급적 낮게 한다.
② 코로나 임계전압을 낮게 한다.
③ 선로의 절연을 강화한다.
④ 복도체를 사용한다.

해설 복도체 사용 목적

- 코로나 임계전압(E_0) 계산식 : $E_0 = 24.3 m_o m_1 \delta\, d\, \log_{10} \dfrac{D}{r} [kV]$
- **복**도체 사용 시 **도**체직경(d) 증가로 E_0가 상승하여 **코**로나 발생을 억제함

암기 복코

정답 ④

예제 09

초고압 송전선로에 단도체 대신 복도체를 사용할 경우 틀린 것은?

① 전선의 작용 인덕턴스를 감소시킨다.
② 선로의 작용정전용량을 증가시킨다.
③ 전선 표면의 전위 경도를 저감시킨다.
④ 전선의 코로나 임계전압을 저감시킨다.

해설 복도체 사용 목적

- 코로나 임계전압(E_0) 계산식 : $E_0 = 24.3\, m_o m_1 \delta\, d\, \log_{10} \dfrac{D}{r}\, [kV]$
- 복도체 사용 시 도체직경(d) 증가로 E_0가 상승하여 코로나 발생을 억제함

암 복코

정답 ④

CHAPTER 02 | 개념 체크 OX

1 선로의 4가지 정수는 저항(R), 인덕턴스(L), 정전용량(C) 및 누설 컨덕턴스(G)이다. ☐ O ☐ X

2 도체의 작용 인덕턴스는 $L = 0.05 + 0.4605 \log_{10} \frac{D}{r} \, [mH/km]$ 이다. ☐ O ☐ X

3 단도체의 작용 정전용량은 $C = \frac{0.2413}{\log_{10} \frac{D}{r}} \, [\mu F/km]$ 이다. ☐ O ☐ X

4 선간거리가 D인 정삼각형 배열의 등가선간거리는 D이다. ☐ O ☐ X

5 복도체의 등가반지름은 $R_e = \sqrt[n]{rs^{n-1}}$ 이다. ☐ O ☐ X

6 복도체 사이에는 스페이서를 설치해야 한다. ☐ O ☐ X

7 연가의 주목적은 선로정수 평형이다. ☐ O ☐ X

8 코로나 손실은 주파수의 제곱에 비례한다. ☐ O ☐ X

9 코로나 임계전압은 전선직경에 반비례한다. ☐ O ☐ X

10 코로나 임계전압이 낮으면 코로나가 잘 발생하지 않는다. ☐ O ☐ X

정답 01 (O) 02 (O) 03 (X) 04 (O) 05 (O) 06 (O) 07 (O) 08 (X) 09 (X) 10 (X)

3 단도체의 작용 정전용량은 $C = \frac{0.02413}{\log_{10} \frac{D}{r}} \, [\mu F/km]$ 이다.

8 코로나 손실은 <u>주파수</u>에 비례한다.
9 코로나 임계전압은 전선직경에 <u>비례</u>한다.
10 코로나 임계전압이 <u>높으</u>면 코로나가 잘 발생하지 않는다.

CHAPTER 03 송전 특성

01 거리별 선로정수 및 회로

구분	거리	선로정수	회로
단거리	수 [km]	R, L만 고려	집중정수회로
중거리	수십 [km]	R, L, C만 고려	T회로, π회로
장거리	수백 [km]	R, L, C, G 고려	분포정수회로

예제 01

송전선로의 송전 특성이 아닌 것은?

① 단거리 송전선로에서는 누설 컨덕턴스, 정전용량을 무시해도 된다.
② 중거리 송전선로는 T회로, π회로 해석을 사용한다.
③ 100 [km]가 넘는 송전선로는 근사 계산식을 사용한다.
④ 장거리 송전선로의 해석은 특성임피던스와 전파정수를 사용한다.

해설 송전선로의 특성

장거리 송전선로(100 [km] 이상) : 분포정수회로

정답 ③

예제 02

중거리 송전선로의 특성은 무슨 회로로 다루어야 하는가?

① RL 집중정수회로
② RLC 집중정수회로
③ 분포징수회로
④ 특싱임피던스회로

해설 중거리 송전선로의 특성

중거리 송전선로 : RLC 집중정수회로

정답 ②

02 단거리 송전선로

저항(R)·인덕턴스(L)만 고려하고, 집중정수회로로 취급

1 전압강하 $e = E_s - E_r$

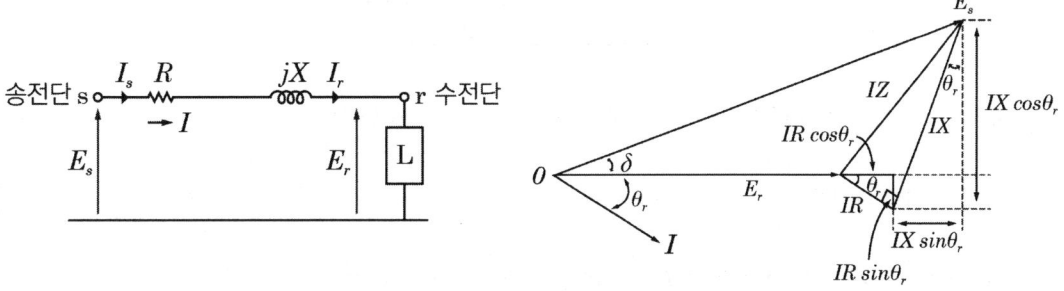

단거리 송전선로 등가회로 E_r 기준 벡터도

구분	계산식
단상 송전단	$I(R\cos\theta + X\sin\theta)\,[V]$
3상 송전단	$\sqrt{3}\,I(R\cos\theta + X\sin\theta)\,[V]$
단상, 3상(공통)	$\dfrac{P}{V}(R + X\tan\theta)\,[V]$

2 전압 강하율(ε)

수전단전압에 대한 전압강하의 백분율 비

$$\varepsilon = \frac{\text{전압강하}}{\text{수전단 전압}} \times 100\,[\%] = \frac{\text{송전단 전압} - \text{수전단 전압}}{\text{수전단 전압}} \times 100\,[\%]$$

$$= \frac{e}{V_r} \times 100 = \frac{V_s - V_r}{V_r} \times 100\,[\%] = \frac{\sqrt{3}\,I(R\cos\theta + X\sin\theta)}{V} \times 100\,[\%]$$

$$= \frac{P}{V^2}(R + X\tan\theta) \times 100\,[\%]$$

예제 03

그림과 같은 수전단전압 3.3 [kV], 역률 0.85(뒤짐)인 부하 300 [kW]에 공급하는 선로가 있다. 이 때 송전단전압은 약 몇 [V]인가?

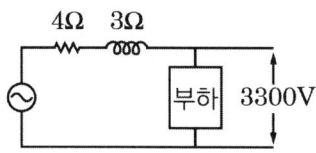

① 3430　　　② 3530　　　③ 3730　　　④ 3830

해설 송전단전압 (E_s) 계산

$$E_s = E_r + I(R\cos\theta + X\sin\theta) = E_r + \frac{P}{E_r \cos\theta}(R\cos\theta + X\sin\theta)$$

$$= 3300 + \frac{300 \times 10^3}{3300 \times 0.85} \times (4 \times 0.85 + 3 \times \sqrt{1-0.85^2}) \fallingdotseq 3830 \, [V]$$

정답 ④

예제 04

3상계통에서 수전단전압 60 [kV], 전류 250 [A], 선로의 저항 및 리액턴스가 각각 7.61 [Ω], 11.85 [Ω]일 때 전압강하율은? (단, 부하역률은 0.8(늦음)이다)

① 약 5.50 [%]　　　　　　② 약 7.34 [%]
③ 약 8.69 [%]　　　　　　④ 약 9.52 [%]

해설 전압강하율 (ε) 계산

- $e = \sqrt{3}\,I(R\cos\theta + X\sin) = \sqrt{3} \times 250(7.61 \times 0.8 + 11.85 \times 0.6) = 5715 \, [V]$
- $\varepsilon = \dfrac{e}{V_r} \times 100[\%] = \dfrac{5715}{60000} \times 100 = 9.52 \, [\%]$

정답 ④

예제 05

3상 3선식 가공전선로에서 한 선의 저항은 15 [Ω], 리액턴스는 20 [Ω]이고, 수전단 선간전압은 30 [kV], 부하역률은 0.8(뒤짐)이다. 전압강하율을 10 [%]라 하면 이 송전선로는 몇 [kW]까지 수전할 수 있는가?

① 2500　　　② 3000　　　③ 3500　　　④ 4000

해설 송전전력 (P) 계산

- $\varepsilon = \dfrac{P}{V^2}(R + \tan\theta)$ ε : 전압강하율

- $0.1 = \dfrac{P}{(30 \times 10^3)^2} \times (15 + 20 \times \dfrac{0.6}{0.8})$

$\therefore P = 3000000\,[W] = 3000\,[kW]$

정답 ②

03 중거리 송전선로

저항(R), 인덕턴스(L), 정전용량(C)만 고려하고 T형, π형 회로로 해석

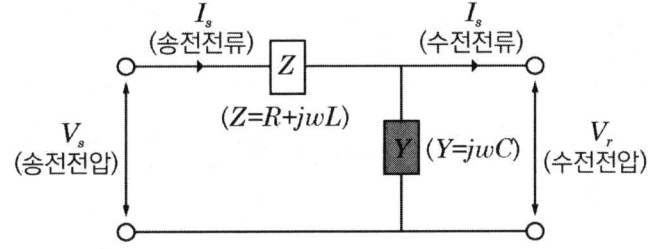

1 4단자 정수

(1) 행렬식에 의한 4단자 정수

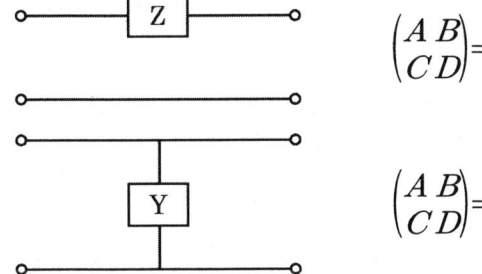

$\begin{pmatrix} A & B \\ C & D \end{pmatrix} = \begin{pmatrix} 1 & Z \\ 0 & 1 \end{pmatrix}$

$\begin{pmatrix} A & B \\ C & D \end{pmatrix} = \begin{pmatrix} 1 & 0 \\ Y & 1 \end{pmatrix}$

(2) 4단자 정수

① 송전단전압 : $E_s = AE_r + BI_r$

② 송전단전류 : $I_s = CE_r + DI_r$

③ 일반식 : $AD - BC = 1$

2 무부하 충전전류(무부하 시 $I_r = 0$)

(1) $E_s = AE_r + BI_r$ $E_r = \dfrac{E_s}{A}$

(2) $I_s = CE_r + DI_r$ $I_s = CE_r = \dfrac{C}{A}E_s$

3 병렬 접속 시 선로정수

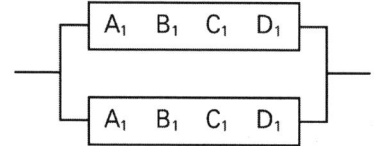

(1) $A = A_1,\ D = D_1$
(2) $B = \dfrac{1}{2}B_1$
(3) $C = 2C_1$

예제 06

송전선로의 일반회로 정수가 A = 0.7, B = j190, D = 0.9일 때 C의 값은?

① $-j1.95 \times 10^{-3}$
② $j1.95 \times 10^{-3}$
③ $-j1.95 \times 10^{-4}$
④ $j1.95 \times 10^{-4}$

해설 어드미턴스(C) 계산

$AD - BC = 1,\quad C = \dfrac{AD-1}{B}$

$\therefore C = \dfrac{0.7 \times 0.9 - 1}{j190} = j1.95 \times 10^{-3}$

정답 ②

예제 07

4단자 정수 A = D = 0.8, B = j1.0인 3상 송전선로에 송전단전압 160 [kV]를 인가할 때 무부하 시 수전단전압은 몇 [kV]인가?

① 154
② 164
③ 180
④ 200

해설 수전단 선간전압 (E_r) 계산

- $E_s = AE_r + BI_r$
- 무부하 시 $I_r = 0$, $E_r = \dfrac{E_s}{A}$

$\therefore E_r = \dfrac{160}{0.8} = 200\,[kV]$

정답 ④

예제 08

그림과 같은 정수가 서로 같은 평행 2회선 송전선로의 4단자 정수 중 B에 해당되는 것은?

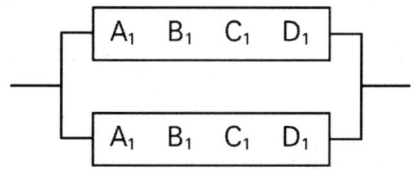

① $4B_1$ ② $2B_1$ ③ $\dfrac{1}{2}B_1$ ④ $\dfrac{1}{4}B_1$

해설 4단자 정수

병렬연결 시 임피던스 $= \dfrac{1}{2}B_1$

정답 ③

4 중거리 송전선로 T형, π형 회로

T형 회로	π형 회로
$E_s = (1+\dfrac{ZY}{2})E_r + Z(1+\dfrac{ZY}{4})I_r$ $I_s = YE_r + (1+\dfrac{ZY}{2})I_r$	$E_s = (1+\dfrac{ZY}{2})E_r + ZI_r$ $I_s = Y(1+\dfrac{ZY}{4})E_r + (1+\dfrac{ZY}{2})I_r$

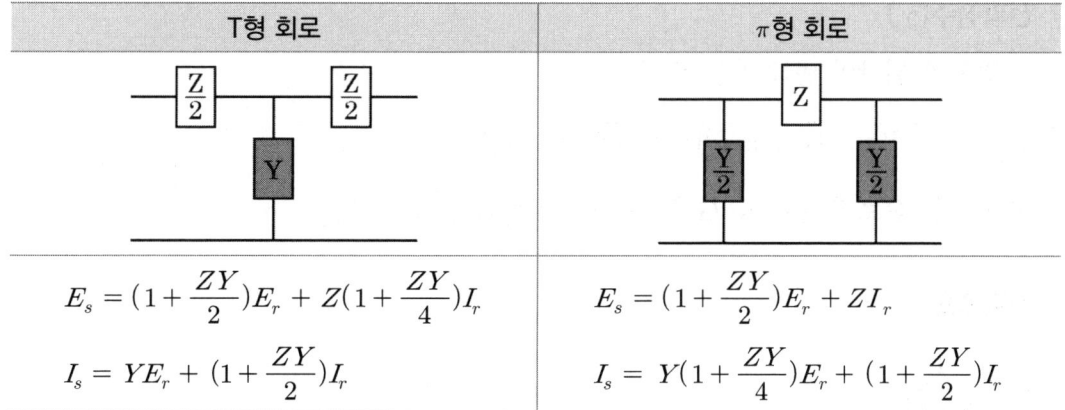

TIP A(= 전압 이득), D(= 전류 이득)는 불변값

04 장거리 송전선로

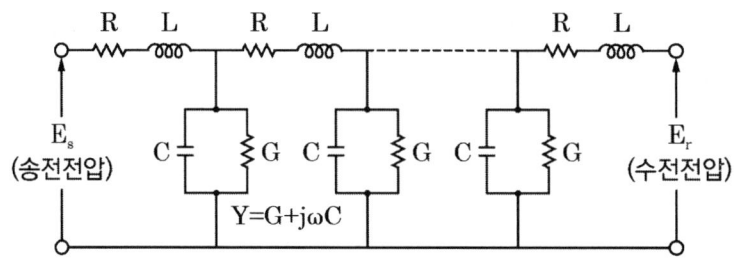

1 4단자 정수

(1) $\dot{A} = \cosh\dot{\gamma}\ell = \cosh\sqrt{ZY}$

(2) $\dot{B} = \dot{Z}_0 \sinh\dot{\gamma}\ell = \sqrt{\dfrac{Z}{Y}}\sinh\sqrt{ZY}$

(3) $\dot{C} = \dfrac{1}{\dot{Z}_0}\sinh\dot{\gamma}\ell = \sqrt{\dfrac{Y}{Z}}\sinh\sqrt{ZY}$

(4) $\dot{D} = \cosh\dot{\gamma}\ell = \cosh\sqrt{ZY}$

2 특성임피던스(Z_0)

(1) 송전선을 이동하는 진행파에 대한 전압과 전류의 비

(2) $Z_0 = \sqrt{\dfrac{Z}{Y}} = \sqrt{\dfrac{R+j\omega L}{G+j\omega C}}\ [\Omega]$

(3) 무손실 선로의 경우 R, G가 0 이므로 $Z_0 = \sqrt{\dfrac{L}{C}}\ [\Omega]$가 됨

3 전파정수(γ)

(1) 진폭과 위상이 변해 가는 특성

(2) $\gamma = \sqrt{ZY} = \sqrt{(R+j\omega L)(G+j\omega C)} = \alpha + j\beta$

(3) 무손실 선로의 경우 R, G가 0이므로 $\gamma = j\omega\sqrt{LC}$가 됨

4 전파속도

$v = \dfrac{1}{\sqrt{LC}}$

5 특성임피던스(Z_0)를 이용한 인덕턴스 및 정전용량 계산

(1) $Z_0 = \sqrt{\dfrac{Z}{Y}} = \sqrt{\dfrac{R+j\omega L}{G+j\omega C}} \fallingdotseq \sqrt{\dfrac{L}{C}} = \sqrt{\dfrac{0.4605\log_{10}\dfrac{D}{r} \times 10^{-3}}{\dfrac{0.02413}{\log_{10}\dfrac{D}{r}} \times 10^{-6}}} = 138\log_{10}\dfrac{D}{r}$

(2) $L \fallingdotseq 0.4605\log_{10}\dfrac{D}{r} = 0.4605\dfrac{Z_0}{138}\ [mH/km]$

(3) $C \fallingdotseq \dfrac{0.02413}{\log_{10}\dfrac{D}{r}} = \dfrac{0.02413}{\dfrac{Z_0}{138}}\ [\mu F/km]$

예제 09

어떤 가공선의 인덕턴스가 1.6 [mH/km]이고, 정전용량이 0.008 [μF/km]일 때 특성임피던스는 약 몇 [Ω]인가?

① 128 ② 224 ③ 345 ④ 447

해설 특성임피던스 계산

특성임피던스 $Z_0 = \sqrt{\dfrac{Z}{Y}} = \sqrt{\dfrac{R+j\omega L}{G+j\omega C}} = \sqrt{\dfrac{L}{C}} = \sqrt{\dfrac{1.6 \times 10^{-3}}{0.008 \times 10^{-6}}} \fallingdotseq 447\ [\Omega]$

정답 ④

예제 10

파동임피던스가 300 [Ω]인 가공송전선 1 [km]당의 인덕턴스는 몇 [mH/km]인가? (단, 저항과 누설컨덕턴스는 무시한다)

① 0.5 ② 1 ③ 1.5 ④ 2

해설 특성임피던스(Z_0) 인덕턴스 계산식

- $\log_{10}\dfrac{D}{r} = \dfrac{Z_0}{138},\quad L = 0.4605 \times \dfrac{Z_0}{138}$

- 인덕턴스 $L = 0.4605 \times \dfrac{300}{138} \fallingdotseq 1\ [mH/km]$

정답 ②

예제 11

송전선의 특성임피던스를 Z_0, 전파속도를 V라 할 때 이 송전선의 단위길이에 대한 인덕턴스 L은?

① $L = \dfrac{V}{Z_0}$ ② $L = \dfrac{Z_0}{V}$ ③ $L = \dfrac{Z_0^2}{V}$ ④ $L = \dfrac{V}{Z_0}$

해설 인덕턴스(L) 계산

- 파동임피던스 $Z_0 = \sqrt{\dfrac{L}{C}}$
- 전파속도 $V = \sqrt{\dfrac{1}{LC}}$

$\therefore \dfrac{Z_0}{V} = \sqrt{\dfrac{\dfrac{L}{C}}{\dfrac{1}{LC}}} = L$

정답 ②

CHAPTER 03 | 개념 체크 OX

1 단거리송전선로는 집중정수회로로 취급한다. ☐ O ☐ X

2 3상계통의 전압강하는 $\sqrt{3}\dfrac{P}{V}(R+X\tan\theta)\,[V]$으로 계산한다. ☐ O ☐ X

3 전압강하율은 $\varepsilon = \dfrac{전압강하}{송전단\ 전압}\times 100\,[\%]$으로 계산한다. ☐ O ☐ X

4 4단자정수는 일반식 AD − BC = 0을 만족한다. ☐ O ☐ X

5 100 [km] 이상의 선로는 장거리로 구분한다. ☐ O ☐ X

6 무손실선로의 특성임피던스는 $Z_0 = \sqrt{\dfrac{L}{C}}\,[\Omega]$이다. ☐ O ☐ X

7 정거리 송전선로에서는 C, G는 고려하지 않아도 된다. ☐ O ☐ X

8 무손실선로의 전파정수는 $\gamma = j\omega\sqrt{LC}$이다. ☐ O ☐ X

9 전파속도는 $v = \dfrac{1}{\sqrt{LC}}$으로 계산할 수 있다. ☐ O ☐ X

10 특성임피던스 Z_0는 어드미턴스에 비례한다. ☐ O ☐ X

정답 01 (O) 02 (X) 03 (X) 04 (X) 05 (O) 06 (O) 07 (X) 08 (O) 09 (O) 10 (X)

2 3상계통의 전압강하는 $\dfrac{P}{V}(R+X\tan\theta)\,[V]$으로 계산한다.

3 전압강하율은 $\varepsilon = \dfrac{전압강하}{수전단\ 전압}\times 100\,[\%]$으로 계산한다.

4 4단자정수는 일반식 AD − BC = <u>1</u>을 만족한다.

7 <u>장거리</u> 송전선로에서는 C, G는 <u>고려해야</u> 된다.

10 특성임피던스 Z_0는 어드미턴스에 <u>반비례</u>한다.

CHAPTER 04 조상설비 및 전력원선도

01 조상설비

- 송전선을 일정 전압으로 운전하기 위해 필요한 무효전력을 공급하는 장치
- 조상설비 종류 : 동기조상기, 전력용콘덴서, 분로리액터 등

1 역률 개선 시 장점

전력손실 감소	$P_l = I^2 R = (\frac{P}{V\cos\theta})^2 \times R = \frac{PR}{V^2 \cos\theta^2}$
전압강하 감소	$e = \frac{P}{V}(R + X\tan\theta), \quad \tan\theta(=\frac{\sin\theta}{\cos\theta})$
변압기용량 감소	변압기용량$(P_a) = \frac{P}{\cos\theta} [kVA]$
수전설비 여유 증가	설비용량을 더 늘리지 않고도 부하증설이 가능하다.
전기요금 감소	평균역률 90 [%] 초과 시 역률 95 [%]까지 초과하는 매 1 [%]당 0.2 [%] 감액 (전력회사 고지서 中)

예제 01

조상설비가 아닌 것은?

① 단권 변압기　　　　　　② 분로리액터
③ 동기조상기　　　　　　④ 전력용 콘덴서

해설 조상설비의 종류

　조상설비 : 무효전력을 조정하여 전압조정, 역률 개선을 한다.
　분로리액터(병렬리액터), 전력용 콘덴서, 동기조상기는 조상설비다.

정답 ①

예제 02

배전계통에서 전력용 콘덴서를 설치하는 목적으로 가장 타당한 것은?

① 배전선의 전력손실 감소　　② 전압강하 증대
③ 고장 시 영상전류 감소　　　④ 변압기 여유율 감소

해설 전력용 콘덴서 설치 목적

　역률 개선으로 인한 전력손실 감소

정답 ①

예제 03

전력계통의 전압 조정을 위한 방법으로 적당한 것은?

① 계통에 콘덴서 또는 병렬리액터 투입
② 발전기의 유효전력 조정
③ 부하의 유효전력 감소
④ 계통의 주파수 조정

해설 전력계통의 전압 조정(무효전력)

• 계통 전압 낮을 시 : 전력용 콘덴서
• 계통 전압 높을 시 : 분로리액터

정답 ①

2 전력용 콘덴서(병렬 콘덴서, SC)

부하와 병렬로 접속하여 진상전류를 얻으며, 부하 역률을 개선함

(1) 원리 및 콘덴서용량(Q_c)

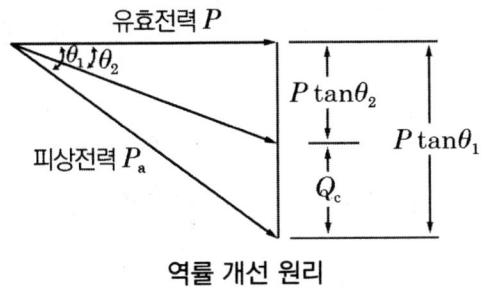

역률 개선 원리

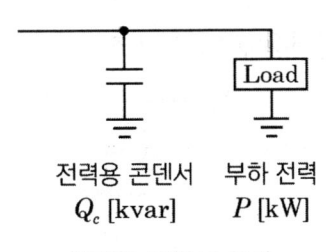

전력용 콘덴서 설치

$$Q_c = P(\tan\theta_1 - \tan\theta_2) = P\left(\frac{\sin\theta_1}{\cos\theta_1} - \frac{\sin\theta_2}{\cos\theta_2}\right) = P\left(\frac{\sqrt{1-\cos^2\theta_1}}{\cos\theta_1} - \frac{\sqrt{1-\cos^2\theta_2}}{\cos\theta_2}\right)$$

예제 04

3000 [kW], 역률 75 [%](늦음)의 부하에 전력을 공급하고 있는 변전소에 콘덴서를 설치하여 역률을 93[%]로 향상시키고자 한다. 필요한 전력용 콘덴서의 용량은 약 몇 [kVA]인가?

① 1460   ② 1540   ③ 1620   ④ 1730

해설 전력용 콘덴서용량

$$Q_c = P\left(\frac{\sqrt{1-\cos^2\theta_1}}{\cos\theta_1} - \frac{\sqrt{1-\cos^2\theta_2}}{\cos\theta_2}\right) = 3000\left(\frac{\sqrt{1-0.75^2}}{0.75} - \frac{\sqrt{1-0.93^2}}{0.93}\right) \fallingdotseq 1460\,[kVA]$$

정답 ①

예제 05

역률 0.8인 부하 480 [kW]를 공급하는 변전소에 전력용 콘덴서 220 [kVA]를 설치하면 역률은 몇 [%]로 개선할 수 있는가?

① 92   ② 94   ③ 96   ④ 99

해설 역률($\cos\theta$) 계산 [%]

- 콘덴서 설치 전 무효전력(X_1) $X_1 = P \times \tan\theta = 480 \times \frac{0.6}{0.8} = 360\,[kVar]$
- 콘덴서(X_3) 설치 후 무효전력(X_2) $X_2 = X_1 - X_3 = 360 - 220 = 140\,[kVar]$

$$\therefore \cos\theta = \frac{P}{P_a} = \frac{480}{\sqrt{480^2 + 140^2}} = 0.96$$

정답 ③

(2) 전력용 콘덴서 구조

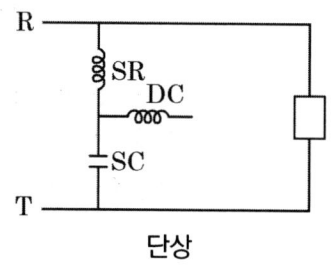

단상

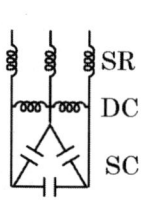

3상

(3) 충전전류 및 충전용량

① 충전전류(I_c)

$$I_c = \omega CE\ell = 2\pi f C \frac{V}{\sqrt{3}} \ell \ [A]$$

$C = C_0 + 3C_m$, $E(대지전압) = \frac{V(선간전압)}{\sqrt{3}}$

ℓ : 거리

② 3상 충전용량(Q_C)

$$Q_c = 3EI_c = 3\omega CE^2 = 3\omega C\left(\frac{V}{\sqrt{3}}\right) = \omega CV^2$$

(4) 전력용 콘덴서 결선에 따른 충전용량($Q_\triangle = 3Q_Y$, $Q_Y = \frac{1}{3}Q_\triangle$)

같은 용량의 콘덴서로 3배의 충전용량을 만들 수가 있으므로 3상 연결 시 콘덴서는 △ 결선으로 결선

△결선	Y결선
(C[μF], C[μF], C[μF])	(C[μF], C[μF], C[μF])
$Q_\triangle = 3\omega CE^2 = 3\omega CV^2 \ [kVA]$	$Q_Y = 3\omega CE^2 = \omega CV^2 \ [kVA]$

예제 06

정전용량 0.01 [μF/km], 길이 173.2 [km], 선간전압 60 [kV], 주파수 60 [Hz]인 3상 송전선로의 충전전류는 약 몇 [A]인가?

① 6.3   ② 12.5   ③ 22.6   ④ 37.2

해설 충전전류(I_c) 계산

$$I_c = \frac{E}{\frac{1}{\omega C}} = \omega CE \times l = 2 \times \pi \times 60 \times 0.01 \times 10^{-6} \times \frac{60 \times 10^3}{\sqrt{3}} \times 173.2 ≒ 22.6\ [A]$$

TIP • 문제에 주어진 전압은 선간전압
• 충전전류 계산 시 대지전압(E)으로 변환
대지전압(E) = 선간전압 ÷ $\sqrt{3}$

정답 ③

예제 07

주파수 60 [Hz], 정전용량 $\frac{1}{6\pi}$ [μF]의 콘덴서를 △결선해서 3상 전압 20000 [V]를 가했을 때의 충전용량은 몇 [kVA]인가?

① 12 ② 24 ③ 48 ④ 50

[해설] △결선 시 콘덴서의 충전용량 ($Q_\triangle$) 계산

$$Q_\triangle = 3\omega C E^2 = 3 \times 2\pi \times 60 \times \frac{1}{6\pi} \times 10^{-6} \times 20000^2 = 24000 = 24 \times 10^3 = 24\,[kVA]$$

정답 ②

3 방전코일(DC)

(1) 콘덴서에 축적된 잔류전하를 방전하여 감전사고를 방지

(2) 선로에 재투입 시 콘덴서에 걸리는 과전압을 방지

4 직렬리액터(SR)

역할	리액터용량 ($\omega L = 1/\omega C$, 고조파를 없앰)	실제용량
제3고조파 제거	$3\omega_0 L = \frac{1}{3\omega_0 C}$ ➡ $\omega_0 L = \frac{1}{9} \times \frac{1}{\omega_0 C}$ ➡ $0.11\frac{1}{\omega_0 C}$ (이론상으로 전력용 콘덴서의 11 [%]의 용량이 필요)	실제로는 13 [%] 여유 필요
제5고조파 제거	$5\omega_0 L = \frac{1}{5\omega_0 C}$ ➡ $\omega_0 L = \frac{1}{25} \times \frac{1}{\omega_0 C}$ ➡ $0.04\frac{1}{\omega_0 C}$ (이론상으로 전력용 콘덴서의 4 [%]의 용량이 필요)	실제로는 5 ~ 6 [%] 여유 필요

5 직렬 콘덴서

(1) 전압강하를 보상하기 위하여 부하와 직렬로 접속하는 콘덴서

(2) 선로의 인덕턴스를 보상하여 정태안정도를 증가시킴

(3) 계통 역률을 개선시킬 정도의 큰 용량은 되지 못함

예제 08

직렬 콘덴서를 선로에 삽입할 때의 장점이 아닌 것은?

① 역률을 개선한다.
② 정태안정도를 증가한다.
③ 선로의 인덕턴스를 보상한다.
④ 수전단의 전압 변동률을 줄인다.

해설 직렬 콘덴서 설치 목적

- 전압강하 보상을 위해 부하와 직렬접속
- 선로의 인덕턴스를 보상하여 정태안정도 증가시킴
- 계통 역률을 개선 정도의 큰 용량은 되지 못함

정답 ①

6 리액터와 콘덴서

(1) 리액터 종류

리액터 종류	역할
분로리액터(병렬리액터)	페란티 현상 방지
직렬리액터	제5고조파 제거
한류리액터	단락전류 제한 암 파한단
소호리액터	지락 아크 소호

(2) 콘덴서 종류

콘덴서 종류	역할
직렬 콘덴서	전압강하 보상
전력용 콘덴서(병렬 콘덴서)	역률 개선

7 동기조상기

계자전류를 변화시켜 진상·지상전류를 공급함으로써 역률을 개선

(1) 계자전류 : 발전기, 전동기, 변압기 등 코일에서 자기력선을 발생시키는 전류

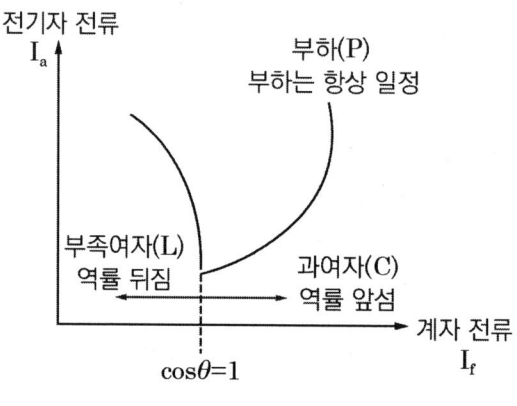

[동기조상기 V곡선]

① 계자전류(I_f) 증가 : 진상전류(과여자 운전 시 콘덴서 작용, 앞선 역률)
② 계자전류(I_f) 감소 : 지상전류(부족여자 운전 시 리액터 작용, 뒤진 역률)

(2) 동기조상기 및 전력용 콘덴서 비교

구분	동기조상기	전력용 콘덴서
시충전	가능	불가능
전력손실	크다	작다
무효전력 조정	연속적	계단적
무효전력	진상·지상용	진상용

02 전력원선도

정전압 송전 방식에서 원의 반지름($\rho = \dfrac{V_s V_r}{B}$)이 일정하고, 송·수전 전력은 언제나 원선도의 원주상에 존재하므로 그 크기를 알 수 있음

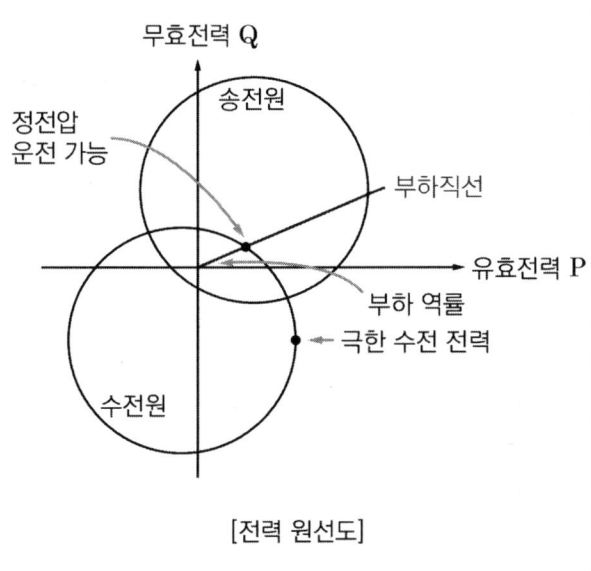

[전력 원선도]

원의 반지름(ρ)	$\rho = \dfrac{V_s V_r}{B}$ V_s : 송전단전압 V_r : 수전단전압 B : 임피던스
알 수 있는 것	• 세로축 : 무효전력 • 가로축 : 유효전력 [암] 세무가유 • 송·수전단전압 간 상차각 • 송·수전할 수 있는 최대전력 • 선로 손실과 송전효율 • 수전단 역률 • 조상용량
알 수 없는 것	• 코로나 손실 • 과도 극한 안정 전력 • 송전단 역률

예제 09

수전단의 전력원 방정식이 $P_r^2 + (Q_r + 400)^2 = 250000$으로 표현되는 전력계통에서 가능한 최대로 공급할 수 있는 부하전력 P_r과 이때 전압을 일정하게 유지하는 데 필요한 무효전력 Q_r은 각각 얼마인가?

① $P_r = 500$, $Q_r = -400$ ② $P_r = 400$, $Q_r = 500$
③ $P_r = 300$, $Q_r = 100$ ④ $P_r = 200$, $Q_r = -300$

해설 최대공급전력 조건(무효전력 = 0)

$Q_r = -400$, $P_r = 500$

정답 ①

예제 10

수전단의 전력원 방정식이 $P_r^2 + (Q_r + 400)^2 = 250000$으로 표현되는 전력계통에서 조상설비 없이 전압을 일정하게 유지하면서 공급할 수 있는 부하전력은? (단, 부하는 무유도성이다)

① 200 ② 250 ③ 300 ④ 350

해설 전력원선도 전력 계산

조상설비가 없으므로 $Q_r = 0$ $300^2 + 400^2 = 500^2$ ∴ $P_r = 300$

정답 ③

03 송전용량

송전선로로 보낼 수 있는 최대 전력을 의미

1 송전용량 계산법

Still의 식 (경제적인 송전전압)	$V = 5.5\sqrt{0.6\ell + \dfrac{P}{100}}\ [kV]$	ℓ : 송전거리 P : 전력
송전전력	$P = \dfrac{V_s V_r}{X}\sin\delta\ [MW]$	V_s : 송전단전압, V_r : 수전단전압 δ : 상차각
송전용량 계수법	$P = K\dfrac{V_r^2}{\ell}\ [kW]$	K : 송전용량계수 ℓ : 전송 거리

2 페란티 현상

(1) 수전단전압이 송전단전압보다 높아지는 현상

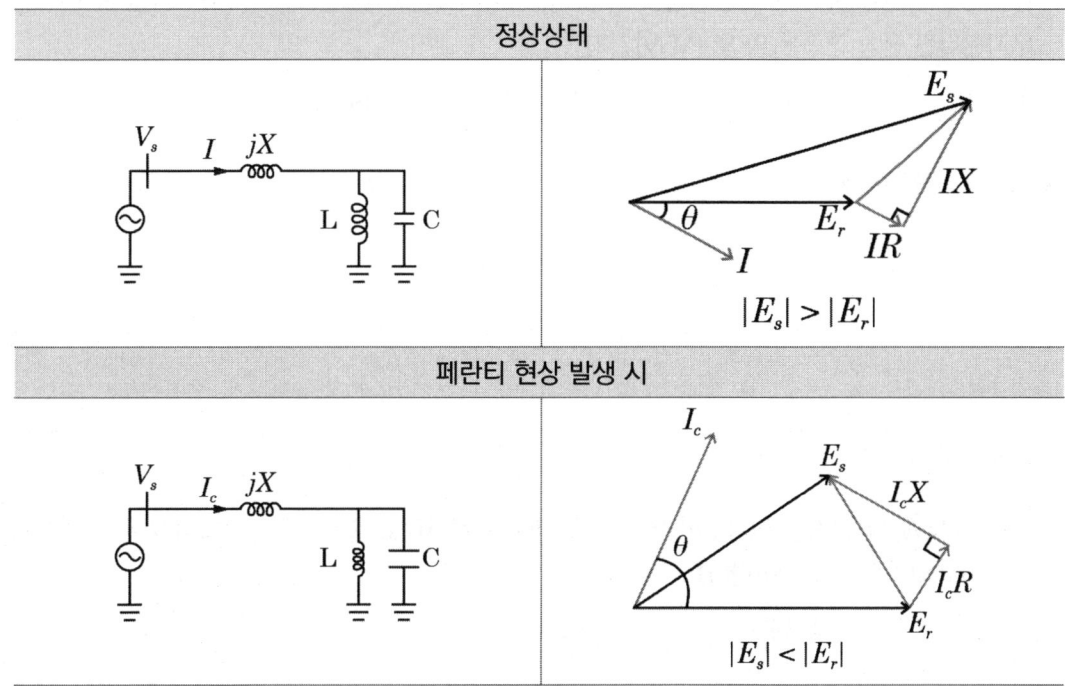

(2) 원인
  ① 부하 기동 시 인덕턴스(L) 성분은 증가하고, 부하 사용이 적을 시 인덕턴스(L)는 감소
   - 장거리 선로에서 부하 사용이 적어진 상태
   - 무부하 상태일 경우
   - 심야 시간 때 부하 사용이 적을 경우
  ② 인덕턴스(L) 성분이 낮아지고, 정전용량(C)의 영향이 커짐
  ③ 정전용량(C) 증가 시 전압보다 앞선 전류가 흐르게 되어 송전단전압보다 수전단전압이 높아짐

(3) 대책 : 진상전류를 지상전류가 되도록 함
  ① 수전단 분로리액터 설치
  ② 동기조상기 부족여자운전

예제 11

송전단전압 161 [kV], 수전단전압 155 [kV], 상차각 40°, 리액턴스가 49.8 [Ω]일 때 선로손실을 무시한다면 전송 전력은 약 몇 [MW]인가?

① 289 ② 322 ③ 373 ④ 869

해설 송전전력(P) 계산

$$P = \frac{V_s V_r}{X} \sin\delta = \frac{161 \times 155}{49.8} \sin 40 ≒ 322 \, [MW]$$

정답 ②

예제 12

30000 [kW]의 전력을 50 [km] 떨어진 지점에 송전하려고 할 때 송전전압 [kV]은 약 얼마인가? (단, Still식에 의하여 산정한다)

① 22 ② 33 ③ 66 ④ 100

해설 송전전압(Still식) 계산

$$V = 5.5 \times \sqrt{0.6l + \frac{P}{100}} = 5.5 \times \sqrt{0.6 \times 50 + \frac{30,000}{100}} ≒ 100 \, [kV]$$

정답 ④

예제 13

154 [kV] 송전선로에서 송전거리가 154 [km]라 할 때 송전용량 계수법에 의한 송전용량은 몇 [kW]인가? (단, 송전용량 계수는 1200으로 한다)

① 61600 ② 92400 ③ 123200 ④ 184800

해설 송전용량(P) 계수법 계산

$$P = K\frac{V^2}{l} = 1200 \times \frac{154^2}{154} = 184800 \, [kW]$$

정답 ④

CHAPTER 04 | 개념 체크 OX

1. 조상설비란 필요에 따라 무효전력을 공급하는 장치이다. □ O □ X
2. 조상설비의 종류로는 동기조상기, 전력용콘덴서, 분로리액터 등이 있다. □ O □ X
3. 역률 개선 시 전기요금이 감소한다. □ O □ X
4. 방전코일을 투입하면 감전사고가 발생할 수 있다. □ O □ X
5. 제5고조파를 제거하기 위해서 이론상으로는 전력용 콘덴서의 4 [%]의 용량이 필요하다. □ O □ X
6. 한류리액터는 단락전류 제한을 위해 사용한다. □ O □ X
7. 동기조상기는 무효전력을 연속적으로 조정할 수 없다. □ O □ X
8. 전력용 콘덴서는 시충전이 불가능하다. □ O □ X
9. Still의 식은 경제적인 전선굵기를 계산하는 식이다. □ O □ X
10. 페란티 현상은 송전단전압이 수전단전압보다 높아지는 현상이다. □ O □ X

정답 01 (O) 02 (O) 03 (O) 04 (X) 05 (O) 06 (O) 07 (X) 08 (O) 09 (X) 10 (X)

4 방전코일을 투입하면 감전사고를 <u>예방</u>할 수 있다.
7 동기조상기는 무효전력을 연속적으로 조정할 수 <u>있다</u>.
9 Still의 식은 경제적인 <u>송전전압</u>을 계산하는 식이다.
10 페란티 현상은 <u>수전단전압</u>이 <u>송전단전압</u>보다 높아지는 현상이다.

CHAPTER 05 고장계산

① 고장계산

선로 사고(지락, 단락) 시 발생하는 고장전류를 예측하여 사고를 대비하기 위한 계산

1 고장전류 계산 방법

(1) 단락고장
  ① %Z법
  ② 대칭좌표법
  ③ PU법

(2) 지락고장
  ① 대칭좌표법

2 단락고장 필요한 계산 정리

(1) %Z법 ($\%Z = \dfrac{ZI_n}{E} \times 100\%$)

단상	$\%Z_{단상} = \dfrac{ZI_n}{E \times 10^3} \times 100 = \dfrac{ZI_n}{10E} \times \dfrac{E}{E} = \dfrac{ZP_n}{10E^2}[\%]$	P_n : 단상 용량 [kVA] E : 상전압 [kV]
3상	$\%Z_{3상} = \dfrac{ZP_n}{10E^2} = \dfrac{Z \times \frac{1}{3}P_n}{10 \times (\frac{V}{\sqrt{3}})^2}[\%] = \dfrac{ZP_n}{10V^2}[\%]$	P_n : 3상 용량 [kVA] V : 선간전압 [kV]

① $\%X(리액턴스) = \dfrac{XI_n}{E \times 10^3} \times 100 = \dfrac{XI_n}{10E} \times \dfrac{E}{E} = \dfrac{XP_n}{10E^2} = \dfrac{XP_n}{10V^2}$

② $\%r(저항) = \dfrac{rI_n}{E \times 10^3} \times 100 = \dfrac{rI_n}{10E} \times \dfrac{E}{E} = \dfrac{rP_n}{10E^2} = \dfrac{rP_n}{10V^2}$

예제 01

기준 선간전압 23 [kV], 기준 3상 용량 5000 [kVA], 1선의 유도리액턴스가 15 [Ω]일 때 %리액턴스는?

① 28.36 [%] ② 14.18 [%] ③ 7.09 [%] ④ 3.55 [%]

해설 %리액턴스(%X) 계산

$$\%X = \frac{XP}{10V^2} = \frac{15 \times 5000}{10 \times 23^2} \fallingdotseq 14.18\,[\%]$$

TIP V, P_n 단위 : [kV] 및 [kVA]여야 함

정답 ②

(2) 단락전류(I_s)

① $I_s = \dfrac{E}{Z} = \dfrac{E}{\dfrac{\%Z \times E}{100 \times I_n}} = \dfrac{100}{\%Z} \times I_n$

② 3상일 때 정격전류 $I_n = \dfrac{P_n}{\sqrt{3}\,V}$

(3) 단락용량(P_s)

① $P_s = VI_s = V \times \dfrac{100}{\%Z} I_n = \dfrac{100}{\%Z} P_n$

② 3상일 때 $P_s = \sqrt{3}\,V \times I_s$

V : 공칭전압, 정격전압 = 공칭전압 $\times \dfrac{1.2}{1.1}$ [V]

(4) 차단용량(P)

① $P = \sqrt{3}\,V_n I_s$

V_n : 정격전압

② 차단용량은 단락용량보다 값이 커야 함

예제 02

전원으로부터의 합성임피던스가 0.5 [%](15000 [kVA] 기준)인 곳에 설치하는 차단기용량은 몇 [MVA] 이상이어야 하는가?

① 2000 ② 2500 ③ 3000 ④ 3500

해설 차단기용량 (P_s) 계산

$$P_s = \frac{100}{\%Z}P_n = \frac{100}{0.5} \times 15 = 3000\,[MVA]$$

정답 ③

(5) 고장전류 계산 순서

① 기준용량 P_n 선정 : 각 %Z의 용량 값을 공통적인 값 선정

② 환산된 P_n값 기준으로 %Z값 환산 후 합산

③ 단락전류 $I_s = \dfrac{100}{\%Z} \times I_n$

④ 단락용량 $P_s = \dfrac{100}{\%Z}P_n$

(6) PU법

① 임피던스로 표시하는 방법으로서 %를 없애고 100을 나누어 계산

② $Z\,[p \cdot u] = \dfrac{ZI}{E}$

예제 03

그림의 F점에서 3상 단락고장이 생겼다. 발전기 쪽에서 본 3상 단락전류는 몇 [kA]가 되는가? (단, 154 [kV] 송전선의 리액턴스는 1000 [MVA]를 기준으로 하여 2 [%/km]이다)

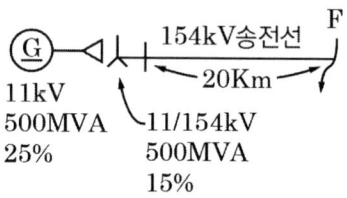

① 43.7 ② 47.7 ③ 53.7 ④ 59.7

해설 단락전류(I_s) 계산

- $I_s = \dfrac{100}{\%Z} \times I_n$
- 발전기 측에서 본 경우 1차 측 전압 기준, 정격전류 I_n 계산

$$\therefore I_s = \dfrac{100}{120} \times \dfrac{1000 \times 10^6}{\sqrt{3} \times 11 \times 10^3} = 43.7\,[kA]$$

정답 ①

예제 04

그림과 같은 전선로의 단락용량은 약 몇 [MVA]인가? (단, 그림의 수치는 10000 [kVA]를 기준으로 한 %리액턴스를 나타낸다)

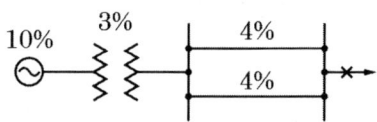

① 33.7 ② 66.7 ③ 99.7 ④ 132.7

해설 단락용량(P_s) 계산

$$\%X = \%X_g + \%X_t + \dfrac{\%X_{l1} \times \%X_{l2}}{\%X_{l1} + \%X_{l2}} = 10 + 3 + \dfrac{4 \times 4}{4+4} = 15\,[\%]$$

$$\therefore P_s = \dfrac{100}{15} \times 10 = 66.7\,[MVA]$$

정답 ②

예제 05

그림과 같은 3상 송전계통에서 송전단전압은 3300 [V]이다. 점 P에서 3상 단락사고가 발생했다면 발전기에 흐르는 단락전류는 약 몇 [A]인가?

```
        2Ω   1.25Ω  0.32Ω  1.75Ω    P
        ―⎛⎝⎠―mmm―/\/\―mmm―×
```

① 320   ② 330   ③ 380   ④ 410

해설 단락전류 (I_s) 계산

$$I_s = \frac{E}{Z} = \frac{E}{\sqrt{R^2+X^2}} = \frac{\frac{3300}{\sqrt{3}}}{\sqrt{0.32^2+5^2}} \fallingdotseq 380[A]$$

TIP
- 문제에 주어진 전압은 선간전압
- 충전전류 계산 시 대지전압(E)으로 변환
  대지전압(E) = 선간전압 ÷ $\sqrt{3}$

정답 ③

02 대칭좌표법

불평형 전압이나 전류를 3개의 성분(영상분, 정상분, 역상분)으로 나누어 계산하는 방법으로 1선 지락 등 불평형 고장에서 대칭좌표법 사용

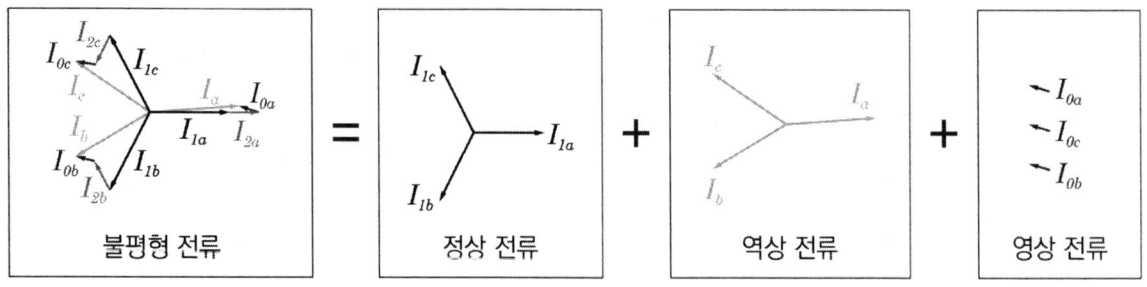

〈불평형 전류 벡터합성도〉

1 대칭분

(1) 영상전류 (I_0)

   ① 크기가 같고 같은 위상각을 가진 평형 단상전류
   ② 접지계전기를 동작시키고, 통신선에 전자유도장해를 발생시킴

(2) 정상전류 (I_1)

   평형 3상 교류로서 전원과 동일한 상회전 방향으로 흐름

(3) 역상전류 (I_2)

   평형 3상 교류로서 전원의 상회전 방향과 반대 방향으로 흐름

구분		전압	전류
각 상	a 상	$V_a = V_0 + V_1 + V_2$	$I_a = I_0 + I_1 + I_2$
	b 상	$V_b = V_0 + a^2 V_1 + a V_2$	$I_b = I_0 + a^2 I_1 + a I_2$
	c 상	$V_c = V_0 + a V_1 + a^2 V_2$	$I_c = I_0 + a I_1 + a^2 I_2$
대칭분	영상분	$V_0 = \frac{1}{3}(V_a + V_b + V_c)$	$I_0 = \frac{1}{3}(I_a + I_b + I_c)$
	정상분	$V_1 = \frac{1}{3}(V_a + a V_b + a^2 V_c)$	$I_1 = \frac{1}{3}(I_a + a I_b + a^2 I_c)$
	역상분	$V_2 = \frac{1}{3}(V_a + a^2 V_b + a V_c)$	$I_2 = \frac{1}{3}(I_a + a^2 I_b + a I_c)$

예제 06

A, B 및 C상전류를 각각 I_a, I_b, 및 I_c라 할 때 $I_x = \frac{1}{3}(I_a + a^2 I_b + a I_c)$, $a = -\frac{1}{2} + j\frac{\sqrt{3}}{2}$ 으로 표시되는 I_x는 어떤 전류인가?

① 정상전류   ② 역상전류   ③ 영상전류   ④ 역상전류와 영상전류의 합

해설 대칭좌표법의 대칭전류

- 영상전류 $I_0 = \frac{1}{3}(I_a + I_b + I_c)$
- 정상전류 $I_1 = \frac{1}{3}(I_a + a I_b + a^2 I_c)$
- 역상전류 $I_2 = \frac{1}{3}(I_a + a^2 I_b + a I_c)$

정답 ②

예제 07

송전계통의 한 부분이 그림과 같이 3상 변압기로 1차 측은 △로, 2차 측은 Y로 중성점이 접지되어 있을 경우 1차 측에 흐르는 영상전류는?

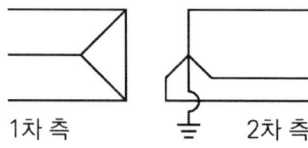

1차 측   2차 측

① 1차 측 선로에서 ∞이다.
② 1차 측 선로에서 반드시 0이다.
③ 1차 측 변압기 내부에서는 반드시 0이다.
④ 1차 측 변압기 내부와 1차 측 선로에서 반드시 0이다.

해설 델타권선의 특징

△권선 특징 : 영상전류는 외부로는 유출되지 못하므로 반드시 0이다.

정답 ②

2 고장별 대칭분 및 전류 크기

고장 종류	대칭분	전류 크기
3상 단락	정상분(I_1)	$I_1 \neq 0$, $I_2 = I_0 = 0$
선간 단락	정상분(I_1), 역상분(I_2)	$I_1 = -I_2 \neq 0$, $I_0 = 0$
1선 지락	정상분(I_1), 역상분(I_2), 영상분(I_0)	$I_0 = I_1 = I_2 \neq 0$

※ 2선 지락 고장
　영상분전류와 역상분전류는 대칭성분임피던스에 관계없이 항상 같음

3 대칭좌표법에 의한 고장 계산

(1) 발전기 기본식
　① $V_0 = -I_0 Z_0$
　② $V_1 = E_a - I_1 Z_1$
　③ $V_2 = -I_2 Z_2$

(2) 임피던스 관계
　① 선로 : $Z_1 = Z_2 < Z_0$
　② 변압기 : $Z_1 = Z_2 = Z_0$
(3) 고장 계산

구분	개념도	계산
1선 지락고장		(1) $I_b = I_c = 0$ 　① $I_b = I_0 + a^2 I_1 + a I_2 = 0$ 　　$I_c = I_0 + a I_1 + a^2 I_2 = 0$ 　　$I_b - I_c = I_0 + a^2 I_1 + a I_2 = I_0 + a I_1 + a^2 I_2$ 　　$\quad = (a^2 - a) I_1 = (a^2 - a) I_2$ 　　$\therefore I_1 = I_2$ 　② $I_b = I_0 + a^2 I_1 + a I_2 = I_0 + a^2 I_1 + a I_1$ 　　$\quad = I_0 + (a^2 + a) I_1$ 　　$\therefore I_0 - I_1 = 0, \ I_0 = I_1 = I_2$ 　　TIP $1 + a + a^2 = 0 \quad a^2 + a = -1$ (2) $V_a = 0$ 　$V_a = V_0 + V_1 + V_2 = 0$ 　$V_a = -Z_0 I_0 + E_a - Z_1 I_1 - Z_2 I_2$ 　$\quad = E_a - (Z_0 + Z_1 + Z_2) \times I_0 = 0$ 　$\therefore I_0 = I_1 = I_2 = \dfrac{E_a}{Z_0 + Z_1 + Z_2}$ (3) $I_a = I_0 + I_1 + I_2 = I_0 + I_0 + I_0 = 3 I_0$ $\boxed{I_g = 3 I_0 = \dfrac{3 E_a}{Z_0 + Z_1 + Z_2}}$ I_g : 지락전류
선간 단락고장		(1) $I_0 = 0, \quad I_1 = -I_2 = \dfrac{E_a}{Z_1 + Z_2}$ (2) $V_a = \dfrac{2 Z_2}{Z_1 + Z_2} E_a, \ V_b = V_c = \dfrac{-Z_2}{Z_1 + Z_2} E_a$
3상 단락고장		(1) $I_0 = 0, \ I_2 = 0$ (2) $I_a = \dfrac{E_a}{Z_1}, \ I_b = a^2 \dfrac{E_a}{Z_1}, \ I_c = a \dfrac{E_a}{Z_1}$

CHAPTER 05   개념 체크 OX

1 퍼센트임피던스는 $\%Z = \dfrac{ZI_n}{E} \times 100\,[\%]$으로 계산한다.   O X

2 3상일 경우 퍼센트 임피던스는 $\%Z_{3상} = \sqrt{3}\,\dfrac{ZP_n}{10\,V^2}\,[\%]$이다.   O X

3 차단용량은 단락용량보다 값이 작아야 한다.   O X

4 단락고장 시 고장전류 계산 방법에는 %Z법, 대칭좌표법, PU법 등이 있다.   O X

5 지락고장 시 고장전류 계산 방법에는 대칭좌표법 등이 있다.   O X

6 3상일 때의 단락용량은 $P_s = \sqrt{3}\,V \times I_s$으로 계산할 수 있다.   O X

7 역상전류는 평형 3상 교류로서 전원의 상회전 방향과 반대 방향으로 흐른다.   O X

8 영상전류는 접지계전기를 동작시키고, 통신선에 전자유도장해를 발생시킨다.   O X

9 정상전류는 평형 3상 교류로서 전원의 상회전 방향과 반대 방향으로 흐른다.   O X

10 3상단락 시 고장전류 계산에 영상분 임피던스가 필요하다.   O X

정답   01 (O)   02 (X)   03 (X)   04 (O)   05 (O)   06 (O)   07 (O)   08 (O)   09 (X)   10 (X)

2 3상일 경우 퍼센트 임피던스는 $\%Z_{3상} = \dfrac{ZP_n}{10\,V^2}\,[\%]$이다.

3 차단용량은 단락용량보다 값이 <u>커야</u> 한다.

9 정상전류는 평형 3상 교류로서 전원과 <u>동일한 상회전 방향</u>으로 흐른다.

10 3상단락 시 고장전류 계산에 <u>정상분</u> 임피던스가 필요하다.

CHAPTER 06 중성점 접지 및 유도장해

01 중성점 접지 방식 종류

1 비접지(△결선, $Z_n = \infty$)

(1) 저전압(3.3 [kV]) 단거리 선로에 적용

(2) 지락전류가 작아 순간적인 지락사고 시 계속 송전 가능
(과도안정도가 좋음)

(3) $I_g = j3\omega CE = j\sqrt{3}\omega CV [A]$

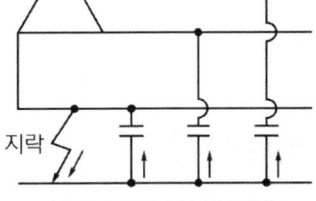

비접지 방식 1선 지락사고

(4) 통신선 유도장해가 적고, 지락계전기의 동작이 곤란

(5) 1선 지락사고 시 건전상 전압이 상시대지전압의 $\sqrt{3}$배 상승

(6) 건전상 전압 상승에 의한 2중 고장 발생 확률이 상승

(7) 선로에 제3고조파 발생하지 않음

(8) 변압기 1대 고장 시, V결선으로 계속적인 전원 공급 가능

① V결선 출력비 : $\dfrac{\sqrt{3}\,VI}{3\,VI} = 57.7\,[\%]$

② V결선 이용률 : $\dfrac{\sqrt{3}\,VI}{2\,VI} = 86.6\,[\%]$

예제 01

배전선로에 3상 3선식 비접지 방식을 채용할 경우 장점이 아닌 것은?

① 과도안정도가 크다.
② 1선 지락고장 시 고장전류가 작다.
③ 1선 지락고장 시 인접 통신선의 유도장해가 작다.
④ 1선 지락고장 시 건전상의 대지전위 상승이 작다.

해설 비접지계통(△) 1선 지락사고 시

- 지락되는 상(고장 상)은 '0' 전위가 됨
- 나머지 상의 전위는 $\sqrt{3}$ 배 상승

정답 ④

예제 02

100 [kVA] 단상변압기 3대를 △ – △ 결선으로 사용하다가 1대의 고장으로 V – V 결선으로 사용하면 약 몇 [kVA] 부하까지 사용할 수 있는가?

① 150　　② 173　　③ 225　　④ 300

해설 V결선 출력(P_V) 계산

$$P_V = \sqrt{3}\,P = \sqrt{3} \times 100 = 173\,[kVA]$$

정답 ②

2 직접 접지($Z_n = 0$)

(1) 변압기 중성점을 접지선으로 대지에 직접 연결

(2) 지락전류가 큼

(3) 보호계전기의 동작이 확실하며, 단절연 변압기 사용이 가능

(4) 지락 시 통신선 전자유도장해가 발생

(5) 1선 지락 시 건전상의 대지전압의 상승이 거의 없음

(6) 보호계전기 동작이 잦아, 과도안정도 나쁨

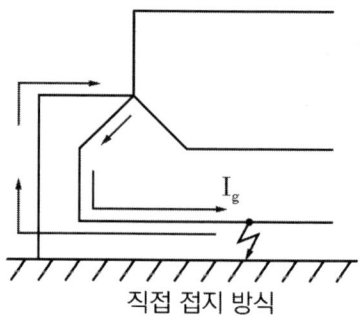

직접 접지 방식

3 저항 접지($Z_n = R$)

(1) 접지저항 R의 값
  ① 매우 낮으면 고장 발생 시 통신선 유도장해가 커짐
  ② 매우 높으면 지락계전기의 동작이 곤란

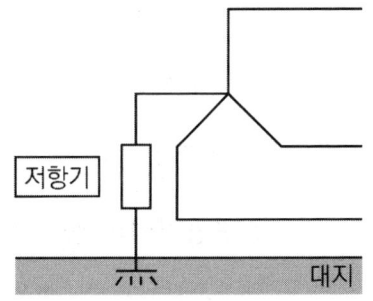

예제 03

정격전압 6600 [V], Y결선, 3상 발전기의 중성점을 1선 지락 시 지락전류를 100 [A]로 제한하는 저항기로 접지하려고 한다. 저항기의 저항 값은 약 몇 [Ω]인가?

① 44　　② 41　　③ 38　　④ 35

해설 지락전류(I_g) 계산

$$I_g = \frac{E}{R}, \quad 100 = \frac{\frac{6600}{\sqrt{3}}}{R}$$

$$\therefore R \fallingdotseq 38\,[\Omega]$$

TIP • 문제에 주어진 전압은 선간전압
• 지락전류 계산 시 대지전압(E) 변환
대지전압 = 선간전압 ÷ $\sqrt{3}$

정답 ③

4 유효 접지

지락사고 시 건전상의 전압 상승이 평상시 대지전압의 1.3배 이하가 되도록 한 임피던스 접지 방식

5 소호리액터

(1) 소호리액터 접지($Z_n = jX_L$)
  ① 선로의 대지정전용량과 병렬 공진하는 리액터를 이용하여 지락전류를 소멸시키는 접지
  ② 고장 발생 중에도 전력 공급이 가능(과도안정도 좋음)
  ③ $I_g \fallingdotseq 0$이므로 통신장애가 적음
  ④ 고장 검출이 어려우므로 보호 장치의 동작이 불확실
  ⑤ 1선 지락사고 시, 선로 전압의 상승이 최대가 됨
  ⑥ 단선 사고 시 직렬공진에 의한 이상전압이 최대 발생

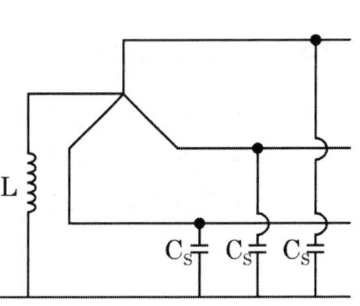

(2) 소호리액터의 크기

① 병렬공진 조건

$$\omega L = \frac{1}{3\omega C_s}, \quad L = \frac{1}{3\omega^2 C_s} = \frac{1}{3(2\pi f)^2 C_s} \ [H]$$

② 변압기임피던스 고려할 경우

$$\omega L = \frac{1}{3\omega C_s} - \frac{\omega L_t}{3}, \quad L = \frac{1}{3\omega^2 C_s} - \frac{L_t}{3} \ [H]$$

③ 합조도 : 소호리액터 탭이 공진점을 벗어나고 있는 정도
- 소호리액터 접지는 계통의 진상운전을 방지하기 위해 10 [%] 정도 과보상함
- 합조도 $P = \frac{I - I_c}{I_c} \times 100 \ [\%]$

  - 소호리액터 탭전류 $I = \frac{E}{\omega L}$

  - 대지충전전류 $I_c = \frac{E}{\frac{1}{3\omega C_s}}$

과보상, 합조도 +	완전 공진, 합조도 0	부족 보상, 합조도 −
$\omega L < \frac{1}{3\omega C_s}$	$\omega L = \frac{1}{3\omega C_s}$	$\omega L > \frac{1}{3\omega C_s}$

예제 04

송전선로의 중성점을 접지하는 목적은?
① 전압강하의 감소
② 유도장해의 감소
③ 전선동량의 절약
④ 이상전압의 발생 방지

해설 중성점 접지 목적

- <u>이상전압의 경감 및 발생 억제(주 목적)</u>
- 접지계전기의 확실한 동작
- 과도안정도의 증진
- 절연 레벨 경감
- 소호리액터 접지 시 1선 지락 아크 소멸

정답 ④

예제 05

1선 지락 시에 전위 상승이 가장 적은 접지 방식은?

① 직접 접지　　② 저항 접지　　③ 리액터 접지　　④ 소호리액터 접지

해설 직접 접지 특징

- <u>1선 지락 시 건전상 대지전압 상승이 거의 없음</u>
- 선로 및 기기의 절연 레벨을 낮춤
- 보호계전기 동작 확실
- 단절연 변압기 사용 가능(저감 절연)
- 과도안정도 나쁨
- 지락 시 지락전류가 최대
- 통신선 전자유도장해 발생
- 차단기 차단 능력 증가

정답 ①

예제 06

송전계통의 중성점을 직접 접지할 경우 관계가 없는 것은?

① 과도안정도 증진　　　　　　② 계전기 동작 확실
③ 기기의 절연수준 저감　　　　④ 단절연 변압기 사용 가능

해설 직접 접지 특징

- 1선 지락 시 건전상 대지전압 상승 거의 없음
- 선로 및 기기의 절연 레벨을 낮춤
- 보호계전기 동작 확실
- 단절연 변압기 사용 가능(저감 절연)
- <u>과도안정도 나쁨</u>
- 지락 시 지락전류가 최대
- 통신선 전자유도장해 발생
- 차단기 차단 능력 증가

정답 ①

예제 07

1선 지락 시에 지락전류가 가장 작은 송전계통은?

① 비접지식 ② 직접 접지식
③ 저항 접지식 ④ 소호리액터 접지식

해설 소호리액터 접지 방식 특징

- 병렬 공진 시 지락전류 최소
- 차단기 차단 능력 가벼움
- 보호계전기 동작 불확실
- 통신 장애 최소
- 유도장해 최소
- 단선 사고 시 직렬공진에 의한 이상전압 최대 발생

정답 ④

예제 08

66 [kV], 60 [Hz] 3상 3선식 선로에서 중성점을 소호리액터 접지하여 완전 공진상태로 되었을 때 중성점에 흐르는 전류는 몇 [A]인가? (단, 소호리액터를 포함한 영상회로의 등가저항은 200 [Ω], 중성점 잔류전압은 4400 [V]라고 한다)

① 11 ② 22 ③ 33 ④ 44

해설 중성점전류 계산

완전 공진 상태 시, 전류 $I = \dfrac{E}{R}$

$\therefore I = \dfrac{4400}{200} = 22\,[A]$

정답 ②

02 유도장해

전선로의 유도 또는 전기기기의 전자파 등으로 통신설비 절연파괴 또는 신호장애 등을 발생시키는 현상

1 유도장해 종류

(1) 정전유도

(2) 전자유도

2 정전유도장해(상호 정전용량과 영상전압)

(1) 정전용량(C) : 불평형으로 통신선에 정전유도전압이 발생하여 충전전류가 흘러 통신에 영향을 주는 현상

(2) 정전유도전압 : 통신선 상호 커패시턴스와 선로 영상전압이 불평형되어 발생하는 전압

(3) 상별 정전유도장해 계산

단상 정전유도장해	3상 정전유도장해
$E_0 = \dfrac{C_m}{C_m + C_s} E$	$E_0 = \dfrac{\sqrt{C_a(C_a - C_b) + C_b(C_b - C_c) + C_c(C_c - C_a)}}{C_a + C_b + C_c + C_s} E$

(4) 비접지 방식 중성점 잔류 전압(E_t)

$$E_t = \frac{\sqrt{C_a(C_a - C_b) + C_b(C_b - C_c) + C_c(C_c - C_a)}}{C_a + C_b + C_c} E$$

(5) 정전유도장해 발생 대책

① 연가 : $C_a = C_b = C_c$ 되므로 $E_t = 0$이 됨

② 각 선로의 간격을 넓힘 : 통신선과 전력선 간격을 넓혀주어 간섭을 덜 받게 함

3 전자유도장해(상호 인덕턴스와 영상전류)

(1) 평상시 3상 선로가 평형되어 영상전류(I_0)가 매우 작고, 송전선 고장(지락, 단락) 시 큰 영상전류(I_0)가 대지로 흘러 통신장해를 일으키는 장애

(2) 전자유도장해 크기 계산

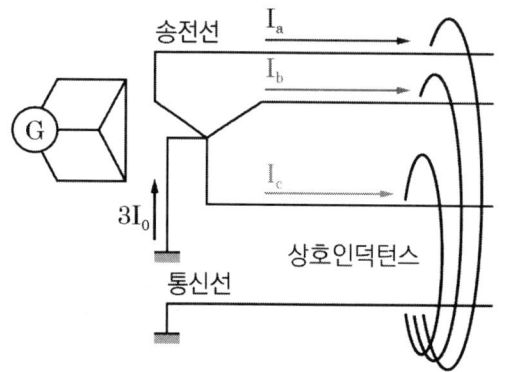

- 전자유도전압의 크기

$$E_m = -j\omega Ml(I_a + I_b + I_c) = -j\omega Ml(3I_0)$$

E_m : 전자유도전압
M : 상호 인덕턴스
I_0 : 영상전류 (= 기유도전류)
l : 거리
기유도 : 어떠한 현상을 일으키는 것

(3) 전자유도장해 대책

① 전력선 측 대책

- 차폐선 설치 : 전자유도장해 30 ~ 50 [%] 저감

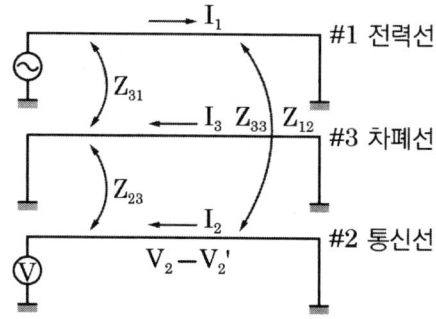

차폐 계수 $(\lambda) = 1 - \dfrac{Z_{31} Z_{23}}{Z_{33} Z_{12}}$

- 각 선간거리 멀게 함(상호 인덕턴스 M 감소)
- 고속도 지락 보호계전기 채택(고장 지속 시간 단축)
- 중성점 접지 저항 값 크게 함(기유도전류 크기 억제)

② 통신선 측 대책

- 연피 통신 케이블 사용(상호 인덕턴스 M 저감)
- 성능 좋은 피뢰기 설치(유도전압 강제 저감)
- 통신선의 도중에 중계코일 설치(병행 길이 단축)

예제 09

유도장해를 방지하기 위한 전력선 측의 대책으로 틀린 것은?

① 차폐선을 설치한다.
② 고속도차단기를 사용한다.
③ 중성점 전압을 가능한 높게 한다.
④ 중성점 접지에 고저항을 넣어서 지락전류를 줄인다.

해설 유도장해 방지 대책

중성점 전압 상승 시 유도장해가 발생하므로 유도장해 경감과는 관련이 없다.

정답 ③

예제 10

그림과 같이 전력선과 통신선 사이에 차폐선을 설치하였다. 이 경우에 통신선의 차폐계수(K)를 구하는 관계식은? (단, 차폐선을 통신선에 근접하여 설치한다)

① $K = 1 + \dfrac{Z_{31}}{Z_{12}}$ ② $K = 1 - \dfrac{Z_{31}}{Z_{33}}$ ③ $K = 1 - \dfrac{Z_{23}}{Z_{33}}$ ④ $K = 1 + \dfrac{Z_{23}}{Z_{33}}$

해설 차폐계수(K) 계산식

- $K = \left| 1 - \dfrac{Z_{23} Z_{31}}{Z_{33} Z_{12}} \right|$
- 통신선 근접 설치로 $Z_{12} = Z_{31}$
- ∴ $K = 1 - \dfrac{Z_{23}}{Z_{33}}$

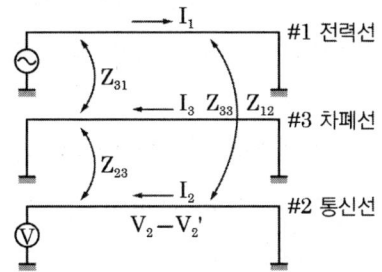

정답 ③

03 안정도

계통에 주어진 운전 조건에서 안정한 운전의 지속 여부를 결정하는 정도

1 종류

(1) 정태안정도

정상 운전 시 부하가 서서히 증가했을 때 안정 운전을 지속할 수 있는 정도

(2) 과도안정도

부하급변 또는 사고로 계통에 충격이 가해질 때 연결된 동기기가 동기를 유지하면서 안정적 운전을 할 수 있는 정도

(3) 동태안정도

자동전압조정기(AVR) 또는 조속기 등이 갖는 제어 효과를 고려한 정도

2 안정도 향상 대책

(1) 직렬 리액턴스(X_L)을 작게 함

① 선로의 병행 회선수를 늘리거나 복도체 또는 다도체 방식을 사용

② 직렬 콘덴서를 삽입

③ 단락비($K_s = \dfrac{1}{Z_s}$)가 큰 기기 설치(단락비가 작을 시 전압변동률이 커짐)

(2) 계통 전압 변동 제어

① 속응 여자 방식을 채용

발전기 여자전류를 상승시켜 단자 전압을 일정하게 유지하여 안정도를 증진

② 중간조상 방식을 채용

(3) 고장전류를 줄이고, 고장 구간 신속 차단

① 적당한 중성점 접지 방식(소호리액터)을 채용하여 지락전류를 감소시킴

② 고속도계전기, 고속도차단기 채용 및 고속도 재폐로 방식을 채용

③ 고속도 재폐로 방식

짧은 시간에 자동적으로 회로를 폐로하여 운전하는 방식으로 계통 충격을 줄임

(4) 고장 발생 시 발전기 입·출력 불평형 감소

① 제동 저항기를 설치

② 원동기의 조속기 작동을 빠르게 함

예제 11

발전기의 정태 안정 극한 전력이란?

① 부하가 서서히 증가할 때의 극한 전력 ② 부하가 갑자기 크게 변동할 때의 극한 전력
③ 부하가 갑자기 사고가 났을 때의 극한 전력 ④ 부하가 변하지 않을 때의 극한 전력

해설 정태 안정 극한 전력

　　부하가 서서히 증가할 때의 극한 전력

정답 ①

예제 12

송배전계통에서의 안정도 향상 대책이 아닌 것은?

① 병렬 회선 수 증가 ② 병렬 콘덴서 설치
③ 속응 여자 방식 채용 ④ 기기의 리액턴스 감소

해설 안정도 향상 대책

- 계통의 직렬 리액턴스 감소
- 속응 여자 방식
- 고속도 재폐로 방식
- 직렬 콘덴서 설치
- 조속기 작동을 빠르게 한다.
- 계통 연계 방식
- 중간 조상 방식
- 병렬 회선 수 늘림

정답 ②

예제 13

송전선로의 안정도 향상 대책이 아닌 것은?

① 병행 다회선이나 복도체 방식 채용 ② 계통의 직렬리액턴스 증가
③ 속응 여자 방식 채용 ④ 고속도차단기 이용

해설 안정도 향상 대책

- 계통의 직렬 리액턴스 감소
- 속응 여자 방식
- 고속도 재폐로 방식
- 직렬 콘덴서 설치
- 조속기 작동을 빠르게 한다.
- 계통 연계 방식
- 중간 조상 방식
- 병렬 회선 수 늘림

정답 ②

CHAPTER 06 | 개념 체크 OX

1 중성점 비접지 방식은 지락전류가 커서 순간적인 지락사고 시 송전이 불가능하다. O X

2 중성점 직접접지 방식은 보호계전기의 동작이 확실하며, 단절연 변압기 사용이 가능하다. O X

3 저항접지 방식의 접지저항의 값이 크면 지락계전기의 동작이 곤란하다. O X

4 소호리액터 접지 방식에서는 고장검출이 쉽다. O X

5 전자유도장해의 전력선 측 대책으로 중성점 접지 저항 값을 크게 할 수 있다. O X

6 전자유도장해의 통신선 측 대책으로는 고속도 지락 보호계전기를 채택할 수 있다. O X

7 과도안정도는 정상 운전 시 부하가 서서히 증가했을 때 안정 운전을 지속할 수 있는 정도이다. O X

8 안정도 향상 대책으로 속응 여자 방식을 채용할 수 있다. O X

9 적당한 중성점 접지 방식을 채용하면 지락전류를 감소시킬 수 있다. O X

10 고속도 재폐로 방식을 채용하여 안정도를 향상할 수 있다. O X

정답 01 (X) 02 (O) 03 (O) 04 (X) 05 (O) 06 (X) 07 (X) 08 (O) 09 (O) 10 (O)

1 중성점 비접지 방식은 지락전류가 <u>작아</u> 순간적인 지락사고 시 송전이 <u>가능하다</u>.
4 소호리액터 접지방식에서는 고장검출이 <u>어렵다.</u>
6 전자유도장해의 <u>전력선</u> 측 대책으로는 고속도 지락 보호계전기를 채택할 수 있다.
7 과도안정도는 <u>부하급변 또는 사고로 계통에 충격이 가해질 때 연결된 동기기가 동기를 유지하면서 안정적 운전을 할 수 있는</u> 정도이다.

CHAPTER 07 이상전압 및 보호계전기

01 이상전압

1 이상전압의 종류

(1) 개폐서지(내부적 요인)
   ① 차단기 투입이나 개방 시에 나타나는 과도전압
   ② 무부하 선로를 개로할 때 충전전류에 의한 이상전압이 가장 큼(대책 : 개폐 저항기)

예제 01

차단 시 재점호가 발생하기 쉬운 경우는?

① R - L회로의 차단   ② 단락전류의 차단
③ C회로의 차단   ④ L회로의 차단

해설 재점호 현상
- 차단기 개방 상태에서 절연파괴로 인해 전기가 통하는 현상
- 재점호 원인 : 무부하 시 충전전류(C)

정답 ③

---

(2) 직격뢰(외부적 요인)
   ① 송전선 및 가공전선에 낙뢰 직격 시 발생
   ② 파두장은 짧고, 파미장은 김
   ③ 뇌서지와 개폐서지의 파두장, 파미장이 다름
   ④ 뇌서지 파곳값은 크고, 지속시간 짧음
   ⑤ 개폐서지 파곳값은 작고, 지속시간은 증가

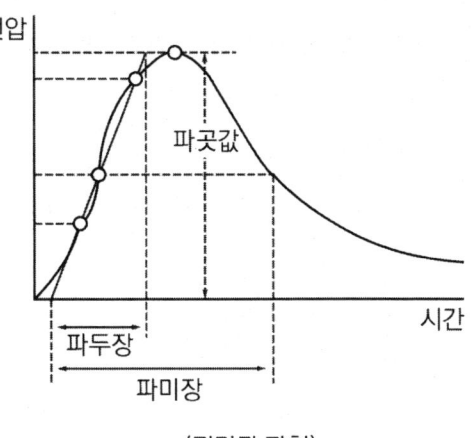

〈직격뢰 파형〉

예제 02

송배전계통에 발생하는 이상전압의 내부적 원인이 아닌 것은?

① 선로의 개폐   ② 직격뢰   ③ 아크 접지   ④ 선로의 이상 상태

해설 내부이상전압의 종류

직격뢰 : 외부적 원인

정답 ②

2 이상전압의 진행파

서로 다른 회로의 접속점에 진행파가 진입하면 파동임피던스의 일부는 반사하고, 나머지는 변이점을 통과해서 다음 회로에 침입해 들어감

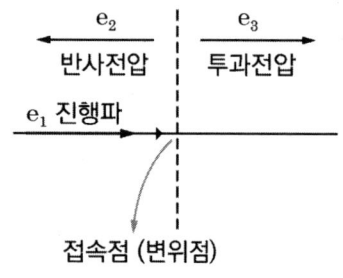

Z_1 : 선로특성임피던스 Z_2 : 케이블 특성임피던스
e_1 : 진행파 전압 e_2 : 반사전압 e_3 : 투과전압

(1) 계수별 전압 계산

① 반사계수 $\dfrac{Z_2 - Z_1}{Z_1 + Z_2}$, 반사전압 $e_2 = \dfrac{Z_2 - Z_1}{Z_1 + Z_2} e_1$

② 투과계수 $\dfrac{2Z_2}{Z_1 + Z_2}$, 투과전압 $e_3 = \dfrac{2Z_2}{Z_1 + Z_2} e_1$

(2) 종단이 개방되어 있는 경우($Z_2 = \infty$)

① 반사계수 = 1
② 투과계수 = 2

(3) 종단이 접지되어 있는 경우($Z_2 = 0$)

① 반사계수 = -1
② 투과계수 = 0

예제 03

파동임피던스 Z_1 = 500 [Ω], Z_2 = 300 [Ω]인 두 무손실 선로 사이에 그림과 같이 저항 R을 접속하였다. 제1선로에서 구형파가 진행하여 왔을 때 무반사로 하기 위한 R의 값은 몇 [Ω]인가?

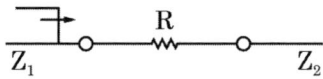

① 100 ② 200 ③ 300 ④ 500

해설 무반사 조건 R 값 계산

- 무반사 시, 반사계수 = 0
- 반사계수 = $\dfrac{Z_2 - Z_1}{Z_1 + Z_2} = 0 = \dfrac{(300 + R) - 500}{500 + (300 + R)} = 0$ ∴ $R = 200\ [\Omega]$

정답 ②

예제 04

임피던스 Z_1, Z_2 및 Z_3를 그림과 같이 접속한 선로의 A쪽에서 전압파 E가 진행해 왔을 때 접속점 B에서 무반사로 되기 위한 조건은?

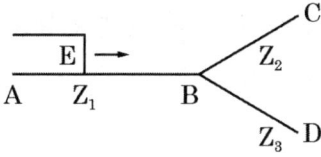

① $Z_1 = Z_2 + Z_3$

② $\dfrac{1}{Z_3} = \dfrac{1}{Z_1} + \dfrac{1}{Z_2}$

③ $\dfrac{1}{Z_1} = \dfrac{1}{Z_2} + \dfrac{1}{Z_3}$

④ $\dfrac{1}{Z_2} = \dfrac{1}{Z_1} + \dfrac{1}{Z_3}$

해설 무반사 조건 R 값 계산

- $Z_A = Z_1$, $Z_B = \dfrac{1}{\dfrac{1}{Z_2}+\dfrac{1}{Z_3}}$
- $\beta = \dfrac{Z_B - Z_A}{Z_A + Z_B}$
- 무반사 조건 $Z_A = Z_B$, $Z_B - Z_A = 0$
- $Z_1 = \dfrac{1}{\dfrac{1}{Z_2}+\dfrac{1}{Z_3}}$

$\therefore \dfrac{1}{Z_1} = \dfrac{1}{Z_2} + \dfrac{1}{Z_3}$

정답 ③

02 이상전압의 대책

1 피뢰기

이상전압의 파고치를 저감시켜 기기를 보호하는 설비

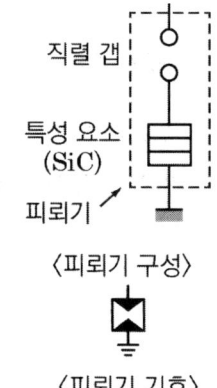

〈피뢰기 구성〉

〈피뢰기 기호〉

(1) 피뢰기의 구성

① 직렬 갭
- 평상시(정상 상태) : 대지 간 절연 유지(누설전류 차단)
- 이상전압 침입 시 : 뇌전류 방전 및 전압의 상승 방지
- 방전 종류 후 : 속류차단

② 특성 요소
제한전압을 낮게 억제하고, 비교적 낮은 전압에서는 높은 저항 값으로 속류차단

(2) 피뢰기 전압별 정의

① 제한전압
- 피뢰기가 처리하고 남은 전압
- 충격파전류가 흐르고 있을 때, 피뢰기 단자 전압의 파곳값

② 정격 전압
- 피뢰기 양 단자 사이에 인가할 수 있는 상용 주파수의 최대전압 실횻값
- 속류가 차단되는 최고의 교류전압

③ 충격방전 개시전압
- 충격파 최대전압 인가 시 피뢰기 단자가 방전을 개시하는 전압
- 피뢰기 단자전압의 최고 전압

④ 상용주파 방전 개시전압
- 상용 주파수에서 피뢰기가 방전 시, 상용주파전압, 실횻값으로 표현
- 상용주파 방전 개시전압 = 피뢰기 정격전압 1.5배 이상

예제 05

유효 접지계통에서 피뢰기의 정격전압을 결정하는 데 가장 중요한 요소는?

① 선로 애자련의 충격섬락전압
② 내부 이상전압 중 과도이상전압의 크기
③ 유도뢰의 전압의 크기
④ 1선 지락 고장 시 건전상의 대지전위

해설 피뢰기 정격전압
- 선로단자와 접지 단자 간에 인가할 수 있는 상용주파 최대허용전압의 실횻값
- 1선 지락 고장 시 건전상의 대지 전위

정답 ④

예제 06

변전소, 발전소 등에 설치하는 피뢰기에 대한 설명 중 틀린 것은?

① 정격전압은 상용주파 정현파 전압의 최고 한도를 규정한 순싯값이다.
② 피뢰기의 직렬갭은 일반적으로 저항으로 되어 있다.
③ 방전전류는 뇌충격전류의 파곳값으로 표시한다.
④ 속류란 방전 현상이 실질적으로 끝난 후에도 전력계통에서 피뢰기에 공급되어 흐르는 전류를 말한다.

해설 피뢰기 정격전압
- 선로 단자와 접지 단자 간에 인가할 수 있는 상용주파 최대허용전압의 실횻값
- 1선 지락 고장 시 건전상의 대지전위

정답 ①

(3) 피뢰기의 공칭 방전전류별 적용 장소 및 조건

공칭 방전전류	설치 장소	적용 조건
10000 [A]	변전소	• 154 [kV] 이상 계통 • 66 [kV] 및 그 이하의 계통에서 BANK 용량이 3000 [kVA] 초과하는 곳
5000 [A]	변전소	• 66 [kV] 및 그 이하의 계통에서 BANK 용량이 3000 [kVA] 이하인 곳
2500 [A]	선로	• 배전선로

(4) 피뢰기 구비 조건
  ① 상용주파 방전 개시전압이 높을 것
  ② 충격방전 개시전압이 낮을 것
  ③ 속류차단 능력이 클 것
  ④ 제한전압이 낮을 것
  ⑤ 내구성 및 경제성이 있을 것
  ⑥ 방전 내량이 클 것

2 서지흡수기(SA : Surge Arrester)

(1) 개폐서지를 흡수하기 위하여 옥내에 설치하는 것

(2) VCB와 몰드 TR 사이에 설치

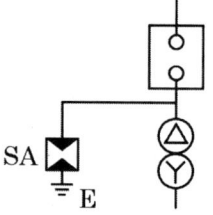

3 가공지선

선로 최상단에 설치되며 직격뢰, 유도뢰, 통신선에 대한 전자유도 경감의 목적으로 설치하는 전선

(1) 차폐각
  ① 차폐각이 작을수록 외부 이상전압에 대한 보호율 높음
  ② 보통 차폐각은 45° 내외이며, ACSR 사용

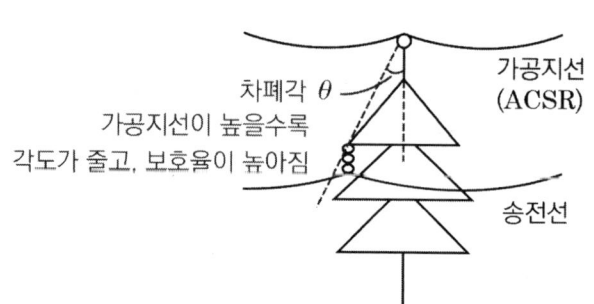

예제 07

가공지선의 설치 목적이 아닌 것은?

① 전압강하의 방지
② 직격뢰에 대한 차폐
③ 유도뢰에 대한 정전차폐
④ 통신선에 대한 전자유도장해 경감

해설 가공지선

- 직격뢰, 유도뢰, 통신선에 대한 전자유도 경감의 목적
- 차폐각 35° ~ 40°
- 차폐각이 작을수록 보호율이 높음
- 가공지선을 2회선으로 하면 차폐각이 작아짐
- ACSR 사용

정답 ①

예제 08

송전선에 뇌격에 대한 차폐 등으로 가선하는 가공지선에 대한 설명 중 옳은 것은?

① 차폐각은 보통 15 ~ 30° 정도로 하고 있다.
② 차폐각이 클수록 벼락에 대한 차폐 효과가 크다.
③ 가공지선을 2선으로 하면 차폐각이 작아진다.
④ 가공지선으로는 연동선을 주로 사용한다.

해설 가공지선

- 직격뢰, 유도뢰, 통신선에 대한 전자유도 경감의 목적
- 차폐각 35° ~ 40°
- 차폐각이 작을수록 보호율이 높음
- 가공지선을 2회선으로 하면 차폐각 작아짐
- ACSR 사용

정답 ③

4 매설지선

(1) 철탑의 접지저항을 줄이기 위해 철탑 하부 대지 밑에 설치한 전선

(2) 철탑의 접지 저항이 크면 비교적 저항이 적은 선로 쪽으로 직격·유도뢰의 전류가 흐름 (역섬락)

(3) 매설지선을 설치하여 접지저항을 줄여, 역섬락을 방지

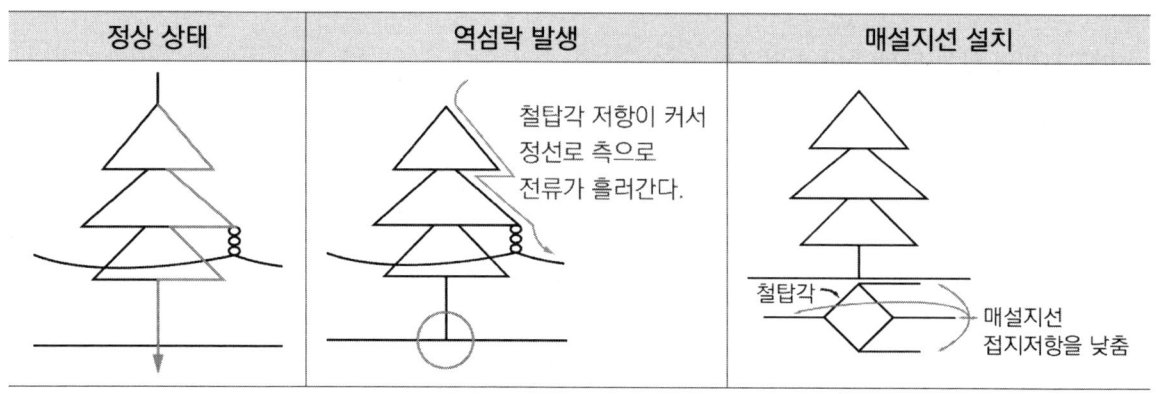

예제 09

뇌해 방지와 관계가 없는 것은?
① 매설지선   ② 가공지선   ③ 소호각   ④ 댐퍼

해설 댐퍼(Damper)

댐퍼 : 전선의 진동 및 도약 방지설비

정답 ④

5 절연협조

피뢰기 제한전압을 기본으로 하여 계통 내 상호 간 적정한 절연강도를 지니게 함으로써 계통 설계를 합리적·경제적으로 함

(1) 피뢰기 제한전압을 기본으로 하는 이유

외부 이상전압을 피뢰기에서 제한하여, 제한전압 값 이상으로만 기기들을 절연해주면 경제적·합리적으로 절연강도를 선정할 수 있기 때문

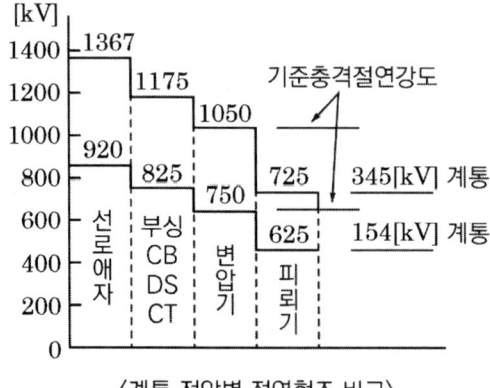

〈계통 전압별 절연협조 비교〉

(2) 절연협조에 의한 절연강도 순서

　　피뢰기 < 변압기 < 기기부싱 < 결합콘덴서 < 선로애자　　　암기 피변기결선

(3) 기준 충격 절연강도(BIL : Basic Impulse insulation Level)

　　① 절연협조의 기준이 되는 절연강도

　　② BIL = 5E + 50 [kV]

　　③ E [kV](최저전압) = $\dfrac{공칭전압}{1.1}$

03 보호계전 방식

계통의 고장상태를 신속히 검출하여 차단하는 계전 방식

1 보호계전 방식 개요

(1) 전기적인 운전 상태를 계기용 변압기(PT), 계기용변류기(CT)를 통해서 보호계전기에 입력

(2) 이상 검출 시 차단기 트립코일(TC)을 여자하여 차단기를 개방시킴으로써 고장 구간을 차단

〈보호계전시스템〉

2 보호계전기의 구비 조건

(1) 확실성, 신속성, 선택성

(2) 고장 구간 정확히 선택할 것

(3) 동작이 예민하고 오동작이 없을 것

(4) 적절한 후비 보호 능력이 있을 것

(5) 소비전력이 적고 경제적일 것

(6) 접점 소모가 적고, 열적·기계적 강도가 클 것

(7) 과도안정도를 유지하는 데 필요한 한도 내의 동작 시한을 가질 것

3 보호계전기의 동작시간에 의한 분류

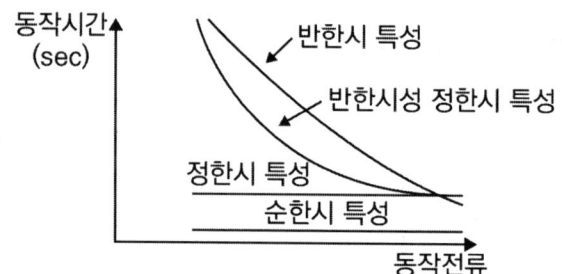

구분	동작시간
순한시계전기	• 고장 즉시 동작
정한시계전기	• 고장 후 일정시간이 경과하면 동작
반한시계전기	• 고장전류가 크면 동작시간이 짧고, 고장전류가 작으면 동작시간이 길어짐
반한시 정한시 계전기	• 고장전류가 적을 시에는 동작시간이 느리고, 고장전류가 클수록 동작시간이 짧음 • 고장전류가 일정값 이상 시 정한시 특성을 지님

4 보호계전기의 용도에 따른 분류

구분	정의
과전류계전기(OCR)	• 일정값 이상의 전류가 흘렀을 때 동작
과전압계전기(OVR)	• 일정값 이상의 전압이 걸렸을 때 동작
부족 전압계전기(UVR)	• 전압이 일정값 이하일 때 지나친 과전류가 흐르지 않게끔 동작
단락 방향계전기(DSR)	• 어느 일정한 방향으로 일정값 이상의 단락전류가 흘렀을 경우 동작
선택 단락계전기(SSR)	• 병행 2회선 송전 선로에서 한 쪽의 1회선에 단락사고가 발생하였을 때 2중 방향 동작 계전기를 사용해서 고장 회선을 선택 차단
거리계전기(ZR)	• 계전기 설치 위치로부터 고장 구간까지의 거리에 비례하여 한시 동작하는 계전기로서, 주로 복잡한 선로의 단락 보호용으로 사용 • 거리 계전기 종류 임피던스형, 옴형, 모형, 오프셋 모형, 리액턴스형 암 단거
과전류 지락계전기 (OCGR)	• 과전류 계전기의 동작전류를 작게 한 것으로서 지락 고장 보호용으로 사용
방향 지락계전기(DGR)	• 과전류 지락 계전기에 방향성을 준 것

구분	정의
선택 지락계전기(SGR)	• 병행 2회선 송전 선로에서 한쪽의 1회선에 지락사고 발생 시 고장 구간을 검출하여 그 회선만 선택 차단하는 계전기
방향 과전류계전기 (DOCR)	• 일정한 방향으로 일정한 크기 이상 단락전류가 흘렀을 때 동작
역상·결상계전기	• 3상 결선 변압기의 단상 운전에 의한 소손 방지 목적으로 설치하는 계전기
탈조 보호계전기	• 사고 발생 시 발전기가 계통으로부터 분리되는 것을 방지하기 위한 계전기

예제 10

전압이 일정값 이하로 되었을 때 동작하는 것으로서 단락 시 고장 검출용으로도 사용되는 계전기는?

① OVR ② OVGR ③ NSR ④ UVR

해설 부족 전압계전기(UVR)

부족 전압계전기(UVR) : 일정 전압 이하 시 동작

정답 ④

예제 11

송배전선로에서 선택지락계전기(SGR)의 용도는?

① 다회선에서 접지 고장 회선의 선택
② 단일 회선에서 접지전류의 대소 선택
③ 단일 회선에서 접지전류의 방향 선택
④ 단일 회선에서 접지 사고의 지속 시간 선택

해설 선택접지계전기(SGR)

선택접지계전기(SGR) : 병행 2회선에서 지락고장 회선 선택 차단

정답 ①

5 방사상 선로의 단락 보호

(1) 전원이 1군데 있는 경우 : 과전류계전기(OCR)

(2) 전원이 2군데 이상 있는 경우 : 방향 단락계전기(DSR) + 과전류계전기(OCR)

6 환상 선로의 단락 보호

(1) 전원이 1군데 있는 경우 : 방향 단락계전기(DSR)

(2) 전원이 2군데 이상 있는 경우 : 방향 거리계전기(DZR)

예제 12

전원이 양단에 있는 환상선로의 단락 보호에 사용되는 계전기는?

① 방향거리계전기
② 부족전압계전기
③ 선택접지계전기
④ 부족전류계전기

해설 환상 선로 단락 보호계전기

- 전원 1군데일 경우 : 방향단락계전기(DSR)
- 전원 2군데일 경우 : 방향거리계전기(DZR)

정답 ①

예제 13

전원이 양단에 있는 방사상 송전선로에서 과전류계전기와 조합하여 단락 보호에 사용하는 계전기는?

① 선택지락계전기
② 방향단락계전기
③ 과전압계전기
④ 부족전류계전기

해설 방사상 선로 단락 보호계전기

- 전원 1군데일 경우 : 과전류계전기(OCR)
- 전원 2군데일 경우 : 방향 단락(DSR)·과전류(OCR)계전기

정답 ②

7 표시선(Pilot Wire) 계전 방식

(1) 보호해야 할 송전선로의 선택 차단 구간의 양단 간에 표시선을 설치

(2) 발전기 주파수의 신호전류를 흘려 송전선 보호 범위 내의 사고에 대해 위치와 관계없이 고속 차단하는 방식

(3) 표시선 계전 방식의 종류
 ① 방향 비교 방식
 ② 전압 방향 방식
 ③ 전류 순환 방식

> 암기 방압류

8 반송 보호계전 방식

(1) 피보호 송전선 양쪽 끝 보호계전기에서 고장 정보를 상호 전송

(2) 고장 검출 신호를 송전선로 양단에서 송·수신하여 차단하기에 고장 구간 선택이 정확하며, 보호계전기 동작이 예민하여 오동작 우려가 없는 방식

예제 14

다음 중 전력선 반송 보호계전 방식의 장점이 아닌 것은?

① 저주파 반송전류를 중첩시켜 사용하므로 계통의 신뢰도가 높아진다.
② 고장 구간의 선택이 확실하다.
③ 동작이 예민하다.
④ 고장점이나 계통의 여하에 불구하고 선택차단개소를 동시에 고속도차단할 수 있다.

> **해설** 전력선 반송 보호계전 방식
> - 고장 구간 선택이 정확함
> - 계전기 동작이 예민하여 오동작 우려 없음
>
> 정답 ①

9 변압기 및 발전기의 내부 고장 보호계전기

차동계전기	비율차동계전기	브흐홀쯔계전기

(1) 차동계전기

  내부 고장 발생 시 고·저압 측 CT 2차 전류 차에 의하여 동작

(2) 비율차동계전기

  내부 고장 발생 시 고·저압 측 CT 2차 측 억제 코일에 흐르는 전류차가 일정 비율 이상이 되었을 때 동작

(3) 브흐홀쯔계전기

  변압기 내부 고장으로 인한 절연유의 온도 상승 시 발생하는 유증기를 검출하여 경보 및 차단하는 계전기

예제 15

발전기나 주 변압기의 내부 고장에 대한 보호용으로 가장 적합한 것은?

① 온도계전기 ② 과전류계전기
③ 비율차동계전기 ④ 과전압계전기

해설 비율차동계전기

- 1, 2차 전류 차가 일정 비율 이상 시 동작
- 변압기 및 발전기의 내부 고장 보호

정답 ③

CHAPTER 07 | 개념 체크 OX

1. 이상전압의 외부적 요인으로 개폐서지가 있다. 　　　　　　　　　　　　　　　　O　X
2. 직격뢰의 파두장은 짧고, 파미장은 길다. 　　　　　　　　　　　　　　　　　　　O　X
3. 투과전압은 투과계수에 진행파전압을 곱해서 계산할 수 있다. 　　　　　　　　　O　X
4. 차동계전기는 내부 고장 발생 시 고·저압 측 CT 2차 측 억제 코일에 흐르는 전류 　O　X
   차가 일정 비율 이상이 되었을 때 동작한다.
5. 표시선 계전 방식의 종류에는 전류 순환 방식, 전압 방향 방식, 방향 비교 방식이 있다. 　O　X
6. 환상 선로의 단락 보호 시 전원이 2군데 있는 경우에는 방향 단락계전기를 사용한다. 　O　X
7. 과전류계전기는 일정값 이상의 전압이 걸렸을 때 동작한다. 　　　　　　　　　　O　X
8. 반한시계전기는 고장전류가 크면 동작시간이 짧고, 고장전류가 작으면 동작시간　O　X
   이 길어진다.
9. 보호계전기에는 후비 보호 능력이 필요하지 않다. 　　　　　　　　　　　　　　O　X
10. 절연협조에 의한 절연강도 순서는 피뢰기 < 변압기 < 기기부싱 < 결합콘덴서 　O　X
    < 선로애자이다.

정답　01 (X)　02 (O)　03 (O)　04 (X)　05 (O)　06 (X)　07 (X)　08 (O)　09 (X)　10 (O)

1. 이상전압의 <u>내부적 요인</u>으로 개폐서지가 있다.
4. <u>비율차동계전기</u>는 내부 고장 발생 시 고·저압 측 CT 2차 측 억제 코일에 흐르는 전류차가 일정 비율 이상이 되었을 때 동작한다.
6. 환상 선로의 단락 보호 시 전원이 <u>1군데</u> 있는 경우에는 방향 단락계전기를 사용한다.
7. 과전류계전기는 일정값 이상의 <u>전류가</u> 흘렀을 때 동작한다.
9. 보호계전기에는 후비 보호 능력이 <u>필요하다.</u>

CHAPTER 08 수전설비

01 수전설비 기기의 종류

1 계기용 변압기(PT)
(1) 고전압을 저전압으로 변성(110 [V])하여 계기, 계전기 전원 공급
(2) 점검 시 2차 측 개방(OPEN)

2 계기용 변류기(CT)
(1) 대전류를 소전류로 변성(5 [A])하여 계기, 계전기 전원 공급
(2) 점검 시 2차 측 단락(CLOSE)

> TIP CT의 C는 CLOSE

3 전력 수급용 계기용 변성기(MOF)
(1) 계기용 변압기 + 계기용 변류기[VA]
(2) 전력 수급용 전력량을 측정
(3) 옥내 수전실 또는 옥내 큐비클 등 밀폐된 공간에 설치

예제 01

변성기의 정격부담을 표시하는 단위는?
① W   ② S   ③ dyne   ④ VA

해설 수전설비 기기 정격부담의 단위

　변성기 정격부담 단위 : VA

정답 ④

4 전력용 Fuse(PF)

(1) 단락전류 차단

(2) 장점
   ① 저렴한 가격
   ② 소형, 경량
   ③ 고속 차단
   ④ 큰 차단용량
   ⑤ 보수 간단

(3) 단점
   ① 재투입 불가
   ② 과도전류에 용단되기 쉬움
   ③ 동작시간 조정 불가
   ④ 차단 시 과전압 발생

예제 02

배전선로용 퓨즈(Power Fuse)는 주로 어떤 전류의 차단을 목적으로 사용하는가?

① 충전전류   ② 단락전류   ③ 부하전류   ④ 과도전류

해설 전력 퓨즈(PF)
- 단락전류 차단
- 소형으로 차단용량 큼
- 가격이 저렴하며, 보수 간단
- 차단 시 소음 적음

정답 ②

---

5 영상 변류기(ZCT)

(1) 지락사고 시 지락전류(영상전류) 검출

(2) 지락계전기(GR), 선택 지락계전기(SGR) 등을 추가 설치하여 누전회로를 차단

(3) 지락계전기(GR) : 1회선 시 지락전류 검출하여 차단

(4) 선택지락계전기(SGR) : 다회선 시 고장 회선만 선택 차단

예제 03

비접지계통의 지락사고 시 계전기에 영상전류를 공급하기 위하여 설치하는 기기는?

① PT   ② CT   ③ ZCT   ④ GPT

해설 영상변류기(ZCT)

- 지락사고 시 지락전류(영상전류) 검출
- 별도의 차단전류가 필요
- 지락계전기(GR), 선택 지락계전기(SGR) 등 추가 설치

정답 ③

6 단로기(DS)

(1) 무부하 상태 선로 개폐용

(2) 아크 소호장치가 없어 부하전류 차단 곤란

(3) 선로 1차 측에 부착하여 기기의 점검 및 보수 시 회로 분리

(4) 인터록(단로기 ⇆ 차단기)
  ① 정전 : 차단기(CB) 개방 → 단로기(DS) 개방
  ② 급전 : 단로기(DS) 투입 → 차단기(CB) 투입

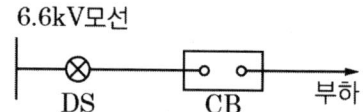

예제 04

그림과 같은 배전선이 있다. 부하에 급전 및 정전할 때 조작 방법으로 옳은 것은?

① 급전 및 정전할 때는 항상 DS, CB 순으로 한다.
② 급전 및 정전할 때는 항상 CB, DS 순으로 한다.
③ 급전 시는 DS, CB 순이고, 정전 시는 CB, DS 순이다.
④ 급전 시는 CB, DS 순이고, 정전 시는 DS, CB 순이다.

> **해설** 단로기 및 차단기 인터록 관계
> - 투입 : 단로기(DS) → 차단기(CB)
> - 개방 : 차단기(CB) → 단로기(DS)
>
> TIP 단로기는 전기가 흐르지 않을 때 투입 및 개방을 해야 한다.
>
> 정답 ③

02 CT결선 방법

1 가동접속(V결선)

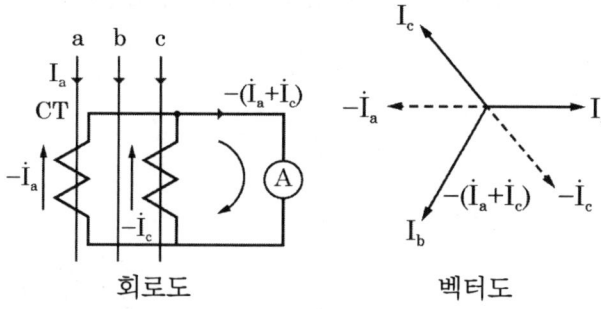

회로도 　　벡터도

- 2차 전류

  $I_2 = I_1 \times \dfrac{1}{CT비}$

- A에 흐르는 전류 : I_b

2 차동접속(교차접속)

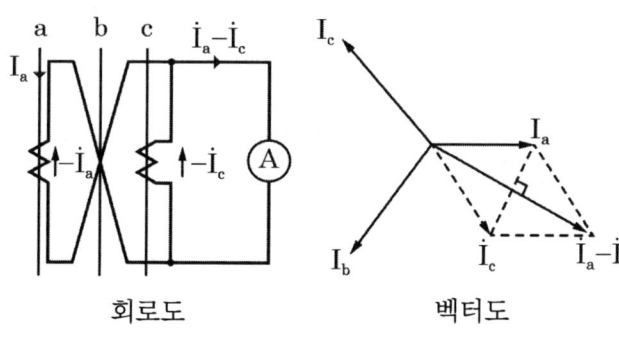

회로도 　　벡터도

- 2차 전류

  $I_2 = I_1 \times \dfrac{1}{CT비} \times \sqrt{3}$

3 Y결선 잔류회로

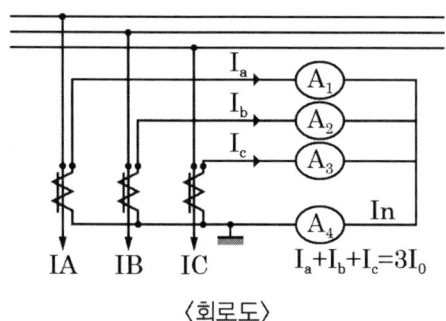
〈회로도〉

- 평형 상태에서 A_4에 흐르는 전류 0
- 지락사고 발생 시 영상전류가 흐름

예제 05

3상으로 표준전압 3 [kV], 800 [kW]를 역률 0.9로 수전하는 공장의 수전회로에 시설할 계기용 변류기의 변류비로 적당한 것은? (단, 변류기의 2차 전류는 5 [A]이며, 여유율은 1.2로 한다)

① 10 ② 20 ③ 30 ④ 40

해설 변류비(a) 계산

- $I_1 = \dfrac{P}{\sqrt{3}\,V\cos\theta} \times 1.2 = \dfrac{800}{\sqrt{3} \times 3 \times 0.9} \times 1.2 = 205.28\,[A]$
- $I_2 = 5\,[A]$

$$\therefore a = \dfrac{I_1}{I_2} = \dfrac{205}{5} ≒ 40\text{배}$$

정답 ④

03 차단기(CB)

1 차단기의 정격

부하전류 및 단락전류 모두 개폐 가능

(1) 용량 선정 계산

$P = \sqrt{3} \times$ 정격전압 $\times$ 정격차단전류

(2) 정격차단 시간

트립 코일 여자부터 아크 소호까지의 시간

(3) 동작 책무

  ① 연속적으로 반복되는 동작을 일컬음

  ② OPEN - t_1 - CLOSE / OPEN - t_2 - CLOSE/OPEN

  ③ 대부분 고장은 일시적이기에 t초 후 CLOSE

2 차단기(CB) 종류

(1) 유입차단기(OCB)

  ① 소호매질 : 절연유

  ② 방음설비 필요 없음

  ③ 화재 위험 있음

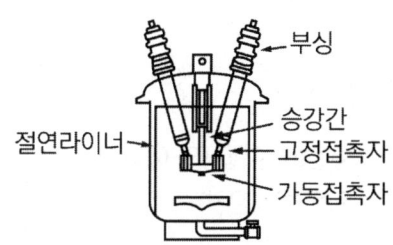

(2) 진공차단기(VCB)

  ① 소호매질 : 진공

  ② 개폐 이상전압 차단 시 개폐서지가 많이 발생(대책 : 서지흡수기 설치)

  ③ 소 내 전력공급용으로 3.3, 6.6, 22.9 [kV]에서 많이 사용

(3) 공기차단기(ABB)

  ① 소호매질 : 압축공기(임펄스차단기) 15 ~ 30 [kg/cm^2]

  ② 소음이 큼

  🔑 ABB의 압(AB)축공기

(4) 가스차단기(GCB)

  ① 소호매질 : SF$_6$ 가스

  ② SF$_6$ 가스 : 무색, 무취, 무해 가스이며, 소호능력이 공기의 약 100배

  ③ 소호 능력, 차단 능력 우수

  ④ 난연성(불활성) 가스

  ⑤ 154, 345 [kV] 선로 사용

  ⑥ 일체형 구조로 소음이 적음

(5) 자기차단기(MBB)

  ① 소호매질 : 전자력(주파수의 영향을 받지 않음)

(6) 기중차단기(ACB)

  ① 소호매질 : 자연 공기

  ② 저압용 차단기

(7) 가스 절연 개폐기(GIS)

    ① 충전부가 대기에 노출되지 않아 신뢰성, 안정성이 우수

    ② 감전사고의 위험이 적음

    ③ 밀폐형으로 배기 소음이 없음

    ④ 소형화가 가능(공기 대신 SF_6 가스 사용)

    ⑤ 보수 점검이 용이

예제 06

충전된 콘덴서의 에너지에 의한 트립되는 방식으로 정류기, 콘덴서 등으로 구성되어 있는 차단기의 트립 방식은?

① 과전류 트립 방식   ② 콘덴서 트립 방식

③ 직류전압 트립 방식   ④ 부족전압 트립 방식

해설 콘덴서 트립 방식

    콘덴서 트립 방식(CTD) : 충전된 콘덴서 에너지에 의하여 트립

정답 ②

CHAPTER 08 | 개념 체크 OX

1. 계기용 변류기는 고전압을 저전압으로 변성(110 [V])하여 계기하고, 계전기에 전원을 공급한다. ☐ O ☐ X

2. 전력용 퓨즈는 과도전류에 용단되지 않는다. ☐ O ☐ X

3. 영상 변류기는 지락사고 시 지락전류를 검출한다. ☐ O ☐ X

4. 정전 시에는 차단기를 개방한 후단로기를 개방한다. ☐ O ☐ X

5. 전력용 퓨즈는 가격이 저렴하고, 소형, 경량화되어 있다. ☐ O ☐ X

6. 다회선 시 고장 회선만 선택 차단할 때에는 지락계전기를 사용한다. ☐ O ☐ X

7. 단로기에는 아크 소호장치가 없어 부하전류 차단이 곤란하다. ☐ O ☐ X

8. 유입차단기는 화재위험이 있다. ☐ O ☐ X

9. SF_6 가스는 인체에 유독하다. ☐ O ☐ X

10. 공기차단기는 소호매질로 자연공기를 사용한다. ☐ O ☐ X

정답 01 (X) 02 (X) 03 (O) 04 (O) 05 (O) 06 (X) 07 (O) 08 (O) 09 (X) 10 (X)

1. <u>계기용 변압기</u>는 고전압을 저전압으로 변성(110 [V])하여 계기하고, 계전기에 전원을 공급한다.
2. 전력용 퓨즈는 과도전류에 용단되기 <u>쉽다</u>.
6. 다회선 시 고장 회선만 선택 차단할 때에는 <u>선택지락계전기</u>를 사용한다.
9. SF_6 가스는 인체에 <u>무해</u>하다.
10. 공기차단기는 소호매질로 <u>압축공기</u>를 사용한다.

CHAPTER 09 배전 방식 및 전기공급 방식

01 배전선로 구성

(1) 배전선로
변전소로부터 직접 수용 장소에 이르는 선로

(2) 급전선(Feeder)
변전소와 간선 사이 부하가 접속되어 있지 않은 선

(3) 간선(Main Line)
① 급전선에 접속되어 부하로 전력을 공급
② 분기선을 통하여 배전하는 선로

(4) 분기선(Branch Line)
간선으로부터 분기한 선(가지 모양)

(5) 궤전점
① 급전선과 분기선의 접속점
② 급전선과 간선의 접속점

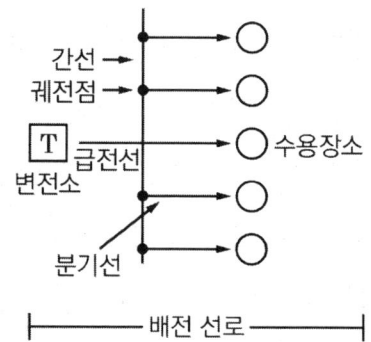

예제 01

배전선로의 용어 중 틀린 것은?
① 궤전점 : 간선과 분기선의 접속점
② 분기선 : 간선으로 분기되는 변압기에 이르는 선로
③ 간선 : 급전선에 접속되어 부하로 전력을 공급하거나 분기선을 통하여 배전하는 선로
④ 급전선 : 배전용 변전소에서 인출되는 배전선로에서 최초의 분기점까지의 전선으로 도중에 부하가 접속되어 있지 않은 선로

해설 궤전점
- 급전선과 분기선의 접속점
- 급전선과 간선의 접속점

정답 ①

02 배전 방식

1 수지식(방사상식)

(1) 인출배전선이 부하의 분포에 따라서 나뭇가지 모양으로 분기선을 내는 방식

(2) 장점 : 수요가 증가할 시 간선이나 분기선을 연장

(3) 단점
  ① 사고 발생 시 다른 계통으로 전환이 불가
  ② 전압변동 및 전력손실이 크고, 플리커 현상이 심함

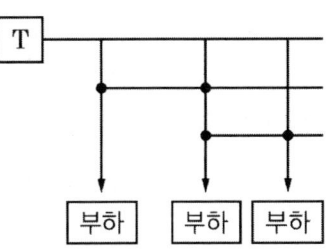

2 환상식(Loop System)

(1) 배전간선이 하나의 환상선으로 구성, 수요에 따라 임의의 각 장소에서 분기선을 끌어서 사용

(2) 장점
  ① 좌우 양쪽으로 전력이 공급되어 고장이 발생하여도 고장개소를 분리할 수 있음
  ② 전류의 융통성이 있어, 전력손실과 전압강하가 작고 플리커 현상이 감소됨

(3) 단점 : 보호 방식이 복잡하고, 설비비가 비쌈

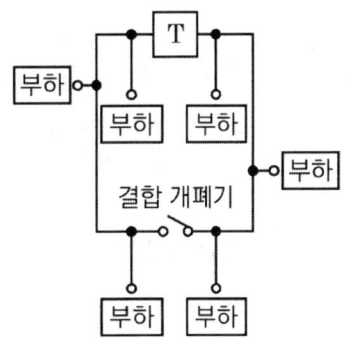

3 망상식(Network System)

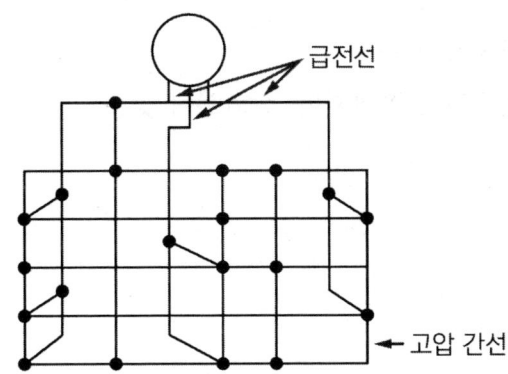

배전 간선을 망상으로 접속하고, 이 계통내의 수 개소의 접속점에 급전선을 연결한 것, 무정전 신뢰도가 높음

예제 02

고압 배전선로 구성 방식 중 고장 시 자동적으로 고장개소의 분리 및 건전선로에 폐로하여 전력을 공급하는 개폐기를 가지며, 수요 분포에 따라 임의의 분기선으로부터 전력을 공급하는 방식은?

① 환상식 ② 망상식 ③ 뱅킹식 ④ 가지식(수지식)

해설 결합 개폐기

결합 개폐기 : 환상식 선로 고장 시 자동 폐로하여 전력 공급

정답 ①

4 방사상 방식

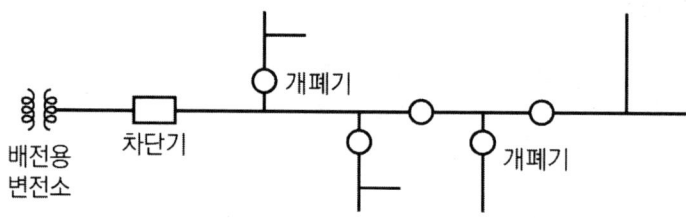

(1) 배전선로를 부하 증설에 따라 간선이나 분기선을 설치하여 구성하는 방식

(2) 장점
   ① 설비가 간단함
   ② 부하증설이 용이함
   ③ 경제적

(3) 단점
   ① 전압변동 및 전력손실이 큼
   ② 사고에 의한 정전범위가 확대되어, 신뢰성이 낮음

5 저압 뱅킹 방식

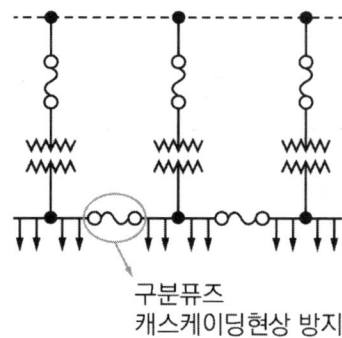

(1) 동일 고압 배전선로에 접속된 2대 이상의 배전용 변압기를 경유하여, 저압 측 간선 병렬 접속하는 방식

(2) 장점
   ① 저압선의 동량 절약, 변압기의 공급전력을 서로 융통시켜 변압기용량을 저감
   ② 전압변동률과 플리커 현상이 적고, 전력손실이 감소됨
   ③ 부하 증가에 대한 공급 탄력성이 있음

(3) 단점
   ① 캐스캐이딩 현상이 발생할 수 있음
      • 저압 측에 병렬접속하는 보호접속장치가 적당하지 않으면 사고 범위가 확대
      • 캐스캐이딩 현상을 방지하기 위하여 뱅킹퓨즈나 구분퓨즈를 사용

6 저압 네트워크 방식

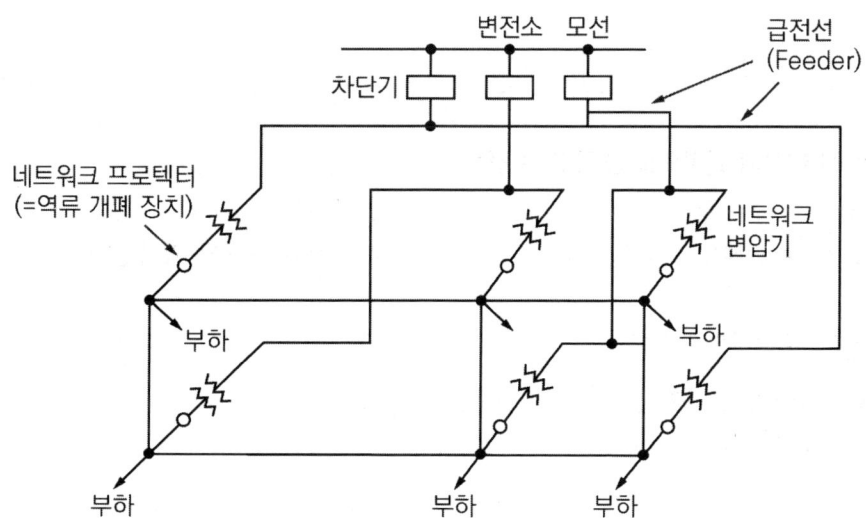

(1) 동일 모선으로 2회선 이상의 급전선으로 전력을 공급하는 방식
(2) 장점
  ① 전압변동률과 플리커 현상이 적고, 전력손실이 최소로 감소됨
  ② 무정전 공급이 가능하여 공급신뢰도가 가장 높음
  ③ 부하증가에 대한 적응성이 좋음
  ④ 기기의 이용률이 향상
(3) 단점
  ① 주조가 가장 복잡하고, 건설비가 비쌈
  ② 인축의 접지사고 증가

예제 03

저압 뱅킹 방식에 대한 설명으로 틀린 것은?
① 전압 동요가 적다.
② 캐스케이딩 현상에 의해 고장 확대가 축소된다.
③ 부하 증가에 대해 융통성이 좋다.
④ 고장 보호 방식이 적당할 때 공급 신뢰도는 향상된다.

해설 캐스케이딩(Cascading)

- 변압기 2차 측 일부 고장으로 건전한 변압기 일부 또는 전부 고장 발생
- 캐스케이딩 대책 : 구분 퓨즈

정답 ②

예제 04

네트워크 배전 방식의 설명으로 옳지 않은 것은?
① 전압 변동이 적다.　　　　　② 배전 신뢰도가 높다.
③ 전력손실이 감소한다.　　　④ 인축의 접촉 사고가 적어진다.

해설 네트워크 배전 방식

- <u>선로가 복잡해서 인축의 접촉 사고 많음</u>
- 부하 밀집지역에 유리
- 공급 신뢰도 우수

정답 ④

7 전력계통 연계

전력계통 병렬운전을 말하며, 계통 규모가 증대되며 임피던스가 감소

장점	단점
• 계통 전체 신뢰도 증가	• 연계설비 신설
• 건설비 및 경비 절감으로 경제 급전 용이	• 임피던스 감소하므로 단락용량·전류 증대
• 부하 변동이 적어져 안정된 주파수 유지 가능	• 통신선의 전자유도장해 커짐
• 설비용량 절감	• 사고 시 타 계통으로 사고 파급 확대 우려

예제 05

각 전력계통을 연계선으로 상호 연결하면 여러 가지 장점이 있다. 틀린 것은?
① 경계 급전이 용이하다.
② 주파수의 변화가 작아진다.
③ 각 전력계통의 신뢰도가 증가한다.
④ 배후전력(Back Power)이 크기 때문에 고장이 적으며, 그 영향의 범위가 작아진다.

해설 전력계통 연계의 장단점

전력계통 연계의 단점 : 사고 시 타 계통으로 파급 확대 우려가 있다.

정답 ④

예제 06

전력계통 연계 시의 특징으로 틀린 것은?
① 단락전류가 감소한다.
② 경제 급전이 용이하다.
③ 공급신뢰도가 향상된다.
④ 사고 시 다른 계통으로의 영향이 파급될 수 있다.

해설 단락전류(I_s)와 %임피던스(%Z)의 관계

$$I_s = \frac{100}{\%Z} \times I_n \qquad \%Z \text{ 감소} \quad I_s \text{ 증가}$$

∴ 전력계통 연계는 병렬연결

정답 ①

03 전기공급 방식

1 전기공급 방식별 특징

결선 방식	공급전력	1선당 공급전력	선 전류	단상 2선식 대비 전체 전선 중량비
〈단상 2선식〉	$P_1 = EI$	$\frac{1}{2}EI$	I_1	1
〈단상 3선식〉	$P_2 = 2EI$	$\frac{2}{3}EI$	$I_2 = \frac{1}{2}I_1$ (50 [%])	$\frac{3}{8}$
〈3상 3선식〉	$P_3 = \sqrt{3}EI$	$\frac{\sqrt{3}}{3}EI$	$I_3 = \frac{1}{\sqrt{3}}I_1$ (57.7 [%])	$\frac{3}{4}$
〈3상 4선식〉	$P_3 = 3EI$	$\frac{3}{4}EI$	$I_3 = \frac{1}{3}I_1$ (33.3 [%])	$\frac{1}{3}$

2 단상 3선식의 장·단점(단상 2선식 기준)

장점	단점
(1) 전압 및 전류가 일정한 경우 　• 1선당 공급전력 1.33배만큼 증가 　• 전선 전체 소요량 $\frac{3}{8}$배만큼 감소 (2) 2종류의 전압을 얻을 수 있음 (3) 전압강하 및 전력손실 감소(효율 좋음)	(1) 중성선 단선 시 전압 불평형 발생 (2) 부하 소손 우려가 있어 중성선에 퓨즈를 설치하면 안 됨(대책 : 저압 밸런서 설치)

예제 07

같은 선로와 같은 부하에서 교류 단상 3선식은 단상 2선식에 비하여 전압강하와 배전 효율은 어떻게 되는가?

① 전압강하는 적고, 배전 효율은 높다.　　② 전압강하는 크고, 배전 효율은 낮다.
③ 전압강하는 적고, 배전 효율은 낮다.　　④ 전압강하는 크고, 배전 효율은 높다.

해설 단상 2선식과 단상 3선식의 비교

　단상 3선식 장점(단상 2선식 기준) : 전압강하 및 전력손실 감소, 배전 효율 상승

정답 ①

예제 08

3상 3선식에서 전선 한 가닥에 흐르는 전류는 단상 2선식의 경우의 몇 배가 되는가? (단, 송전전력, 부하역률, 송전거리, 전력손실 및 선간전압이 같다)

① $1/\sqrt{3}$　　　② 2/3　　　③ 3/4　　　④ 4/9

해설 3상 3선식과 단상 2선식 전류 관계

　• 3상 3선식 유효전력 : $\sqrt{3}\,VI\cos\theta$
　• 단상 2선식 유효전력 : $VI\cos\theta$

　∴ $I_{단상\,2선식} = \sqrt{3}\,I_{3상\,3선식} = \dfrac{1}{\sqrt{3}}$배

정답 ①

예제 09

송전전력, 송전거리, 전선로의 전력손실이 일정하고, 같은 재료의 전선을 사용한 경우 단상 2선식에 대한 3상 4선식의 1선당 전력비는 약 얼마인가? (단, 중성선은 외선과 같은 굵기이다)

① 0.7　　　② 0.87　　　③ 0.94　　　④ 1.15

해설 공급 방식별 공급전력비 계산

- 단상 2선식 전력비 $= \dfrac{1}{2}VI$
- 3상 4선식 전력비 $= \dfrac{\sqrt{3}}{4}VI$

$$\therefore \dfrac{3상\ 4선식\ 전력비}{단상\ 2선식\ 전력비} = \dfrac{\frac{\sqrt{3}}{4}}{\frac{1}{2}} \fallingdotseq 0.87$$

정답 ②

예제 10

배전 전압, 배전 거리 및 전력손실이 같다는 조건에서 단상 2선식 전기 방식의 전선 총 중량을 100[%]라 할 때 3상 3선식 전기 방식은 몇 [%]인가?

① 33.3　　　② 37.5　　　③ 75.0　　　④ 100.0

해설 단상 2선식 대비 전체 전선 중량비 = 전력손실비(사용 전압 및 전력, 손실 일정)

- 단상 3선식 $\dfrac{3}{8}$
- 3상 3선식 $\dfrac{3}{4}$
- 3상 4선식 $\dfrac{1}{3}$

$$\therefore 3상\ 3선식 : \dfrac{3}{4} = 75\,[\%]$$

정답 ③

3 전압 n배 승압과 각 요소의 관계

(1) 전력손실(P_l), 전력손실률(K)

① 전력손실 $P_l = I^2 R = \left(\dfrac{P}{V\cos\theta}\right)^2 \times R = \dfrac{P^2 R}{V^2 \cos^2\theta}$　　$\therefore P_l \propto \dfrac{1}{V^2},\quad P_l \propto \dfrac{1}{\cos^2\theta}$

② 전력손실률 $K = \dfrac{P_l}{P} = \dfrac{\frac{P^2 R}{V^2 \cos^2\theta}}{P} = \dfrac{PR}{V^2 \cos^2\theta}$　　$\therefore K \propto \dfrac{1}{V^2}$

(2) 공급전력(P)

$$K = \frac{PR}{V^2\cos^2\theta}, \qquad P = \frac{KV^2\cos^2\theta}{R} \qquad \therefore P \propto V^2$$

(3) 전선의 단면적(A)

$$K = \frac{P\rho\ell}{V^2\cos^2\theta A}, \qquad A = \frac{P\rho\ell}{KV^2\cos^2\theta} \qquad \therefore A \propto \frac{1}{V^2}$$

(4) 공급 거리(ℓ)

$$\ell = \frac{KV^2\cos^2\theta A}{P\rho} \qquad \therefore \ell \propto V^2$$

(5) 전압강하(e), 전압강하율(ε)

① 전력 P가 일정할 경우 전압 V는 n배 승압하면 전류 I는 $\frac{1}{n}$배 감소

② 전압강하 $e = IR$, $\quad e_0 = \frac{1}{n}IR = \frac{1}{n}e \quad$ e : 전압강하 $\quad e_0$: n배 승압 시 전압강하

③ 전압강하율 $\varepsilon = \frac{e}{V}, \quad \varepsilon_0 = \frac{\frac{1}{n}e}{nV} = \frac{1}{n^2} \times \frac{e}{V} = \frac{1}{n^2}\varepsilon$

(6) 전압과의 관계 요약

전압의 제곱에 비례($\propto V^2$)	공급전력, 공급 거리
전압에 반비례($\propto \frac{1}{V}$)	전압강하
전압의 제곱에 반비례($\propto \frac{1}{V^2}$)	전력손실, 전력손실률, 전압강하율, 전선 단면적, 전선 중량

(7) 전압과 건설비의 관계

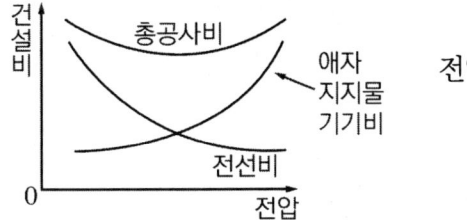

전압이 높아질 경우
- 전선 비용 감소
- 지지물 및 기기 가격 증가

예제 11

송전선로에서 송전전력, 거리, 전력손실률과 전선의 밀도가 일정하다고 할 때 전선 단면적 A [mm^2]는 전압 V [V]와 어떤 관계에 있는가?

① V에 비례한다.
② V^{2}에 비례한다.
③ $\frac{1}{V}$에 비례한다.
④ $\frac{1}{V^2}$에 비례한다.

해설 전압 n배 승압 시 각 전기 요솟값

- 공급전력 $P \propto V^2$
- 전압강하 $e \propto \frac{1}{V}$
- 전선 굵기 $A \propto \frac{1}{V^2}$
- 전압강하율 $\varepsilon \propto \frac{1}{V^2}$
- 전력손실률 $P_l \propto \frac{1}{V^2}$

정답 ④

예제 12

154 [kV] 송전선로의 전압을 345 [kV]로 승압하고, 같은 손실률로 송전한다고 가정하면 송전전력은 승압 전의 약 몇 배 정도인가?

① 2   ② 3   ③ 4   ④ 5

해설 전압 n배 승압 시 각 전기 요솟값

- 공급전력 $P \propto V^2$
- 전압강하 $e \propto \frac{1}{V}$
- 전선 굵기 $A \propto \frac{1}{V^2}$
- 전압강하율 $\varepsilon \propto \frac{1}{V^2}$
- 전력손실률 $P_l \propto \frac{1}{V^2}$

∴ 154 → 345 [kV] 승압 시 $(\frac{345}{154})^2 ≒ 5$배

정답 ④

예제 13

동일한 전압에서 동일한 전력을 송전할 때 역률을 0.7에서 0.95로 개선하면 전력손실은 개선 전에 비해 약 몇 [%]인가?

① 80　　　② 65　　　③ 54　　　④ 40

해설 역률 개선 전·후 전력손실 (P_l)의 비

$$P_l \propto \frac{1}{\cos^2 \theta}$$

$$\therefore \frac{P_{l2}}{P_{l1}} = \left(\frac{\cos \theta_1}{\cos \theta_2}\right)^2 = \left(\frac{0.7}{0.95}\right)^2 ≒ 0.54 [\%]$$

정답 ③

4 전원 종류별 송배전 방식의 특징

(1) 교류송전 방식의 특징
　① 변압기를 이용한 전압 크기 변환이 용이
　② 대부분의 부하는 교류 방식으로 경제적 운용이 가능
　③ 3상 교류 방식에서 회전자계를 쉽게 얻을 수 있음
　④ 고전압, 대전류의 차단이 용이

(2) 직류송전 방식의 특징
　① 절연 계급을 낮출 수 있음
　② 송전 효율이 좋음
　③ 안정도가 좋음
　④ 비동기 연계가 가능
　⑤ 변환, 역변환 장치가 필요하므로 설비가 복잡(컨버터, 인버터 등)
　⑥ 전력 변환기에서 고조파가 발생

예제 14

교류 송전 방식과 비교하여 직류 송전 방식의 설명이 아닌 것은?

① 전압 변동률이 양호하고 무효전력에 기인하는 전력손실이 생기지 않는다.
② 안정도의 한계가 없으므로 송전용량을 높일 수 있다.
③ 전력 변환기에서 고조파가 발생한다.
④ 고전압, 대전류의 차단이 용이하다.

해설 직류 송전 방식의 특징

- 역률이 항상 1이다.
- 비동기 연계가 가능한 장점이 있다.
- 선로의 리액턴스가 없으므로 안정도가 높다.
- 회전자계를 얻기 힘들다(변압 어려움).
- 영점이 없어 고전압, 대전류의 차단이 어렵다.

정답 ④

예제 15

직류 송전 방식에 대한 설명으로 틀린 것은?

① 선로의 절연이 교류 방식보다 용이하다.
② 리액턴스 또는 위상각에 대해서 고려할 필요가 없다.
③ 케이블 송전일 경우 유전손이 없기 때문에 교류 방식보다 유리하다.
④ 비동기 연계가 불가능하므로 주파수가 다른 계통 간의 연계가 불가능하다.

해설 직류 송전 방식의 특징

- 역률이 항상 1이다.
- 비동기 연계가 가능한 장점이 있다.
- 선로의 리액턴스가 없으므로 안정도가 높다.
- 회전자계를 얻기 힘들다(변압 어려움).
- 영점이 없어 고전압, 대전류의 차단이 어렵다.

정답 ④

CHAPTER 09 | 개념 체크 OX

1. 수지식 배전 방식은 사고 발생 시 다른 계통으로 전환이 불가하다. ☐O ☐X
2. 환상식 배전 방식은 좌우 양쪽으로 전력이 공급되어 고장이 발생하여도 고장개소를 분리할 수 있다. ☐O ☐X
3. 방사상 방식은 설비가 복잡하여 경제적이지 못하다. ☐O ☐X
4. 저압 뱅킹 방식은 부하 증가에 대한 공급 탄력성이 있다. ☐O ☐X
5. 저압 네트워크 방식은 접지사고 위험이 없다. ☐O ☐X
6. 송전전압이 높아질 경우 전선 비용은 감소한다. ☐O ☐X
7. 교류송전 방식은 고전압, 대전류의 차단이 용이하다. ☐O ☐X
8. 직류송전 방식은 변압기를 이용한 전압 크기 변환이 용이하다. ☐O ☐X

정답 01 (O) 02 (O) 03 (X) 04 (O) 05 (X) 06 (O) 07 (O) 08 (X)

3 방사상방식은 설비가 <u>간단하여 경제적이다</u>.
5 저압 네트워크방식은 접지사고 <u>위험이 있다</u>.
8 <u>교류송전 방식</u>은 변압기를 이용한 전압 크기 변환이 용이하다.

CHAPTER 10 배전선로의 부하특성 및 운용

01 배전선로 전압강하

부하 및 임피던스 위치	전력손실	전압강하
말단집중 부하	$I^2 r \ell$	$I r \ell$
균등분산 부하	$\dfrac{1}{3} I^2 r \ell$	$\dfrac{1}{2} I r \ell$

말단에 부하가 몰린 배전보다 균등하게 부하가 분배된 경우가 전력손실은 1/3, 전압강하는 1/2만큼 줄어듦

02 부하특성

수용률

(1) 변압기용량과 그 변압기에서 동시에 사용할 수 있는 최대 전력량 비

(2) 수용률 계산

$$수용률 = \frac{최대수용전력}{설비용량} \times 100 \, [\%]$$

예제 01

어느 수용가의 부하설비는 전등설비가 500 [W], 전열설비가 600 [W], 전동기설비가 400 [W], 기타설비가 100 [W]이다. 이 수용가의 최대수용전력이 1200 [W]이면 수용률은 몇 [%]인가?

① 55 ② 65 ③ 75 ④ 85

해설 수용률 계산

$$수용률 = \frac{최대\ 전력}{설비\ 용량} \times 100 = \frac{1200}{500+600+400+100} \times 100 = 75\,[\%]$$

암 수최설

정답 ③

2 부등률

(1) 동시간대 변압기에서 사용하는 합성 전력과 각 시간별 최대수용전력 합의 비

(2) 부등률 계산

$$부등률 = \frac{각\ 수용가의\ 최대수용전력의\ 합}{합성\ 최대수용전력\ (동시간대)} \geq 1$$

암 등각최합
TIP 부등률은 항상 1 이상

(3) 변압기용량 [kVA] = $\dfrac{각\ 수용가의\ 최대수용전력의\ 합}{부등률 \times 역률\ (\times 효율)}$

예제 02

설비용량이 360 [kW], 수용률 0.8, 부등률 1.2일 때 최대수용전력은 몇 [kW]인가?

① 120 ② 240 ③ 360 ④ 480

해설 합성 최대수용전력 계산

- 최대수용전력 = 설비용량 × 수용률 = 360 × 0.8 = 288 [kW]
- 부등률 = $\dfrac{각\ 수용가의\ 최대수용전력\ 합}{합성\ 최대수용전력}$
- $1.2 = \dfrac{288}{x}$

$\therefore x = 240\,[kW]$

암 등각최합

정답 ②

3 부하율

(1) 어떤 임의의 기간 중 최대 수용전력에 대한 평균 수용 전력의 비

(2) 부하율 계산

$$부하율 = \frac{평균수용전력}{최대수용전력} \times 100 \, [\%] \qquad 평균수용전력 = \frac{전력량\,[kWh]}{기준시간\,[h]}$$

(3) 임의 기간별 부하율 계산

일 부하율	일 부하율 = $\dfrac{전력량/24}{일\ 최대전력} = \dfrac{전력량}{24 \times 일\ 최대전력}$
월 부하율	월 부하율 = $\dfrac{전력량/(30 \times 24)}{월\ 최대전력} = \dfrac{전력량}{30 \times 24 \times 월\ 최대전력}$
연 부하율	연 부하율 = $\dfrac{전력량/(365 \times 24)}{연\ 최대전력} = \dfrac{전력량}{365 \times 24 \times 연\ 최대전력}$

(4) 부하율은 부등률에 비례하고 수용률에 반비례

예제 03

최대수용전력이 45 × 10³ [kW]인 공장의 어느 하루의 소비 전력량이 480 × 10³ [kWh]라고 한다. 하루의 부하율은 몇 [%]인가?

① 22.2 ② 33.3 ③ 44.4 ④ 66.6

해설 부하율 계산 [%]

$$부하율 = \frac{평균수용전력}{최대수용전력} \times 100\% = \frac{48 \times 10^3 / 24}{45 \times 10^3} \times 100 = 44.4$$

암 부평최

정답 ③

---

4 손실계수

(1) 어떤 임의의 기간 중의 최대손실전력에 대한 평균손실전력의 비

(2) 손실계수 계산

$$손실계수 = \frac{평균손실전력}{최대손실전력}$$

(3) 부하율(F)과 손실계수(H)의 관계

$1 \geq F \geq H \geq F^2 \geq 0$, $H = \alpha F + (1-\alpha)F^2$ α : 부하율(F)에 따른 계수

03 배전선로의 전압조정

1 모선전압조정

(1) 유도전압조정기

(2) 부하 시 탭 절환 변압기

2 선로전압조정

(1) 선로전압강하 보상기(LDC : Line Drop Compensantor)

(2) 직렬 콘덴서

(3) 승압기

(4) 주변압기의 탭 조정

3 단권변압기(승압기)

(1) 고압 측 전압(E_2) $E_2 = e_1 + e_2 = E_1 + \dfrac{e_2}{e_1}E_1 = E_1\left(1 + \dfrac{1}{a}\right)$

(2) 승압기용량(자기용량) 계산

① $\dfrac{부하용량}{자기용량} = \dfrac{고압}{고압 - 저압} = \dfrac{E_2}{E_2 - E_1} = \dfrac{E_2}{e_2}$

② 부하용량 $= \dfrac{E_2}{E_2 - E_1} \times$ 자기용량 $= \dfrac{E_2}{e_2} \times$ 자기용량

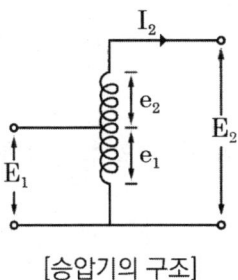

[승압기의 구조]

(3) 단권변압기의 특징

① 중량이 가벼움

② 동손의 감소에 따른 효율이 높음

③ 전압 변동률이 작음

④ 누설임피던스가 작으므로 단락전류가 증가함

예제 04

승압기에 의하여 전압 V_e에서 V_h로 승압할 때 2차 정격전압 e, 자기용량 W인 단상 승압기가 공급할 수 있는 부하용량은?

① $\dfrac{V_h}{e} \times W$

② $\dfrac{V_e}{e} \times W$

③ $\dfrac{V_e}{V_h - V_e} \times W$

④ $\dfrac{V_h - V_e}{V_e} \times W$

해설 단상 승압기 부하용량 계산

- $\dfrac{\text{자기용량}}{\text{부하용량}} = \dfrac{V_h - V_e}{V_h} = \dfrac{e}{V_h}$
- 부하용량 $= \dfrac{V_h}{e} \times$ 자기용량
- $\therefore \dfrac{V_h}{e} \times W$

정답 ①

예제 05

단상 승압기 1대를 사용하여 승압할 경우 승압 전의 전압을 E_1하면 승압 후의 전압 E_2는 어떻게 되는가? (단, 승압기의 변압비는 $\dfrac{\text{전원측전압}}{\text{부하측전압}} = \dfrac{e_1}{e_2}$이다)

① $E_2 = E_1 + e_1 E_1$

② $E_2 = E_1 + e_2$

③ $E_2 = E_1 + \dfrac{e_2}{e_1} E_1$

④ $E_2 = E_1 + \dfrac{e_1}{e_2} E_1$

해설 승압 후 전압 계산

$$E_2 = E_1 + \dfrac{e_2}{e_1} E_1 [V]$$

정답 ③

예제 06

단상 교류회로에 3150/210 [V]의 승압기를 80 [kW], 역률 0.8인 부하에 접속하여 전압을 상승시키는 경우 약 몇 [kVA]의 승압기를 사용하여야 적당한가? (단, 전원전압은 2900 [V]이다)

① 3.6 ② 5.5 ③ 6.8 ④ 10

해설 승압기용량 계산

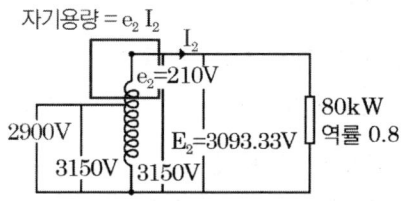

- 승압 후 전압(E_2)

$$E_2 = E_1\left(1 + \frac{1}{a}\right) = 2900\left(1 + \frac{210}{3150}\right) = 3093.33\,[V]$$

- $I_2 = \dfrac{P}{E_2} = \dfrac{80 \times 10^3/0.8}{3093.33} = 32.33\,[A]$

- 부하용량 $= E_2 I_2$
- 자기용량 $= e_2 I_2$

$$\therefore 210 \times 32.33 ≒ 6.8\,[kVA]$$

정답 ③

04 이상 현상

1 플리커 현상

(1) 불규칙한 부하의 변동에 의해 조명이 깜빡이는 등의 현상

(2) 전력 공급 측 플리커 방지 대책

① 전용 계통으로 공급

② 단락용량이 큰 계통에서 공급

③ 전용 변압기로 공급

④ 공급 전압을 승압

(3) 수용가 측 플리커 방지 대책
  ① 전원계통에 리액턴스 보상하는 방법
     • 직렬 콘덴서 방식
     • 3권선 보상 변압기 방식 사용
  ② 전압강하 보상하는 방법
     • 부스터 방식
     • 상호 보상리액터 방식
  ③ 부하의 무효전력 변동분 흡수하는 방법
     • 동기조상기와 리액터 방식
     • 사이리스터 이용 콘덴서 개폐 방식
  ④ 플리커 부하전류 변동분 억제하는 방법
     • 직렬리액터 방식
     • 직렬리액터 가포화 방식

2 고조파

(1) 정현파 교류 파형이 왜곡되어 왜형파가 되는 것

(2) 고조파 경감 대책
  ① 직렬리액터 삽입 및 용량 증가
  ② 교류 필터의 설치
  ③ 기기 자체의 고조파 내량을 강화

예제 07

플리커 경감을 위한 전력 공급 측의 방안이 아닌 것은?
① 공급전압을 낮춘다.   ② 전용 변압기로 공급한다.
③ 단독 공급계통을 구성한다.   ④ 단락용량이 큰 계통에서 공급한다.

해설 플리커 현상

(1) 불규칙한 부하 변동에 의해 조명이 깜빡이는 등의 현상
(2) 전력 공급 측 플리커 방지 대책
- 전용 계통으로 공급
- 단락용량이 큰 계통에서 공급
- 전용 변압기로 공급
- 공급 전압 승압

정답 ①

예제 08

송전선로에서 고조파 제거 방법이 아닌 것은?

① 변압기를 △결선한다.
② 유도전압 조정장치를 설치한다.
③ 무효전력 보상장치를 설치한다.
④ 능동형 필터를 설치한다.

해설 유도전압 조정장치

배전선로의 모선 전압 조정장치로, 고조파 제거와는 무관하다.

정답 ②

05 보호설비

1 전력회사 측 배전선로 보호설비

(1) 리클로저(Recloser : RC, 자동 재폐로차단기)
  ① 고장전류 차단 능력이 있어 섹셔널라이저와 함께 사용
  ② 반드시 섹셔널라이저 뒤쪽에 설치되어야 함

(2) 섹셔널라이저(Sectionalizer : SE, 자동 선로 구분 개폐기)
  ① 부하 측 사고 발생 시 사고 횟수를 감지하여 선로를 개방 및 분리하는 자동 구간 개폐기 장치
  ② 고장전류 차단 능력이 없어 리클로저와 함께 사용

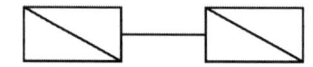

리클로저(RC) 섹셔널라이저(SE)

[순서도 RC → SE]

예제 09

공통 중성선 다중 접지 방식의 배전선로에서 Recloser(R), Sectionalizer(S), Line Fuse(F)의 보호협조가 가장 적합한 배열은? (단, 보호협조는 변전소를 기준으로 한다)

① S - F - R   ② S - R - F   ③ F - S - R   ④ R - S - F

해설 보호협조 배열

리클로저(R) - 섹셔널라이저(S)

정답 ④

예제 10

송전선로의 후비 보호계전 방식의 설명으로 틀린 것은?

① 주 보호계전기가 그 어떤 이유로 정지해 있는 구간의 사고를 보호한다.
② 주 보호계전기에 결함이 있어 정상 동작을 할 수 없는 상태에 있는 구간 사고를 보호한다.
③ 차단기 사고 등 주 보호계전기로 보호할 수 없는 장소의 사고를 보호한다.
④ 후비 보호계전기의 정정 값은 주 보호계전기와 동일하다.

해설 후비 보호계전기

주 보호계전기보다 느리게 동작하도록 정정

정답 ④

2 일반 수용가 배전선로 보호설비

(1) 자동 고장 구간 개폐기(ASS : Automatic Section Switch)
   ① 과부하나 지락사고 발생 시 고장 구간 차단 및 고장 구간을 분리
   ② 22.9 [kV] 특고압 수용가 인입구 등에서 사용

(2) 자동 부하 전환 개폐기(ALTS : Auto Lord Transfer Switch)
   22.9 [kV] 가공 배전선로 정전 사고 시 예비전원 선로로 자동 전환해주는 개폐기

   [자동 부하 전환 개폐기]

(3) 컷아웃스위치(COS : Cut Out Switch)
   주상 변압기의 1차 측(고압)에 취부하는 퓨즈로서, 주상 변압기 보호 및 선로 개폐용으로 사용

(4) 캐치홀더(Catch Holder)
   주상 변압기의 2차 측(저압)에 취부하는 퓨즈로서, 수용가에 과전류의 유입을 방지

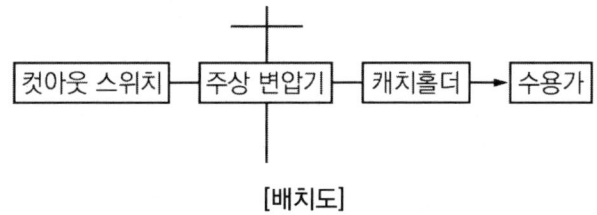

[배치도]

3 폐쇄 배전반

금속제 큐비클 내 회로의 모선, 단로기, 차단기, 변성기의 주 장치를 내장하여 이를 감시 제어하는 계기, 조작 스위치, 계전기 등을 조합시킨 개폐 장치로서, 감전을 방지해주고 사람에 대한 안전을 위해 사용

CHAPTER 10 | 개념 체크 OX

1 말단에 부하가 몰린 배전보다 균등하게 부하가 분배된 경우가 전력손실은 1/2만큼 줄어든다. [O | X]

2 수용률은 변압기용량과 그 변압기에서 동시에 사용할 수 있는 최대 전력량 비이다. [O | X]

3 부하율은 부등률에 비례하고, 수용률에 반비례한다. [O | X]

4 고조파 현상은 불규칙한 부하의 변동에 의해 조명이 깜빡이는 등의 현상이다. [O | X]

5 교류 필터를 설치하여 고조파를 경감시킬 수 있다. [O | X]

6 리클로저는 반드시 섹셔널라이저 뒤쪽에 설치되어야 한다. [O | X]

7 수용가 측 플리커 방지 대책으로 공급전압을 승압할 수 있다. [O | X]

정답 01 (X) 02 (O) 03 (O) 04 (X) 05 (O) 06 (O) 07 (X)

1 말단에 부하가 몰린 배전보다 균등하게 부하가 분배된 경우가 전력손실은 <u>1/3만큼</u> 줄어든다.
4 <u>플리커 현상</u>은 불규칙한 부하의 변동에 의해 조명이 깜빡이는 등의 현상이다.
7 <u>전력 공급 측</u> 플리커 방지 대책으로 공급전압을 승압할 수 있다.

CHAPTER 11 수력발전

01 수력발전소 구성도

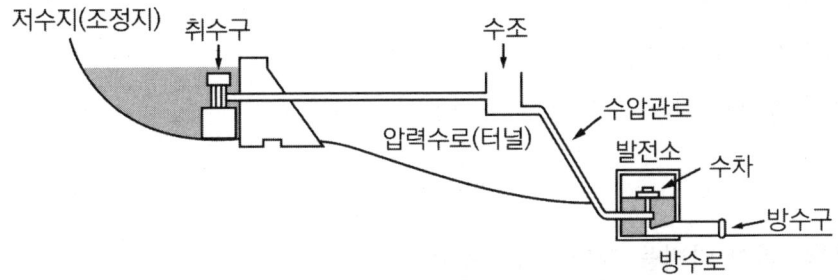

하천 등으로부터 물을 취수하여 물이 갖고 있는 위치에너지를 이용하여 수차(운동에너지)로 터빈을 가동시켜 전기에너지 생산

02 수력발전 구성설비

1 취수구

(1) 댐에 저장한 물을 수로에 도입하기 위한 구조물

(2) 취수구의 부속설비
① 제수문 : 유량 조절   ② 스크린 : 오물 제거

2 수로

취수구로부터 유입된 물을 수조에 도입하기 위한 설비

3 수조(상수조, 조압수조)

(1) 상수조
① 유하(흘러내리는)토사의 최종적인 침전과 부하 변동에 대한 수차의 사용 유량의 과부족을 조정하는 역할
② 최대사용수량의 1 ~ 2분 정도를 보상할 수 있는 정도로 함

(2) 조압수조

① 유량 조절 및 수격 작용 완화 또는 흡수하여 압력 수로와 수압관을 보호
- 수격작용
  출력밸브를 잠가 출력 제어 시 밸브를 닫으면 관로 내 물(압력 높음)이 역류하여 수로에 충격을 주는 현상

② 조압수조 종류
- 단동서지 탱크
- 차동서지 탱크
- 수실서지 탱크
- 제수공서지 탱크

4 수차

물의 압력을 받아 터빈을 가동시키는 설비

5 수력발전 출력(P)

$$P = 9.8QH\eta$$

Q : 유량 [m³/s] H : 낙차 [m] η : 효율

예제 01

유효낙차 50 [m], 최대사용수량 20 [m³/s], 수차효율 87 [%], 발전기 효율 97 [%]인 수력발전소의 최대 출력은 몇 [kW]인가?

① 7570   ② 8070   ③ 8270   ④ 8570

해설 수력발전소 출력(P) 계산

$P = 9.8QH\eta_t\eta_g = 9.8 \times 20 \times 50 \times 0.87 \times 0.97 = 8270$ [kW]

정답 ③

03 수차

1 수차의 종류

충동수차	반동수차
 수압관, 수차, 수차 상세도	수압관, 수차, 흡출관, 수차 상세도
• 고낙차 : 펠턴 수차	• 중낙차 : 프란시스 수차, 사류 수차 • 저낙차 : 카플란수차, 튜블러수차(15 [m] 이하), 프로펠러수차

암 고펠중프사저카튜 + 프로펠러

TIP 흡출관 : 유효낙차를 늘려 발전효율을 높임(반동수차에만 적용되는 설비)

2 수차의 특유속도(N_s)

(1) 실제 수차와 기하학적으로 비례하는 수차를 1 [m] 낙차에서 1 [kW]의 출력을 내기 위해 필요한 수차의 1분간 회전수
(2) 각 수차들을 비교하기 위하여 계산

예 특유속도가 높다 : 동일한 출력을 내기 위해 수차가 더 많이 회전해야 함

(3) $N_s = N \dfrac{P^{\frac{1}{2}}}{H^{\frac{5}{4}}}$

(4) 수차별 특유속도 한계

종류	특유속도
펠턴	$12 \leq N_s \leq 23$
프란시스	$N_s \leq \dfrac{20000}{H+20} + 30 \ (45 \sim 350 \ [rpm])$
사류 수차	$N_s \leq \dfrac{20000}{H+20} + 40 \ (150 \sim 250 \ [rpm])$
카플란	$N_s \leq \dfrac{20000}{H+20} + 50 \ (350 \sim 800 \ [rpm])$

TIP 분모 H + 20
고정 분자값만 암기

3 수차의 무구속 속도 크기

(1) 무구속 속도

수차가 정격출력으로 운전 중 갑자기 무부하가 되었을 때 상승할 수 있는 최고 속도

(2) 카플란 > 사류 > 프란시스 > 펠턴

예제 02

수력발전소에서 사용되는 수차 중 15 [m] 이하의 저낙차에 적합하여 조력발전용으로 알맞은 수차는?

① 카플란 수차
② 펠톤 수차
③ 프란시스 수차
④ 튜블러 수차

해설 튜블러 수차

15 [m] 이하 저낙차용으로 조력발전소에서 쓰임

정답 ④

예제 03

반동수차의 일종으로 주요 부분은 러너, 안내 날개, 스피드링 및 흡출관 등으로 되어 있으며, 50 ~ 500 [m] 정도의 중낙차 발전소에 사용되는 수차는?

① 카플란 수차
② 프란시스 수차
③ 펠턴 수차
④ 튜블러 수차

해설 수차의 종류

- 고낙차 : 펠톤 수차
- 중낙차 : 프란시스·프로펠러 수차
- 저낙차 : 카플란·튜블러 수차

🔑 고펠 / 중프 / 저카투

정답 ②

---

4 수차의 낙차 변화와 회전수, 유량, 출력의 관계식

회전수	유량	출력
$\dfrac{N_2}{N_1} = \left(\dfrac{H_2}{H_1}\right)^{\frac{1}{2}}$	$\dfrac{Q_2}{Q_1} = \left(\dfrac{H_2}{H_1}\right)^{\frac{1}{2}}$	$\dfrac{P_2}{P_1} = \left(\dfrac{H_2}{H_1}\right)^{\frac{3}{2}}$

예제 04

낙차 350 [m], 회전수 600 [rpm]인 수차를 325 [m]의 낙차에서 사용할 때의 회전수는 약 몇 [rpm]인가?

① 500 ② 560 ③ 580 ④ 600

해설 회전수(N)와 낙차(H)의 관계식

$$\frac{N_2}{N_1} = \left(\frac{H_2}{H_1}\right)^{\frac{1}{2}} = \frac{x}{600} \times \left(\frac{325}{350}\right)^{\frac{1}{2}} \qquad \therefore x \fallingdotseq 580\,[rpm]$$

정답 ③

예제 05

출력 5000 [kW], 유효낙차 50 [m]인 수차에서 안내 날개의 개방상태나 효율의 변화 없이 일정할 때 유효낙차가 5 [m] 줄었을 경우 출력은 약 몇 [kW]인가?

① 4000 ② 4270 ③ 4500 ④ 4740

해설 출력(P)과 유효낙차(H)의 관계식

$$\frac{P_2}{P_1} \times \left(\frac{H_2}{H_1}\right)^{\frac{3}{2}} = \frac{x}{5000} \times \left(\frac{45}{50}\right)^{\frac{3}{2}} \qquad \therefore x \fallingdotseq 4270\,[kW]$$

정답 ②

04 수력발전의 종류

1 수력발전의 분류

운용 방법에 의한 분류	낙차에 따른 분류
• 양수식 • 자류식 • 저수지식 • 조정지식 　　　　　　　**암** 양자저조	• 수로식 발전소 • 유역 변경식 발전소 • 댐 수로식 발전소 • 댐 발전소 　　　　　　　**암** 수유댐댐

2 양수발전

(1) 낮은 곳에 있는 물을 높은 곳으로 퍼 올렸다가 첨두부하 시에 양수된 물로 발전

(2) 심야 경부하 시 발전 단가가 낮은 잉여 전력을 사용

(3) 연간 발전 비용이 감소

(4) 양수 발전기 출력식은 전기를 발전시키는 것이 아닌 '양수 펌프가 얼마나 물을 퍼 올리는지'이기 때문에 효율을 나누어줌

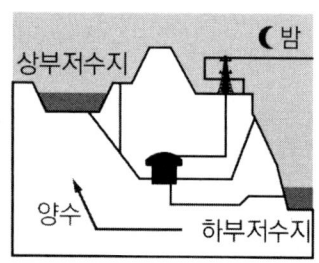

양수 발전기의 출력식 $P = \dfrac{9.8QH}{\eta_p \eta_m}$

$Q\,[m^3/s]$: 펌프의 양수량 $H\,[m]$: 양정

η_m : 전동기 효율 η_p : 펌프 효율

예제 06

출력 20 [kW]의 전동기로서 총 양정 10 [m], 펌프효율 0.75일 때 양수량은 몇 [m³/min]인가?

① 9.18   ② 9.85   ③ 10.31   ④ 11.02

해설 양수량(Q) 계산

- $P = \dfrac{9.8QH}{\eta}\,[kW]$
- $Q = \dfrac{P\eta}{9.8H} = \dfrac{20 \times 0.75}{9.8 \times 10} = 0.153\,[m^3/\text{sec}]$

∴ $0.153\,[m^3/\text{sec}] \times 60 = 9.18\,[m^3/\text{min}]$

정답 ①

예제 07

양수발전의 주된 목적으로 옳은 것은?

① 연간 발전량을 늘이기 위하여
② 연간 평균 손실 전력을 줄이기 위하여
③ 연간 발전 비용을 줄이기 위하여
④ 연간 수력발전량을 늘이기 위하여

해설 양수발전

- 심야 경부하 시 발전 단가 낮은 잉여 전력 사용
- 낮은 곳에 있는 물을 높은 곳으로 퍼 올렸다가 첨두부하 시 발전에 사용
- 연간 발전 비용 감소

정답 ③

05 수력학

1 수두

(1) 물이 갖고 있는 에너지를 물기둥의 높이로 환산한 것(낙차)

(2) 위치 수두 : $H \propto P$

(3) 압력수두 : $H_P = \dfrac{P}{W} = \dfrac{P}{1,000}\,[m]$

W : 물 단위 체적당 중량 [kg/m^3] P : 압력에너지 [kg/m^2]

(4) 속도수두

① $mgh = \dfrac{1}{2}mv^2$, $h = \dfrac{v^2}{2g}$

m : 질량   g : 중력가속도   h : 높이 v : 물의 분출 속도

② 물의 분출 속도 $v = k\sqrt{2gH}\,[m/s]$ (k : 유출계수)

2 베르누이의 정리(에너지 불변의 법칙)

유체에 있어서 운동에너지, 위치에너지, 압력에너지의 총합

3 연속의 정리

임의의 두 지점을 통과하는 물의 유량은 서로 동일

$A_1 v_1 = A_2 v_2 = Q$ (일정)

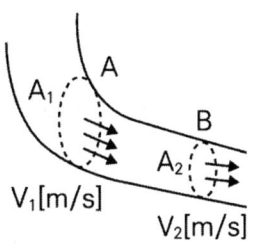

예제 08

유효낙차 400 [m]의 수력발전소에서 펠턴수차의 노즐에서 분출하는 물의 속도를 이론값의 0.95배로 한다면 물의 분출속도는 약 몇 [m/s]인가?

① 42.3 ② 59.5 ③ 62.6 ④ 84.1

해설 물 분출 속도(v) 계산

$$h = \frac{v^2}{2g}$$

$\therefore v = k\sqrt{2gH} = 0.95\sqrt{2 \times 9.8 \times 400} \fallingdotseq 84.1 \, [m/s]$

TIP k = 0.95배

정답 ④

예제 09

그림과 같이 "수류가 고체에 둘러싸여 있고 A로부터 유입되는 수량과 B로부터 유출되는 수량이 같다"고 하는 이론은?

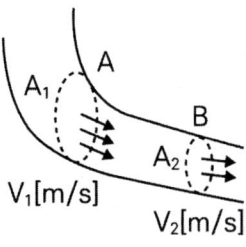

① 수두이론 ② 연속의 원리
③ 베르누이의 정리 ④ 토리첼리의 정리

해설 연속의 정리

$A_1 V_1 = A_2 V_2 = Q$(일정)

정답 ②

06 기타 부속설비 및 용어 정리

1 흡출관
(1) 반동수차에만 적용되는 설비
(2) 유효낙차를 늘려주어 압력이 더 커지기에 발전 효율을 높일 수 있음
(3) 흡출관 높이를 기준 높이보다 높일 시 캐비테이션 현상이 발생

2 캐비테이션(공동) 현상
(1) 수차 내에 유체 속도가 빨라지면 압력이 낮아져 수차 안에 기포가 발생
(2) 수차 진동 및 부식이 발생하여 발전 출력 및 효율이 저하
(3) 캐비테이션 현상 대책
   ① 비속도(특유속도) 크게 잡지 말 것
   ② 러너 표면을 미끄럽게 가공할 것
   ③ 과부하 운전하지 말 것
   ④ 흡출수두를 작게 할 것

3 조속기
(1) 출력 증감과 관계없이 수차 회전수를 일정하게 유지하기 위하여 출력 변화에 따라 수차 유량을 자동으로 조절할 수 있게 한 장치
(2) 조속기가 예민할 시 난조 현상(소음과 진동) 발생, 더 나아가 탈조(이탈) 현상 발생
(3) 난조 현상 대책 : 제동권선

암 조예난제

예제 10

수차의 캐비테이션 방지책으로 틀린 것은?

① 흡출수두를 증대시킨다.
② 과부화 운전을 가능한 한 피한다.
③ 수차의 비속도를 너무 크게 잡지 않는다.
④ 침식에 강한 금속재료로 러너를 제작한다.

> **해설** 캐비테이션 방지책
> - 비속도(특유속도) 크게 잡지 말 것
> - 과부하 운전을 하지 말 것
> - 러너 표면을 미끄럽게 가공할 것
> - 흡출수두를 작게 할 것
>
> 정답 ①

07 하천유량 및 유량 측정

1 유량도 및 유황곡선

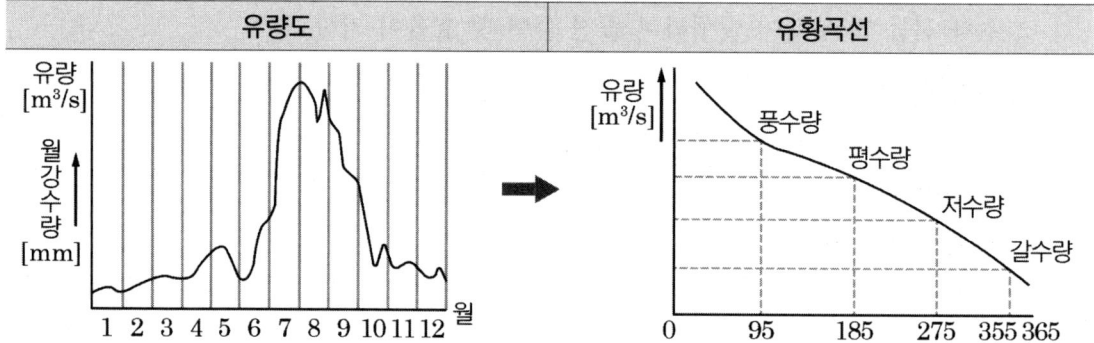

유량도	유황곡선
가로축 : 1년(365일) 날짜 순 세로축 : 하천 유량 크기	가로축 : 1년(365일) 날짜 순 세로축 : 하천 유량 크기순 배치 유황곡선의 유량 크기(365일 기준) 다음 유량 이하로 내려가지 않는 유량 • 갈수량 : 355일 • 저수량 : 275일 • 평수량 : 185일 • 풍수량 : 95일 암 갈3저2평1풍9 • 고수량 : 매년 한두 번 발생하는 유량 • 홍수량 : 3~5년에 한 번씩 발생하는 유량

2 적산유량곡선

(1) 매일 수량을 차례로 적산하여 그린 곡선으로, 가로축은 일수를 세로축은 적산수량을 그린 곡선

(2) 댐의 설계 및 저수지의 용량 결정에 사용

예제 11

유역면적 80 [km^2], 유효낙차 30 [m], 연간 강우량 1500 [mm]의 수력발전소에서 그 강우량의 70 [%]만 이용하면 연간 발전 전력량은 몇 [kWh]인가? (단, 종합효율은 80 [%]이다)

① 5.49 × 10^7 ② 1.98 × 10^7
③ 5.49 × 10^6 ④ 1.98 × 10^6

해설 수력발전 전력량(W) 계산

$$W = 9.8 Q H \eta \times T = 9.8 \times \left(\frac{80 \times 10^6 \times 1500 \times 10^{-3}}{365 \times 24 \times 60 \times 60} \times 0.7 \right) \times 30 \times 0.8 \times 365 \times 24$$
$$= 5.49 \times 10^6 \, [kWh]$$

정답 ③

CHAPTER 11 | 개념 체크 OX

1 취수구는 댐에 저장한 물을 수로에 도입하기 위한 구조물이다. ☐ O ☐ X

2 조압수조는 최대사용수량의 1 ~ 2분 정도를 보상할 수 있는 정도로 만든다. ☐ O ☐ X

3 수력발전의 출력은 $P = 9.8\,QH\eta$으로 계산한다. ☐ O ☐ X

4 프란시스 수차, 사류 수차는 저낙차에 적합하다. ☐ O ☐ X

5 특유속도는 $N_s = N\dfrac{P^{\frac{1}{2}}}{H^{\frac{5}{4}}}$으로 계산한다. ☐ O ☐ X

6 첨두부하 시에 양수된 물로 발전하는 방법을 소수력발전이라 한다. ☐ O ☐ X

정답 01 (O) 02 (X) 03 (O) 04 (X) 05 (O) 06 (X)

2 <u>상수조</u>는 최대사용수량의 1 ~ 2분 정도를 보상할 수 있는 정도로 만든다.
4 프란시스 수차, 사류 수차는 <u>중낙차</u>에 적합하다.
6 첨두부하 시에 양수된 물로 발전하는 방법을 <u>양수발전</u>이라 한다.

CHAPTER 12 화력발전

01 화력발전소 구성도

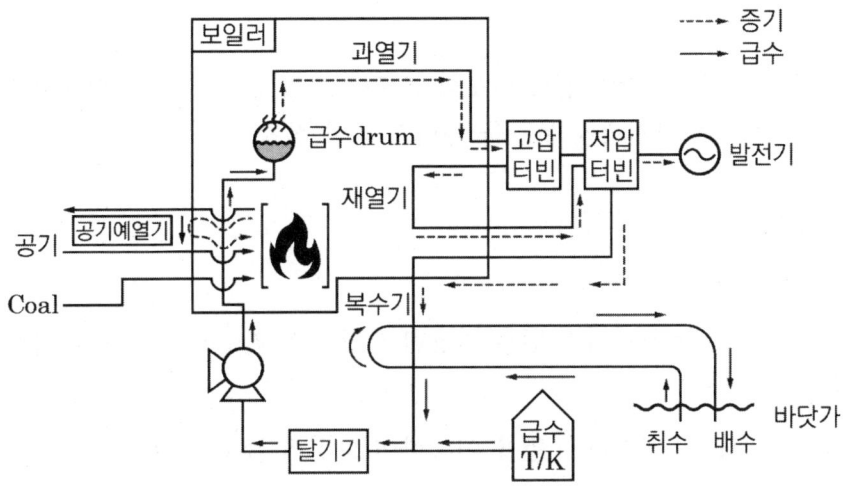

물을 끓여(석탄 등 사용) 증기를 발생시켜 증기터빈을 가동하여 발전

02 화력발전 구성설비

1 급수펌프

급수를 지속적으로 보일러에 공급하기 위해 예비기가 반드시 필요

2 보일러

(1) 급수에 열량을 가하여 증기로 만드는 장치

(2) 수냉벽에서 가장 많은 열량을 흡수
  - 수냉벽 : 절탄기에서 공급된 보일러수가 연소된 열에 의해 증기로 변환되는 곳

3 과열기

포화 증기를 과열 증기로 만들어 증기 터빈에 공급하는 장치

4 복수기(화력발전에서 손실이 가장 큰 설비)

(1) 우리나라에서는 표면복수기를 주로 사용

(2) 냉각수를 통해 습증기를 급수로 변환

5 재열기

재열 사이클에서 터빈에서 팽창하여 포화 온도에 가깝게 된 증기를 빼내어 다시 보일러에서 과열 증기의 온도 근처까지 온도를 올리기 위한 장치

6 여열 회수장치

(1) 공기예열기

  보일러에서 배출된 배기가스 열을 이용하여 보일러 연소용 공기를 가열시키는 장치

(2) 절탄기

  보일러에서 배출된 배기가스 열을 이용하여 보일러 급수를 가열하는 장치

(3) 급수가열기

  재생 사이클에서 터빈의 도중에서 증기를 일부 빼내어 보일러 급수를 가열하는 장치

7 탈기기

급수 중에 포함되어 있는 산소 등의 분리 제거함으로써 보일러 배관의 부식을 방지

8 스케일

(1) 보일러 급수에 포함되어 있는 염류가 굳어서 생성되는 물질

(2) 보일러 열전도와 물의 순환을 방해하며 내면의 수관벽을 과열시켜 파열을 일으키는 원인

예제 01

보일러에서 절탄기의 용도는?

① 증기를 과열한다. ② 공기를 예열한다.
③ 보일러 급수를 데운다. ④ 석탄을 건조한다.

해설 절탄기

보일러 급수 예열 용도

정답 ③

예제 02

기력발전소 내의 보조기 중 예비기를 가장 필요로 하는 것은?

① 미분탄 송입기 ② 급수펌프
③ 강제 통풍기   ④ 급탄기

해설 급수펌프

• 급수를 지속적으로 보일러에 공급
• <u>고장 시 예비기로 동작할 수 있어야 함</u>

정답 ②

03 열 사이클

유체가 하나의 상태로부터 출발해서 임의의 중간 상태를 거쳐 다시 출발했던 최초의 상태로 되돌아오는 상태 변화를 일컬음

1 보일러 수 → 증기 → 고온화(과열기) → 팽창(터빈) → 복수(복수기) → 가압(급수펌프) → 보일러 수

열 사이클 종류 및 정의	장치선도	T-S 선도 (면적 = 열량)
1) 카르노 사이클 　열역학적 사이클 중 가장 이상적	-	
2) 랭킨 사이클(가장 기본적인 사이클) 　(1) 증기 원동기에 맞춰 카르노 사이클을 개량 　(2) 증기를 작업유체로 사용		

열 사이클 종류 및 정의	장치선도	T-S 선도 (면적 = 열량)

3) 재생 사이클
  (1) 증기터빈 안 팽창 중에 있는 증기 일부 추기
  (2) 추기한 열을 급수가열에 이용, 열효율 향상		

4) 재열 사이클
  (1) 증기를 고압터빈 → 보일러로 보낸 후 재가열
  (2) 재가열 증기를 저압터빈으로 보냄
  (3) 터빈의 내부손실을 낮추어 열효율 개선		

5) 재생 중 재열 사이클
  (1) 재생 사이클 + 재열 사이클
  (2) 열효율이 가장 좋음		

예제 03

일반적으로 화력발전소에서 적용하고 있는 열 사이클 중 가장 열효율이 좋은 것은?

① 재생 사이클 ② 랭킨 사이클 ③ 재열 사이클 ④ 재생·재열 사이클

해설 재생·재열 사이클

- 재생 사이클 + 재열 사이클
- 열효율이 가장 좋음

정답 ④

예제 04

증기 사이클에 대한 설명 중 틀린 것은?

① 랭킨 사이클의 열효율은 초기 온도 및 초기 압력이 높을수록 효율이 크다.
② 재열 사이클은 저압터빈에서 증기가 포화 상태에 가까워졌을 때 증기를 다시 가열하여 고압 터빈으로 보낸다.
③ 재생 사이클은 증기 원동기 내에서 증기의 팽창 도중에서 증기를 추출하여 급수를 예열한다.
④ 재열·재생 사이클은 재생 사이클과 재열 사이클을 조합하여 병용하는 방식이다.

해설 재열 사이클

- 고압터빈에서 증기를 재가열하기 위해 보일러로 보낸 후 저압터빈으로 보냄
- 재가열 증기를 저압터빈으로 보냄으로써, 터빈의 내부 손실을 낮추어 열효율 개선

정답 ②

04 열역학

1 열역학 법칙

(1) 열역학 제1법칙

에너지의 형태는 변하지만, 에너지의 양은 불변하다는 에너지 보존법칙을 열역학적으로 표현한 법칙

① 열의 일당량 [kg·m/kcal] : 열에너지[kcal]에 해당하는 일의 양 [kg·m]
② 일의 열당량 [kcal/kg·m] : 운동에너지[kg·m]에 해당하는 열에너지 [kcal]
③ 단위 변환 : 1 [kWh] = 860 [kcal]

(2) 열역학 제2법칙

에너지의 흐름이나 형태의 변화에 대한 방향성을 나타내는 법칙

2 증기의 성질

(1) 엔탈피 : 증기 또는 물 1 [kg]이 가지는 전열량 [kcal/kg]

(2) 엔트로피 : 물체에 열량 변화가 일어났을 때 그 값을 절대온도로 나눈 것

3 효율(= 출력/입력) 계산식 정리

(1) 카르노 사이클의 열효율 계산식

$$\eta = 1 - \frac{T_l(\text{저온원}) + 273}{T_h(\text{고온원}) + 273} \text{ (절대온도 변환 후 계산)}$$

(2) 구간별 효율

발전소 열효율(η)	증기터빈 효율(η_T)	보일러 효율(η_B)
$\eta = \dfrac{860Pt}{mH} \times 100\,[\%]$	$\eta_T = \dfrac{860Pt}{G(i-i_1)} \times 100\,[\%]$	$\eta_B = \dfrac{G_s(i-i_0)}{mH} \times 100\,[\%]$
$W = Pt$: 전력량 [kWh] m : 연료량 [kg] H : 발열량 [kcal/kg]	$W = Pt$: 전력량 [kWh] G : 유입 증기량 [kg] i : 터빈 입구 증기엔탈피 [kcal/kg] i_1 : 복수기 입구 증기엔탈피 [kcal/kg]	G_s : 발생 증기량 [kg] m : 연료량 [kg] H : 연료 발열량 [kcal/kg]

예제 05

증기의 엔탈피란?

① 증기 1 [kg]의 잠열
② 증기 1 [kg]의 현열
③ 증기 1 [kg]의 보유 열량
④ 증기 1 [kg]의 증발열을 그 온도로 나눈 것

해설 엔탈피

증기 1 [kg]의 보유 열량

정답 ③

예제 06

( ) 안에 들어갈 내용으로 옳은 것은?

> 화력발전소의 (㉠)은 발생 (㉡)을 열량으로 환산한 값과 이것을 발생하기 위하여 소비된 (㉢)의 보유열량 (㉣)를 말한다.

① ㉠ : 손실률, ㉡ : 발열량, ㉢ : 물, ㉣ : 차
② ㉠ : 열효율, ㉡ : 전력량, ㉢ : 연료, ㉣ : 비
③ ㉠ : 발전량, ㉡ : 증기량, ㉢ : 연료, ㉣ : 결과
④ ㉠ : 연료 소비율, ㉡ : 증기량, ㉢ : 물, ㉣ : 차

해설 화력발전소 열효율(η) 계산식

$$\eta = \frac{860\,W}{mH} \times 100\,[\%]$$

η : 열효율 W : 전력량 m : 연료 소비량 H : 연료 발열량

∴ ㉠ 열효율 ㉡ 전력량 ㉢ 연료 ㉣ 비

정답 ②

예제 07

증기터빈 출력을 P [kW], 증기량을 W [t/h], 초압 및 배기의 증기 엔탈피를 각각 i_0, i_1 [kcal/kg]이라 하면 터빈의 효율 η_T [%]는?

① $\dfrac{860P \times 10^3}{W(I_0 - I_1)} \times 100$

② $\dfrac{860P \times 10^3}{W(I_1 - I_0)} \times 100$

③ $\dfrac{860P}{W(I_0 - I_1) \times 10^3} \times 100$

④ $\dfrac{860P}{W(I_1 - I_0) \times 10^3} \times 100$

해설 터빈 효율 (η_T) 계산식

$$\eta_T = \frac{860P}{W(I_0 - I_1) \times 10^3} \times 100\,[\%]$$

정답 ③

예제 08

화력발전소에서 석탄 1 [kg]으로 발생할 수 있는 전력량은 약 몇 [kWh]인가? (단, 석탄의 발열량은 5000 [kcal/kg], 발전소의 효율은 40 [%]이다)

① 2.0 ② 2.3 ③ 4.7 ④ 5.8

해설 화력발전소 전력량(W) 계산

효율 $\eta = \dfrac{860\,W}{BH}$ $\qquad \therefore W = \dfrac{\eta BH}{860} = \dfrac{0.4 \times 1 \times 5000}{860} \fallingdotseq 2.3\,[kWh]$

정답 ②

예제 09

어떤 화력발전소의 증기 조건이 고온원 540 [℃], 저온원 30 [℃]일 때 이 온도 간에서 움직이는 카르노 사이클의 이론 열효율(%)은?

① 85.2 ② 80.5 ③ 75.3 ④ 62.7

해설 카르노 사이클 열효율

$$\eta = 1 - \dfrac{T_2}{T_1} = 1 - \dfrac{30+273}{540+273} \times 100 = 62.7\,[\%]$$

정답 ④

CHAPTER 12 개념 체크 OX

1 화력발전에서 가장 많은 열량을 흡수하는 장치는 수냉벽이다.　　　　　　　　　　　O　X

2 냉각수를 통해 습증기를 급수로 변환하는 장치는 재열기이다. 　　　　　　　　　　O　X

3 탈기기는 급수 중에 포함되어 있는 산소 등을 분리 제거함으로써 보일러 배관의 부식을　O　X
방지한다.

4 열의 일당량 [kg·m/kcal]은 열에너지 [kcal]에 해당하는 일의 양 [kg·m]이다.　　　O　X

5 엔트로피는 증기 또는 물 1 [kg]이 가지는 전열량이다. 　　　　　　　　　　　　　O　X

6 화력발전소의 열효율은 $\eta = \dfrac{860Pt}{mH} \times 100\,[\%]$으로 계산한다.　　　　　　　　O　X

정답 01 (O)　02 (X)　03 (O)　04 (O)　05 (X)　06 (O)

2 냉각수를 통해 습증기를 급수로 변환하는 장치는 <u>복수기</u>이다.
5 <u>엔탈피</u>는 증기 또는 물 1 [kg]이 가지는 전열량이다.

CHAPTER 13 | 원자력발전

01 원자력발전소 구성도

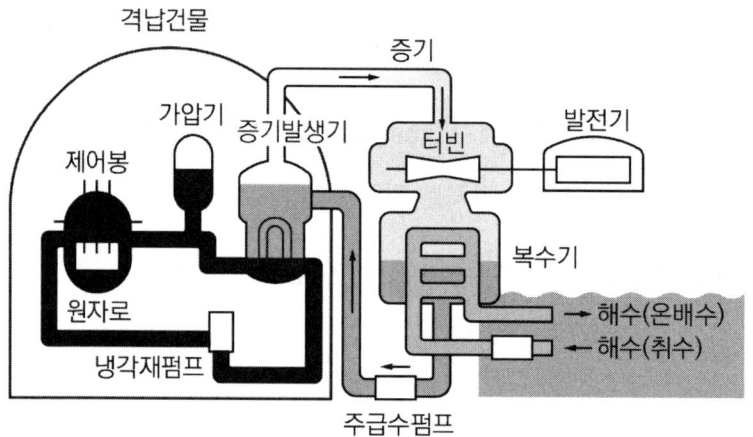

원자로 내 중성자와 우라늄 충돌(핵분열) 시 질량이 줄어들면서 발생한 열에너지를 이용하여 물을 가열한 후 증기를 발생시켜 증기터빈을 가동하여 발전

02 원자력설비

- 제어봉 : 중성자를 흡수하여 핵분열의 속도를 늦춤(연쇄반응 제어)
  종류 : 카드뮴, 붕소, 하프늄
- 감속재 : 고속중성자를 느린중성자로 변화시키는 역할
  종류 : 경수, 중수, 흑연, 산화베릴륨 등
- 반사재 : 원자로 밖으로 나오려는 중성자를 반사시켜 외부로 나오는 것을 방지
- 차폐재 : 원자로 내 투과력이 큰 γ, β선이나 중성자를 차단하는 역할
- 냉각재 : 원자로의 핵분열로 발생한 열에너지를 외부로 끄집어내기 위한 전달 매체
  주로 경수(H_2O)나 중수(D_2O)를 사용
- 독작용 : 핵분열 시 생긴 중성자를 잘 흡수하는 물질들이 원자로에 유해 작용을 하여 열중성자 이용률이 저하되고 반응이 감소되는 작용

예제 01

원자로의 냉각재가 갖추어야 할 조건이 아닌 것은?

① 열용량이 적을 것
② 중성자의 흡수가 적을 것
③ 열전도율 및 열전달 계수가 클 것
④ 방사능을 띠기 어려울 것

해설 원자로 냉각재의 조건

열용량이 커야 한다.

정답 ①

예제 02

원자로의 감속재에 대한 설명으로 틀린 것은?

① 감속 능력이 클 것
② 원자 질량이 클 것
③ 사용 재료로 경수를 사용
④ 고속 중성자를 열중성자로 바꾸는 작용

해설 원자로설비

가벼운 원자핵일수록 효과가 크다.

정답 ②

예제 03

원자로 내에서 발생한 열에너지를 외부로 끄집어내기 위한 열매체를 무엇이라고 하는가?

① 반사체   ② 감속재   ③ 냉각재   ④ 제어봉

해설 냉각재

원자로 내에서 열에너지를 외부로 끄집어내기 위한 전달 매체

정답 ③

03 원자력발전의 특징

- 우라늄 1 [g]에서 석탄 3 [t] 이상에 해당하는 에너지가 얻어지므로 소비 연료의 중량이 적어져서 연료의 수송, 저장 장소의 문제가 없음
- 원자로가 폭주하면 발전소는 물론 주위에 심한 위해를 미치게 될 염려가 있음
- 원자력 발전에서는 전기, 기계 외에 물리, 화학, 야금 기술 등의 종합적인 기술이 필요하며, 화력 발전보다 고도한 것이 요구(비용, 기술력 등)됨
- 기저 부하용으로 사용

04 원자력발전소의 종류

1 비등수형(BWR)

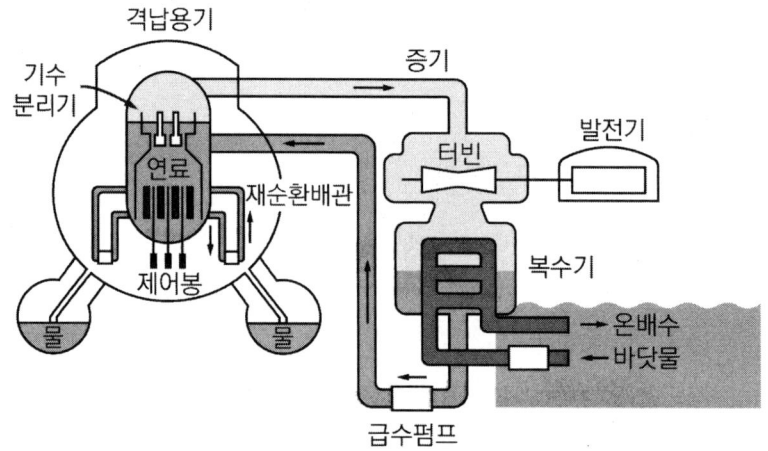

(1) 핵분열 후 증기를 발생시켜 직접 터빈에 공급

(2) 감속재 : 경수

(3) 냉각재 : 경수

(4) 연료 : 저농축우라늄

2 가압수형(PWR)

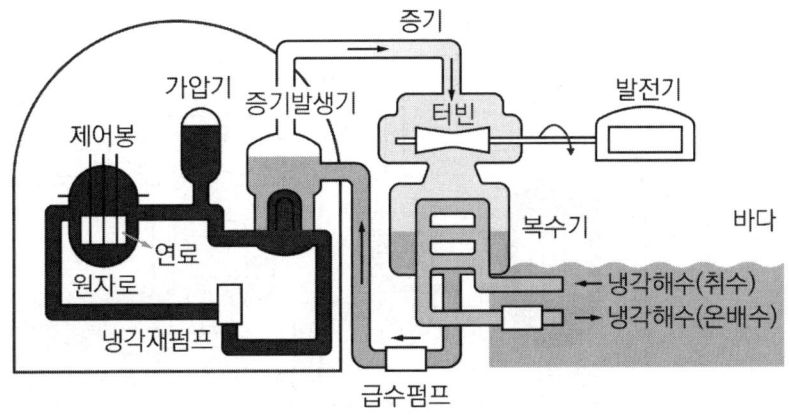

(1) 원자로 내에서 압력을 높여, 끓는점을 높인 후 2차 측에 설치한 증기 발생기를 통하여 증기를 발생시켜 터빈에 공급
(2) 감속재 : 경수
(3) 냉각재 : 경수
(4) 연료 : 저농축우라늄

3 가압중수형(PHWR)

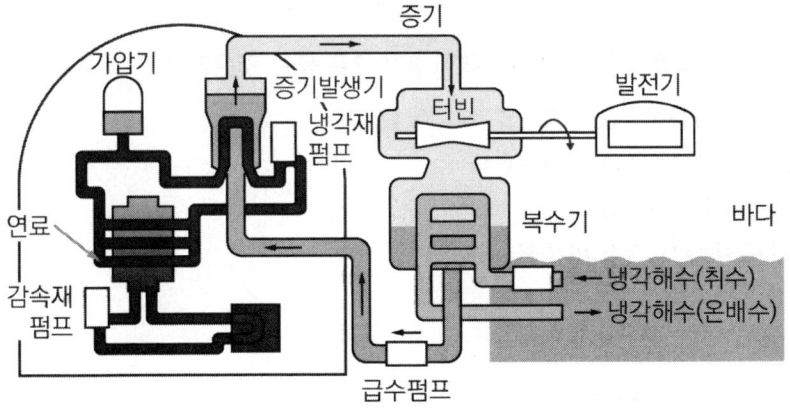

(1) 가압수형(PWR)과 방식은 같지만 감속재, 냉각재 및 연료가 다름
(2) 감속재 : 중수
(3) 냉각재 : 중수
(4) 연료 : 천연 우라늄

4 고속증식로(FBR)

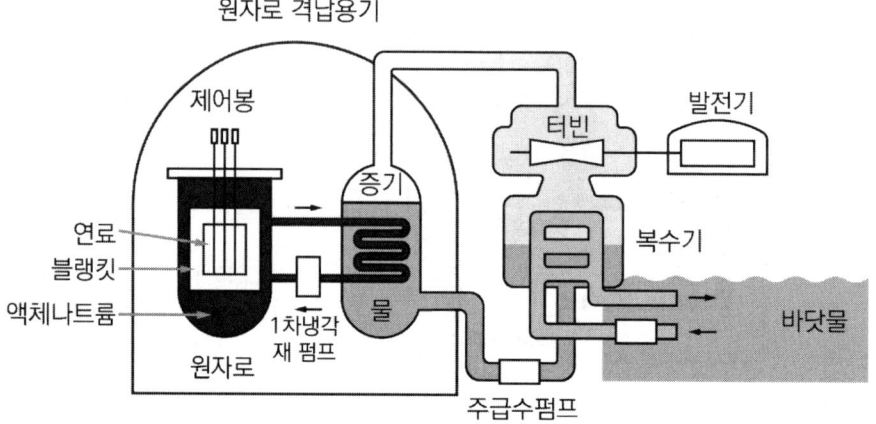

(1) 핵분열 증식이 가능하고 감속재가 필요하지 않으며, 소형으로 출력 밀도가 높음

(2) 증식($= \dfrac{\text{원자로 내에서 생성된 원자 수}}{\text{원자로 내에서 소비된 원자 수}}$)비가 1 이상

(3) 냉각재 : 나트륨

(4) 연료 : 고농축우라늄, 플루토늄

예제 04

원자력 발전소에서 비등수형 원자로에 대한 설명으로 틀린 것은?

① 연료로 농축우라늄을 사용한다.
② 감속재로 헬륨 액체 금속을 사용한다.
③ 냉각재로 경수를 사용한다.
④ 물을 원자로 내에서 직접 비등시킨다.

해설 비등수형(BWR) 원자로

- 저농축우라늄(농축우라늄)
- 감속재 : 경수
- 냉각재 : 경수
- 열교환기 없이 바로 원자력 발전

정답 ②

예제 05

비등수형 원자로의 특색이 아닌 것은?

① 열교환기가 필요하다.
② 기포에 의한 자기 제어성이 있다.
③ 방사능 때문에 증기는 완전히 기수분리를 해야 한다.
④ 순환펌프로서는 급수펌프뿐이므로 펌프동력이 작다.

해설 비등수형(BWR) 원자로

- 저농축우라늄(농축우라늄)
- 감속재 : 경수
- 냉각재 : 경수
- <u>열교환기 없이 바로 원자력 발전</u>

정답 ①

예제 06

경수감속 냉각형 원자로에 속하는 것은?

① 고속증식로 ② 열중성자로
③ 비등수형 원자로 ④ 흑연감속 가스 냉각로

해설 경수감속 냉각형 원자로

- 비등수형 원자로(BWR)
- 가압 경수형 원자로(PWR)

정답 ③

CHAPTER 13 | 개념 체크 OX

1 카드뮴, 붕소, 하프늄 등을 사용하여 제어봉을 만들 수 있다. ☐O ☐X

2 제어봉은 고속중성자를 느린중성자로 변화시키는 역할을 한다. ☐O ☐X

3 원자력발전은 화력발전에 비해 연료의 수송, 저장 문제가 적다. ☐O ☐X

4 반사재는 원자로 밖으로 나오려는 중성자를 반사시켜 외부로 나오는 것을 방지한다. ☐O ☐X

5 가압수형 원자로의 감속재로는 중수를 사용한다. ☐O ☐X

6 비등수형원자로는 핵분열 후 증기를 발생시켜 직접 터빈에 공급한다. ☐O ☐X

정답 01 (O) 02 (X) 03 (O) 04 (O) 05 (X) 06 (O)

2 <u>감속재</u>는 고속중성자를 느린중성자로 변화시키는 역할을 한다.
5 가압수형 원자로의 감속재로는 <u>경수</u>를 사용한다.

모아바 www.moa-ba.com
모아소방전기학원 www.moate.co.kr

PART 02

필기

모아 전기기사

최다빈출
N제 플러스

유형 1 | 등가선간거리

$$D_{av} = \sqrt[n]{D_1 \times D_2 \times D_3 \times \cdots \times D_n} \ [m]$$

난이도 下

01 3상 3선식에서 전선의 선간거리가 각각 1 [m], 4 [m], 2 [m]로 삼각형으로 배치되어 있을 때 등가선간거리는 몇 [m]인가?

① 1　　　　　　　　　② 2
③ 3　　　　　　　　　④ 4

해설 | 등가선간거리(D) 계산

$D = \sqrt[3]{D_1 D_2 D_3} = \sqrt[3]{1 \times 4 \times 2} = 2 \ [m]$

정답 ②

난이도 中

02 그림과 같은 선로의 등가선간거리는 몇 [m]인가?

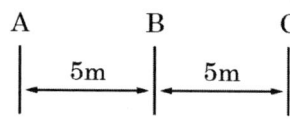

① 5　　　　　　　　　② $5\sqrt{2}$
③ $5\sqrt[3]{2}$　　　　　　　　④ $10\sqrt[3]{2}$

해설 | 등가선간거리(D) 계산

$D = \sqrt[3]{D \times D \times 2D} = 5\sqrt[3]{2} \ [m]$

정답 ③

난이도 上

03 그림과 같은 4도체 전선 소선 상호 간의 기하학적 평균거리는?

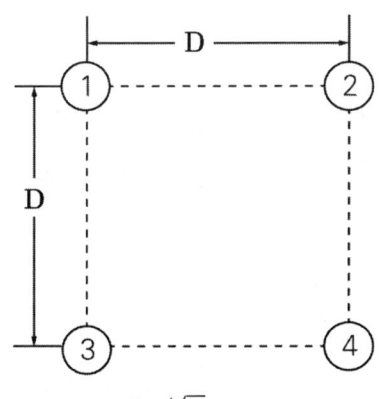

① $\sqrt[6]{2}\,D$ ② $\sqrt[4]{2}\,D$
③ $\sqrt[3]{2}\,D$ ④ D

해설 | **등가선간거리**

직선 배열 = $\sqrt[3]{2}\,D$
정삼각형 배열 = D
정사각형 배열 = $\sqrt[6]{2}\,D$

정답 ①

유형 2 | 이도(D) - 처짐정도

1 이도

$$D = \frac{WS^2}{8T} [m]$$

T : 수평장력 $\left(= \frac{인장하중}{안전율}\right)$ [kg]

W : 전선의 [m]당 하중 [kg/m]   S : 경간 [m]

2 전선 실제 길이 $L = S + \frac{8D^2}{3S} [m]$

난이도 下

01 경간 200 [m], 장력 1000 [kg], 하중 2 [kg/m]인 가공전선의 이도(Dip)는 몇 [m]인가?

① 10
② 11
③ 12
④ 13

해설 | 전선의 이도(D) 계산

$$D = \frac{WS^2}{8T} = \frac{2 \times 200^2}{8 \times 1,000} = 10 \, [m]$$

W : 전선 무게 [kg/m]   S : 경간 [m]
T : 수평장력 [kg]

정답 ①

난이도 中

02 경간이 200 [m]인 가공 전선로가 있다. 사용전선의 길이는 경간보다 약 몇 [m] 더 길어야 하는가? (단, 전선의 1 [m]당 하중은 2 [kg], 인장하중은 4000 [kg]이고, 풍압하중은 무시하며, 전선의 안전율은 2이다)

① 0.33
② 0.61
③ 1.41
④ 1.73

해설 | 전선 실제 길이

• 이도 $D = \dfrac{WS^2}{8T} = \dfrac{2 \times 200^2}{8 \times \dfrac{4,000}{2}} = 5\,[m]$

• 수평장력(T) = $\dfrac{\text{인장하중}}{\text{안전율}}$

• 전선 실제 길이 $L = S + \dfrac{8D^2}{3S}$ 이므로

  추가되는 길이는 $L_0 = \dfrac{8D^2}{3S} = \dfrac{8 \times 5^2}{3 \times 200} = 0.33\,[m]$

정답 ①

난이도 上

03 그림과 같이 지지점 A, B, C에는 고저차가 없으며, 경간 AB와 BC 사이에 전선이 가설되어 그 이도가 각각 12 [cm]이다. 지지점 B에서 전선이 떨어져 전선의 이도가 D로 되었다면 D의 길이 [cm]는? (단, 지지점 B는 A와 C의 중점이며, 지지점 B에서 전선이 떨어지기 전후의 길이는 같다)

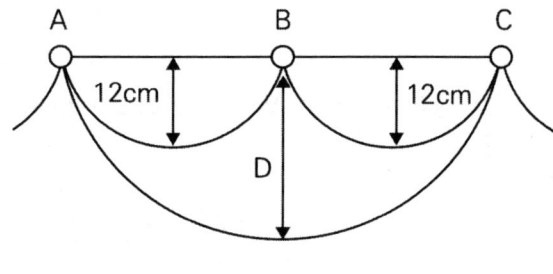

① 17
③ 30
② 24
④ 36

해설 | 이도 계산

전선이 떨어진 후에도 실제길이에는 변화가 없으므로

$2\left(S + \dfrac{8D_1^2}{3S}\right) = 2S + \dfrac{8D_2^2}{3 \times 2S}$

$2s + 2 \times \dfrac{8D_1^2}{3S} = \left(2S + \dfrac{8D_2^2}{3 \times 2S}\right)$

따라서 $D_2^2 = 4D_1^2$ 이므로 $D_2 = 2D_1$

$D_2 = 24\,[cm]$

정답 ②

유형 3 | 전압강하

1 $e = E_s - E_r$

구분	계산식
단상 송전단	$I(R\cos\theta + X\sin\theta)\,[V]$
3상 송전단	$\sqrt{3}\,I(R\cos\theta + X\sin\theta)\,[V]$
단상, 3상(공통)	$\dfrac{P}{V}(R + X\tan\theta)\,[V]$

2 전압 강하율(ε)

$$\varepsilon = \frac{\text{전압강하}}{\text{수전단 전압}} \times 100\,[\%] = \frac{P}{V^2}(R + X\tan\theta) \times 100\,[\%]$$

난이도 下

01 교류 배전선로에서 전압강하 계산식은 $V_d = k(R\cos\theta + X\sin\theta)I$ 로 표현된다. 3상 3선식 배전선로인 경우에 k는?

① $\sqrt{3}$ ② $\sqrt{2}$
③ 3   ④ 2

해설 | 3상 전압강하 계산

$E_s = E_r + \sqrt{3}\,I(R\cos\theta + X\sin\theta)$

E_s : 송전단 전압 E_r : 수전단 전압

정답 ①

난이도 中

02 3상 3선식 송전선에서 한 선의 저항이 10 [Ω], 리액턴스가 20 [Ω]이며, 수전단의 선간전압이 60 [kV], 부하역률이 0.8인 경우에 전압강하율이 10 [%]라 하면 이송전선로로는 약 몇 [kW]까지 수전할 수 있는가?

① 10000
② 12000
③ 14400
④ 18000

해설 | 송전 전력(P) 계산

- $\varepsilon = \dfrac{P}{V^2}(R + X tan\theta)$ ε : 전압강하율

- $0.1 = \dfrac{P}{(60 \times 10^3)^2} \times (10 + 20 \times \dfrac{0.6}{0.8})$

∴ $P = 1,440,000 \, [W] = 14,400 \, [kW]$

정답 ③

난이도 上

03 그림과 같은 단상 2선식 배전선로에서 부하단자전압 V_{R2} [V]는? (단, r_1 = 1 [Ω], X_1 = 2 [Ω], r_2 = 2 [Ω], X_2 = 4 [Ω])

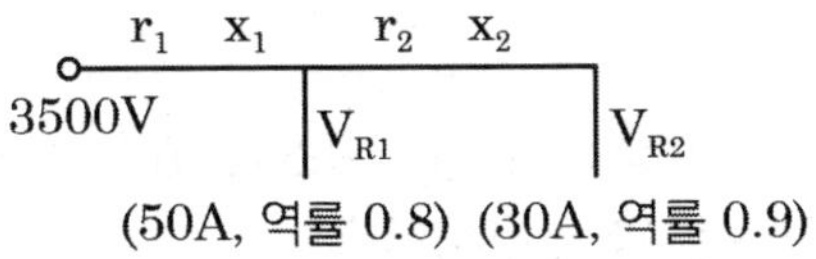

```
       r₁  x₁    r₂  x₂
  ○────────────────────
3500V      |V_R1      |V_R2
       (50A, 역률 0.8) (30A, 역률 0.9)
```

① 3241
② 3254
③ 3347
④ 3360

해설 | 전압강하

$V_{R1} = V_s - I_1(R_1 \cos\theta_1 + X_1 \sin\theta_1) - I_2(R_1 \cos\theta_2 + X_1 \sin\theta_2)$

$V_{R1} = 3500 - 50(1 \times 0.8 + 2 \times 0.6) - 30(1 \times 0.9 + 2 \times \sqrt{1 - 0.9^2})$
$\quad\quad = 3346.85 \, [V]$

$V_{R2} = V_{R1} - I_2(R_2 \cos\theta_2 + X_2 \sin\theta_2)$

$V_{R2} = 3346.85 - 30(2 \times 0.9 + 4 \times \sqrt{1 - 0.9^2})$
$\quad\quad = 3241 \, [V]$

정답 ①

유형 4 | %Z

1 %Z 법 ($\%Z = \dfrac{ZI_n}{E} \times 100\,[\%]$)

단상	$\%Z_{단상} = \dfrac{ZI_n}{E \times 10^3} \times 100 = \dfrac{ZI_n}{10E} \times \dfrac{E}{E} = \dfrac{ZP_n}{10E^2}\,[\%]$	P_n : 단상 용량 [kVA] E : 상전압 [kV]
3상	$\%Z_{3상} = \dfrac{ZP_n}{10E^2} = \dfrac{Z \times \frac{1}{3}P_n}{10 \times (\frac{V}{\sqrt{3}})^2}\,[\%] = \dfrac{ZP_n}{10V^2}\,[\%]$	P_n : 3상 용량 [kVA] V : 선간전압 [kV]

2 단락전류(I_s), 단락용량 (P_s)

① $I_s = \dfrac{E}{Z} = \dfrac{E}{\dfrac{\%Z \times E}{100 \times I_n}} = \dfrac{100}{\%Z} \times I_n$

② $P_s = VI_s = V \times \dfrac{100}{\%Z} I_n = \dfrac{100}{\%Z} P_n$

난이도 下

01 선간전압이 154 [kV]이고, 1상당의 임피던스가 j8 [Ω]인 기기가 있을 때 기준용량을 100 [MVA]로 하면 %임피던스는 약 몇 [%]인가?

① 2.75 ② 3.15
③ 3.37 ④ 4.25

해설 | %임피던스(%Z) 계산

$\%Z = \dfrac{ZP}{10V^2} = \dfrac{8 \times 100,000}{10 \times 154^2}$
$= 3.37\,[\%]$

TIP V 및 P_n 단위 [kV] 및 [kVA]여야 함

정답 | ③

난이도 中

02 그림과 같은 전선로의 단락용량은 약 몇 [MVA]인가? (단, 그림의 수치는 10000 [kVA]를 기준으로 한 %리액턴스를 나타낸다)

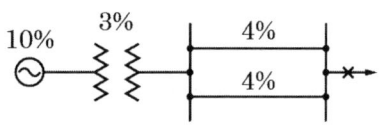

① 33.7
② 66.7
③ 99.7
④ 132.7

해설 | 단락용량(P_s) 계산

$$\%Z = \%X_g + \%X_t + \frac{\%X_{l1} \times \%X_{l2}}{\%X_{l1} + \%X_{l2}} = 10 + 3 + \frac{4 \times 4}{4 + 4} = 15\,[\%]$$

$$\therefore P_s = \frac{100}{15} \times 10 = 66.7\,[MVA]$$

정답 ②

난이도 上

03 그림과 같은 송전계통에서 S점에 3상 단락사고가 발생했을 때 단락전류 [A]는 약 얼마인가? (단, 선로의 길이와 리액턴스는 각각 50 [km], 0.6 [Ω/km]이다)

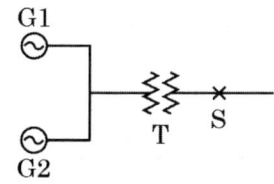

G1, G2: 20MVA, 11kV, 리액턴스 20%
T: 40MVA, 11/110kV, 리액턴스 8%

① 224
② 324
③ 454
④ 554

해설 | 단락전류 계산(I_s)

(1) $I_s = \dfrac{100}{\%Z} \times I_n$(정격전류)

(2) $I_n = \dfrac{P}{\sqrt{3}\,V}$

(3) %임피던스(기준용량 40 [MVA]로 지정 시)
- 발전기 %임피던스
  $20 \times \dfrac{기준용량}{실제용량} = 20 \times \dfrac{40}{20} = 40\,[\%]$
  병렬이므로 절반으로 나뉘어져 20 [%]이다.
- 변압기 %임피던스는 기준용량과 일치하므로 8 [%]이다.
- 송전선 %임피던스
  리액턴스 $X = 0.6 \times 50 = 30\,[\Omega]$이므로
  $\%X = \dfrac{PX}{10\,V^2} = \dfrac{40 \times 10^3 \times 30}{10 \times 110^2} = 9.91$
- 합성 %임피던스
  $\%Z = 20 + 8 + 9.91 = 37.91\,[\%]$

$\therefore I_s = \dfrac{100}{37.91} \times \dfrac{40 \times 10^3}{\sqrt{3} \times 110} = 554\,[A]$

정답 ④

유형 5 | 전력용 콘덴서(병렬 콘덴서, SC)

$$Q_c = P(\tan\theta_1 - \tan\theta_2) = P\left(\frac{\sin\theta_1}{\cos\theta_1} - \frac{\sin\theta_2}{\cos\theta_2}\right) = P\left(\frac{\sqrt{1-\cos^2\theta_1}}{\cos\theta_1} - \frac{\sqrt{1-\cos^2\theta_2}}{\cos\theta_2}\right)$$

난이도 下

01 역률 0.8(지상)의 2800 [kW] 부하에 전력용 콘덴서를 병렬로 접속하여 합성역률을 0.9로 개선하고자 할 경우, 필요한 전력용 콘덴서의 용량 [kVA]은 약 얼마인가?

① 372
② 558
③ 744
④ 1116

해설 | 전력용 콘덴서의 용량(Q_c) 계산

$$Q_c = P\left(\frac{\sin\theta_1}{\cos\theta_1} - \frac{\sin\theta_2}{\cos\theta_2}\right)$$

$$= 2800\left(\frac{\sqrt{1-0.8^2}}{0.8} - \frac{\sqrt{1-0.9^2}}{0.9}\right) \fallingdotseq 744\,[kV]$$

정답 ③

난이도 中

02 3300 [V], 60 [Hz], 뒤진 역률 60 [%], 300 [kW]의 단상 부하가 있다. 그 역률을 100 [%]로 하기 위한 전력용 콘덴서의 용량은 몇 [kVA]인가?

① 150
② 250
③ 400
④ 500

해설 | 전력용 콘덴서의 용량(Q_c) 계산

$$Q_c = P(\tan\theta_1 - \tan\theta_2) = P\left(\frac{\sin\theta_1}{\cos\theta_1} - \frac{\sin\theta_2}{\cos\theta_2}\right)$$

$$= 300 \times \left(\frac{0.8}{0.6} - \frac{0}{1}\right) = 400\,[kVA]$$

$\therefore \sin\theta = \sqrt{1-\cos^2\theta}$

정답 ③

난이도 上

03 역률 0.8, 출력 320 [kW]인 부하에 전력을 공급하는 변전소에 역률 개선을 위해 전력용 콘덴서 140 [kVA]를 설치했을 때 합성역률은?

① 0.93
② 0.95
③ 0.97
④ 0.99

해설 | **역률($\cos\theta \cos\theta$) 계산 [%]**

- 콘덴서 설치 전 무효전력(X_1)

$$X_1 = P \times \tan\theta = 320 \times \frac{0.6}{0.8} = 240 \, [kVar]$$

- 콘덴서(X_3) 설치 후 무효전력(X_2)

$$X_2 = X_1 - X_3 = 240 - 140 = 100 \, [kVar]$$

$$\therefore \cos\theta = \frac{P}{P_a} = \frac{320}{\sqrt{320^2 + 100^2}} = 0.95$$

정답 ②

유형 6 | 4단자 정수

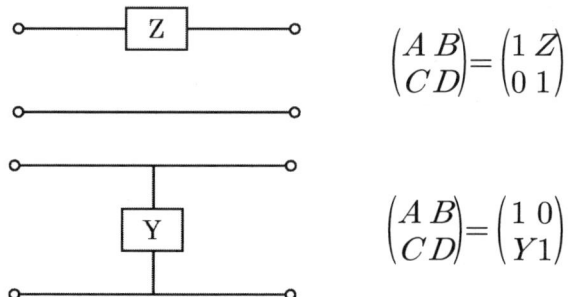

$\begin{pmatrix} A & B \\ C & D \end{pmatrix} = \begin{pmatrix} 1 & Z \\ 0 & 1 \end{pmatrix}$

$\begin{pmatrix} A & B \\ C & D \end{pmatrix} = \begin{pmatrix} 1 & 0 \\ Y & 1 \end{pmatrix}$

난이도 下

01 그림과 같은 회로의 일반 회로정수가 아닌 것은?

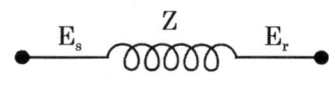

① B = Z + 1
② A = 1
③ C = 0
④ D = 1

해설 | 회로정수

A = 1, B = Z, C = 0, D = 1

정답 ①

난이도 中

02 1회선 송전선과 변압기의 조합에서 변압기의 여자 어드미턴스를 무시하였을 경우 송수전단의 관계를 나타내는 4단자 정수 C_0는? (단, $A_0 = A + CZ_{ts}$, $B_0 = B + AZ_{tr} + DZ_{ts} + CZ_{tr}Z_{ts}$, $D_0 = D + CZ_{tr}$. 여기서, Z_{ts}는 송전단변압기의 임피던스이며, Z_{tr}은 수전단변압기의 임피던스이다)

① C
② $C + DZ_{ts}$
③ $C + AZ_{ts}$
④ $CD + CA$

해설 | 4단자 정수 D_0 계산식

$$\begin{bmatrix} A_0 & B_0 \\ C_0 & D_0 \end{bmatrix} = \begin{bmatrix} 1 & Z_{ts} \\ 0 & 1 \end{bmatrix} \begin{bmatrix} A & B \\ C & D \end{bmatrix} \begin{bmatrix} 1 & Z_{tr} \\ 0 & 1 \end{bmatrix}$$

$$= \begin{bmatrix} A + CZ_{ts} & B + AZ_{tr} + DZ_{ts} + CZ_{tr}Z_{ts} \\ C & D + CZ_{tr} \end{bmatrix}$$

정답 ①

난이도 上

03 일반회로 정수가 A, B, C, D이고, 송전단 상전압이 E_s인 경우 무부하 시의 충전전류(송전단전류)는?

① CE_s
② ACE_s
③ $\dfrac{C}{A}E_s$
④ $\dfrac{A}{C}E_s$

해설 | 무부하 시 충전전류 계산

- $E_S = AE_R + BI_R$ 무부하 ($I_R = 0$)
- $E_S = AE_R$, $E_R = \dfrac{E_S}{A}$
- $I_S = CE_R + DI_R$ 무부하 ($I_R = 0$)

$$\therefore I_S = CE_R = \dfrac{C}{A}E_S$$

정답 ③

유형 7 | 수력발전 출력(P)

$$P = 9.8\,QH\eta \quad Q : \text{유량 } [\text{m}^3/\text{s}] \quad H : \text{낙차 } [\text{m}] \quad \eta : \text{효율}$$

난이도 下

01 발전용량 9800 [kW]의 수력발전소 최대사용 수량이 10 [m³/s]일 때 유효낙차는 몇 [m]인가?

① 100
② 125
③ 150
④ 175

해설 | 유효낙차(H) 계산

- P = 9.8QH [kW]
- 9800 = 9.8 × 10 × H
  ∴ H = 100

정답 ①

난이도 中

02 총 낙차 300 [m], 사용수량 20 [m³/s]인 수력발전소의 발전기 출력은 약 몇 [kW]인가? (단, 수차 및 발전기효율은 각각 90 [%], 98 [%]라 하고, 손실 낙차는 총 낙차의 6 [%]라고 한다)

① 48750
② 51860
③ 54170
④ 54970

해설 | 수력발전소 출력(P) 계산

$P = 9.8\,QHn_t n_g \; [kW]$
$= 9.8 \times 282 \times 20 \times 0.9 \times 0.98$
$= 48750 \; [kW]$

TIP 손실낙차 = 300 × 0.06 = 18 [m]
유효낙차 = 300 − 18 = 282 [m]

정답 ①

난이도 上

03 유역면적 80 [km²], 유효낙차 30 [m], 연간 강우량 1500 [mm]의 수력발전소에서 그 강우량의 70 [%]만 이용하면 연간 발전 전력량은 몇 [kWh]인가? (단, 종합효율은 80 [%]이다)

① 5.49×10^7
② 1.98×10^7
③ 5.49×10^6
④ 1.98×10^6

해설 | 수력발전 전력량(W) 계산

$$W = 9.8 QH\eta \times T = 9.8 \times \left(\frac{80 \times 10^6 \times 1500 \times 10^{-3}}{365 \times 24 \times 60 \times 60} \times 0.7 \right) \times 30 \times 0.8 \times 365 \times 24$$
$$= 5.49 \times 10^6 \, [kWh]$$

정답 ③

모아바 www.moa-ba.com
모아소방전기학원 www.moate.co.kr

PART 03

필기

모아 전기기사

과년도
기출문제

2024년 1회

01 한류 리액터를 사용하는 가장 큰 목적은?

① 충전 전류의 제한
② 접지 전류의 제한
③ 누설 전류의 제한
④ 단락 전류의 제한

해설 | **한류리액터 목적**
단락전류 제한

암 파한단

02 송전계통의 안정도를 증진시키는 방법이 아닌 것은?

① 전압변동을 적게 한다.
② 제동저항기를 설치한다.
③ 직렬리액턴스를 크게 한다.
④ 중간조상기 방식을 채용한다.

해설 | **안정도 향상 대책**
• 계통의 직렬 리액턴스 감소
• 조속기 작동을 빠르게 함
• 속응 여자 방식
• 계통연계 방식
• 고속도 재폐로 방식
• 중간 조상 방식
• 직렬 콘덴서 설치
• 병렬 회선 수를 늘림

03 단위 길이당 인덕턴스 및 커패시턴스가 각각 L 및 C일 때 장거리 전송선로의 특성임피던스는?

① $\dfrac{L}{C}$ ② $\dfrac{C}{L}$
③ $\sqrt{\dfrac{C}{L}}$ ④ $\sqrt{\dfrac{L}{C}}$

해설 | **특성임피던스(Z_0)**
$$Z_0 = \sqrt{\dfrac{Z}{Y}} = \sqrt{\dfrac{R+jwL}{G+jwC}}$$
$$= \sqrt{\dfrac{L}{C}}\ [\Omega]$$

04 그림과 같은 주상변압기 2차 측 접지공사의 목적은?

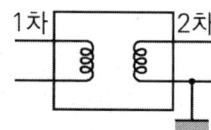

① 1차 측 과전류 억제
② 2차 측 과전류 억제
③ 1차 측 전압 상승 억제
④ 2차 측 전압 상승 억제

해설 | **2차 측 접지 공사 목적**
1·2차 측 혼촉에 의한 2차 측 전압 상승 억제

정답 01 ④ 02 ③ 03 ④ 04 ④

05 보호계전기의 반한시·정한시 특성은?

① 동작전류가 커질수록 동작 시간이 짧게 되는 특성
② 최소 동작전류 이상의 전류가 흐르면 즉시 동작하는 특성
③ 동작전류의 크기에 관계없이 일정한 시간에 동작하는 특성
④ 동작전류가 적은 동안에는 동작 전류가 커질수록 동작 시간이 짧아지고, 어떤 전류 이상이 되면 동작전류의 크기에 관계없이 일정한 시간에서 동작하는 특성

해설 | **보호계전기 특성**
① 반한시성 ② 순한시
③ 정한시 ④ 반한시·정한시

06 인터록(Interlock)의 기능에 대한 설명으로 맞는 것은?

① 조작자의 의중에 따라 개폐되어야 한다.
② 차단기가 열려 있어야 단로기를 닫을 수 있다.
③ 차단기가 닫혀 있어야 단로기를 닫을 수 있다.
④ 차단기와 단로기를 별도로 닫고, 열 수 있어야 한다.

해설 | **단로기 및 차단기의 인터록 관계**
- 투입 : 단로기(DS) → 차단기(CB)
- 개방 : 차단기(CB) → 단로기(DS)

07 차단기의 정격 차단 시간은?

① 고장 발생부터 소호까지의 시간
② 가동접촉자 시동부터 소호까지의 시간
③ 트립코일 여자부터 소호까지의 시간
④ 가동접촉자 개구부터 소호까지의 시간

해설 | **차단기 정격차단 시간**
트립 코일 여자부터 아크 소호까지의 시간

08 전력계통에서 내부 이상전압의 크기가 가장 큰 경우는?

① 유도성 소전류 차단 시
② 수차발전기의 부하 차단 시
③ 무부하 선로 충전전류 차단 시
④ 송전선로의 부하 차단기 투입 시

해설 | **내부 이상전압 크기**
- 선로 투입보다 개방 시 더 크다.
- 부하 시보다 무부하 시 더 크다.
- <u>내부 이상전압은 무부하 선로의 충전전류를 차단할 경우에 가장 크다.</u>

09 화력발전소에서 재열기의 사용 목적은?

① 공기를 가열한다.
② 급수를 가열한다.
③ 증기를 가열한다.
④ 석탄을 건조하다.

해설 | **재열기**
터빈에서 팽창한 증기를 다시 가열

10 송전선로의 각 상전압이 평형되어 있을 때 3상 1회선 송전선의 작용정전용량 [μF/km]을 옳게 나타낸 것은? (단, r은 도체의 반지름 [m] D는 도체의 등가선간 거리 [m]이다)

① $\dfrac{0.02413}{\log_{10}\dfrac{D}{r}}$ ② $\dfrac{0.2413}{\log_{10}\dfrac{D}{r}}$

③ $\dfrac{0.02413}{\log_{10}\dfrac{D^2}{r}}$ ④ $\dfrac{0.2413}{\log_{10}\dfrac{D^2}{r}}$

해설 | 정전용량(C) 식
$$C = \dfrac{0.02413}{\log_{10}\dfrac{D}{r}}\,[\mu F/km]$$

11 다음 중 가공 송전선에 사용하는 애자련 중 전압부담이 가장 큰 것은?

① 전선에 가장 가까운 것
② 중앙에 있는 것
③ 철탑에 가장 가까운 것
④ 철탑에서 1/3지점의 것

해설 | 애자련 전압 부담 강도
• 전압부담 가장 큼
  : 전선에 제일 가까운 애자
• 전압부담 가장 적음
  : 전선으로부터 2/3 지점에 있는 애자

12 송전선로에서 송전전력, 거리, 전력 손실률과 전선의 밀도가 일정하다고 할 때 전선 단면적 A [mm²]는 전압 V [V]와 어떤 관계에 있는가?

① V에 비례한다.
② V^2에 비례한다.
③ $\dfrac{1}{V}$에 비례한다.
④ $\dfrac{1}{V^2}$에 비례한다.

해설 | 전압 n배 승압 시 각 전기 요소 값
• 공급 전력 $P \propto V^2$
• 전압 강하 $e \propto \dfrac{1}{V}$
• 전선 굵기 $A \propto \dfrac{1}{V^2}$
• 전압 강하율 $\varepsilon \propto \dfrac{1}{V^2}$
• 전력 손실률 $P_l \propto \dfrac{1}{V^2}$

13 동기조상기에 관한 설명으로 틀린 것은?

① 동기전동기의 V특성을 이용하는 설비이다.
② 동기전동기를 부족여자로 하여 컨덕턴스로 사용한다.
③ 동기전동기를 과여자로 하여 콘덴서로 사용한다.
④ 송전계통의 전압을 일정하게 유지하기 위한 설비이다.

해설 | 계자전류(I_f) 감소 시
리액터 작용

14 비등수형 원자로의 특색이 아닌 것은?

① 열교환기가 필요하다.
② 기포에 의한 자기 제어성이 있다.
③ 방사능 때문에 증기는 완전히 기수분리를 해야 한다.
④ 순환펌프로서는 급수펌프뿐이므로 펌프 동력이 작다.

해설 | **비등수형(BWR) 원자로**
- 저농축 우라늄(농축 우라늄)
- 감속재 : 경수
- 냉각재 : 경수
- <u>열교환기 없이 바로 원자력 발전</u>

15 그림의 F점에서 3상 단락 고장이 생겼다. 발전기 쪽에서 본 3상 단락 전류는 몇 [kA]가 되는가? (단, 154 [kV] 송전선의 리액턴스는 1000 [MVA]를 기준으로 하여 2 [%/km]이다)

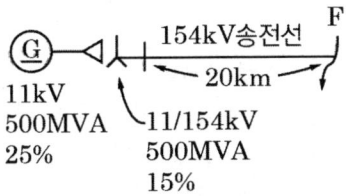

① 43.7   ② 47.7
③ 53.7   ④ 59.7

해설 | **단락전류 (I_s) 계산**

- $I_s = \dfrac{100}{\%Z} \times I_n$

- 기준용량 1000[MVA]인 경우

  $\%_{발전기} = \dfrac{1000}{500} \times 25 = 50[\%]$

  $\%_{변압기} = \dfrac{1,000}{500} \times 15 = 30[\%]$

  $\%_{선로} = 2 \times 20 = 40[\%]$

  $\%_{합성} = 50 + 30 + 40 = 120[\%]$

- 발전기 측에서 본 경우
  1차 측 전압 기준, 정격전류 I_n 계산

  $\therefore I_s = \dfrac{100}{120} \times \dfrac{1000 \times 10^6}{\sqrt{3} \times 11 \times 10^3}$

  $\quad = 43.7[kA]$

16 피뢰기의 제한전압이란?

① 충격파의 방전 개시전압
② 상용주파수의 방전 개시전압
③ 전류가 흐르고 있을 때의 단자 전압
④ 피뢰기 동작 중 단자 전압의 파곳값

해설 | **피뢰기 제한전압**
- 피뢰기가 처리하고 남은 전압
- <u>충격파 전류가 흐르고 있을 때, 피뢰기 단자전압의 파곳값</u>

17 송전선로에서 1선 지락 시에 건전상의 전압 상승이 가장 적은 접지 방식은?

① 비접지 방식
② 직접접지 방식
③ 저항접지 방식
④ 소호리액터 접지 방식

해설 | 직접 접지 특징
- 1선 지락 시 건전상 대지전압 상승이 거의 없음
- 선로 및 기기의 절연 레벨을 낮춤
- 보호계전기 동작이 확실
- 단절연 변압기 사용 가능(저감 절연)
- 과도안정도가 나쁨
- 지락 시 지락전류가 최대
- 통신선 전자유도 장해가 발생
- 차단기 차단 능력이 증가

18 배전선로에서 고장전류를 차단할 수 있는 장치는?

① 단로기
② 리클로저
③ 선로 개폐기
④ 구분 개폐기

해설 | 리클로저(Recloser)
배전 선로 고장 시 고장 전류 검출 및 고속 차단하고 자동 재폐로 동작을 수행

TIP 리클로저(R) – 섹셔널라이저(S) 순

19 저압배전선로에 대한 설명으로 틀린 것은?

① 저압 뱅킹 방식은 전압변동을 경감할 수 있다.
② 밸런서(Balancer)는 단상 2선식에 필요하다.
③ 배전선로의 부하율이 F일 때 손실계수는 F와 F^2의 중간 값이다.
④ 수용률이란 최대수용전력을 설비용량으로 나눈 값을 퍼센트로 나타낸 것이다.

해설 | 단상 3선식 배전 방식
중성선 단선 시 전압 불평형 발생
- 불평형 대책 : 밸런서 설치

20 제5고조파를 제거하기 위하여 전력용 콘덴서용량의 몇 [%]에 해당하는 직렬리액터를 설치하는가?

① 2~3
② 5~6
③ 7~8
④ 9~10

해설 | 직렬 리액터
- 용도 : 제5고조파 전류 억제용
- 용량 : 이론상 전력용 콘덴서용량의 4[%] 이상 여유, 실제 5~6[%] 여유 필요

정답 17 ② 18 ② 19 ② 20 ②

2024년 2회

전력공학

01 3상 3선식 송전선로에서 연가의 효과가 아닌 것은?

① 작용 정전용량의 감소
② 각 상의 임피던스 평형
③ 통신선의 유도장해 감소
④ 직렬공진의 방지

해설 | 연가 효과
- 선로정수 평형(주 목적)
- 유도장해 감소
- 중성점 잔류전압 감소
- 직렬공진 방지

02 전력선에 영상 전류가 흐를 때 통신선로에 발생되는 유도장해는?

① 고조파 유도장해
② 전력 유도장해
③ 전자 유도장해
④ 정전 유도장해

해설 | 유도장해의 발생 원인
- 전자유도장해(영상전류)
  전력선과 통신선 간 상호 인덕턴스가 원인
- 정전유도장해(영상 전압)
  전력선과 통신선 간 상호 정전용량이 원인

03 3상 3선식 송전선로의 선간거리가 각각 50 [cm], 60 [cm], 70 [cm]인 경우 기하학적 평균 선간거리는 약 몇 [cm]인가?

① 50.4　　② 59.4
③ 62.8　　④ 64.8

해설 | 등가선간거리(D) 계산 [cm]
$D = \sqrt[3]{D \times D \times D} = \sqrt[3]{50 \times 60 \times 70}$
$\fallingdotseq 59.4$

04 한류리액터의 사용 목적은?

① 누설전류의 제한
② 단락전류의 제한
③ 접지전류의 제한
④ 이상전압 발생의 방지

해설 | 한류리액터 목적
단락전류 제한

파한단

정답 01 ① 02 ③ 03 ② 04 ②

05 송전 계통에서 자동재폐로 방식의 장점이 아닌 것은?

① 신뢰도 향상
② 공급 지장 시간의 단축
③ 보호 계전 방식의 단순화
④ 고장상의 고속도 차단, 고속도 재투입

해설 | **자동재폐로 방식 특징**
- 고속도 재투입하여 고장시간 최소화 방식
- 신뢰도 우수하지만, 방식은 복잡

06 초고압 송전선로에 단도체 대신 복도체를 사용할 경우 틀린 것은?

① 전선의 작용 인덕턴스를 감소시킨다.
② 선로의 작용정전용량을 증가시킨다.
③ 전선 표면의 전위 경도를 저감시킨다.
④ 전선의 코로나 임계 전압을 저감시킨다.

해설 | **복도체 사용 목적**
- 코로나 임계전압(E_0) 계산식

$$E_0 = 24.3\, m_o m_1 \delta\, d \log_{10} \frac{D}{r}\ [kV]$$

- 복도체 사용 시 도체직경(d) 증가로 E_0가 상승하여 코로나 발생 억제함

암기 복코

07 154 [kV] 송전선로의 전압을 345 [kV]로 승압하고, 같은 손실률로 송전한다고 가정하면 송전전력은 승압 전의 약 몇 배 정도인가?

① 2   ② 3
③ 4   ④ 5

해설 | **전압 n배 승압 시 각 전기 요소 값**
- 공급 전력 $P \propto V^2$
- 전압 강하 $e \propto \dfrac{1}{V}$
- 전선 굵기 $A \propto \dfrac{1}{V^2}$
- 전압 강하율 $\varepsilon \propto \dfrac{1}{V^2}$
- 전력 손실률 $P_l \propto \dfrac{1}{V^2}$

∴ $P \propto V^2$, 154 → 345 KV 승압 시
$\left(\dfrac{345}{154}\right)^2 \fallingdotseq 5$배

08 다음 중 이상전압에 대한 방호장치가 아닌 것은?

① 피뢰기   ② 가공지선
③ 방전코일   ④ 서지 흡수기

해설 | **방전코일**
- 콘덴서에 축적된 잔류전하를 방전하여 감전사고를 방지
- 선로에 재투입 시 콘덴서에 걸리는 과전압을 방지

정답 05 ③ 06 ④ 07 ④ 08 ③

09 차단기의 정격투입 전류란 투입되는 전류의 최초 주파수의 어느 값을 말하는가?

① 평균값　② 최댓값
③ 실횻값　④ 순싯값

해설 | 차단기 정격투입 전류
　차단기 투입전류의 최초 주파수의 최댓값

10 송전 계통에서 1선 지락 시 유도 장해가 가장 적은 중성점 접지 방식은?

① 비접지 방식
② 저항접지 방식
③ 직접접지 방식
④ 소호리액터 접지 방식

해설 | 소호 리액터 접지 방식 특징
- 병렬 공진 시 지락전류 최소
- 통신 장애 최소
- 차단기 차단능력 가벼움
- 유도장해 최소
- 보호계전기 동작 불확실
- 단선 사고 시 직렬공진에 의한 이상전압 최대 발생

11 송전전압 154 [kV], 2회선 선로가 있다. 선로 길이가 240 [km]이고, 선로의 작용 정전용량이 0.02 [μF/km]라고 한다. 이것을 자기 여자를 일으키지 않고 충전하기 위해서는 최소한 몇 [MVA] 이상의 발전기를 이용하여야 하는가? (단, 주파수는 60 [Hz]이다)

① 78　② 86
③ 89　④ 95

해설 | 발전기 충전용량(Q_G) 계산
$$Q_G = 3E \times I_c = 3\omega CE^2 \times l$$
$$= 3 \times 2\pi \times 60 \times 0.02 \times 10^{-6}$$
$$\times 240 \times (\frac{154 \times 10^3}{\sqrt{3}})^2$$
$$= 42.92 \, [MVA]$$
∴ 2회선 $42.92 \times 2 ≒ 85.8 \, [MVA]$

TIP 대지전압 = 선간전압 ÷ $\sqrt{3}$

12 다음 중 방향성을 갖지 않는 계전기는?

① 전력계전기
② 과전류계전기
③ 비율차동계전기
④ 선택 지락계전기

해설 | 계전기의 방향성
　과전류계전기는 방향성을 갖지 않음

정답　09 ②　10 ④　11 ②　12 ②

13 피뢰기가 그 역할을 잘하기 위하여 구비되어야 할 조건으로 틀린 것은?

① 속류를 차단할 것
② 내구력이 높을 것
③ 충격방전 개시전압이 낮을 것
④ 제한전압은 피뢰기의 정격 전압과 같게 할 것

해설 | **피뢰기 구비 조건**
- 상용주파 방전 개시전압이 높을 것
- 충격방전 개시전압이 낮을 것
- 속류(기류) 차단능력이 클 것
- 제한전압이 낮을 것
- 내구성 및 경제성이 있을 것
- 방전 내량이 클 것

14 선로 전압강하 보상기(LDC)에 대한 설명으로 옳은 것은?

① 승압기로 저하된 전압을 보상하는 것
② 분로 리액터로 전압 상승을 억제하는 것
③ 선로의 전압 강하를 고려하여 모선 전압을 조정하는 것
④ 직렬 콘덴서로 선로의 리액턴스를 보상하는 것

해설 | **선로 전압강하 보상기(LDC)**
선로 전압강하를 고려하여 모선 전압 조정

15 유효낙차 100 [m], 최대사용수량 20 [m³/s]인 발전소의 최대 출력은 약 몇 [kW]인가? (단, 수차 및 발전기의 합성 효율은 85 [%]라 한다)

① 14160 ② 16660
③ 24990 ④ 33320

해설 | **수력발전의 출력(P)**
$$P = 9.8 Q H n_t n_g \, [kW]$$
$$= 9.8 \times 20 \times 100 \times 0.85$$
$$= 16660 \, [kW]$$

16 각 전력계통을 연계선으로 상호 연결하면 여러 가지 장점이 있다. 틀린 것은?

① 경계 급전이 용이하다.
② 주파수의 변화가 작아진다.
③ 각 전력계통의 신뢰도가 증가한다.
④ 배후전력(Back power)이 크기 때문에 고장이 적으며, 그 영향의 범위가 작아진다.

해설 | **전력계통 연계 단점**
사고 시 타계통으로 파급 확대될 우려가 있음

정답 13 ④ 14 ③ 15 ② 16 ④

17 동일 모선에 2개 이상의 급전선(Feeder)을 가진 비접지 배전계통에서 지락 사고에 대한 보호계전기는?

① OCR ② OVR
③ SGR ④ DFR

해설 | 선택 접지계전기(SGR)
병행 2회선 송전 선로에서 한쪽의 1회선에 지락사고 발생 시 고장 구간을 검출하여 그 회선만 선택 차단하는 계전기

18 송전단 전압이 66 [kV]이고, 수전단 전압이 62 [kV]로 송전 중이던 선로에서 부하가 급격히 감소하여 수전단 전압이 63.5 [kV]가 되었다. 전압 강하율은 약 몇 [%]인가?

① 2.28 ② 3.94
③ 6.06 ④ 6.45

해설 | 전압 강하율(ε) 계산

$$\varepsilon = \frac{송전단\ 전압 - 수전단\ 전압}{수전단\ 전압} \times 100\ [\%]$$

$$= \frac{66-62}{62} \times 100 ≒ 6.45[\%]$$

19 수력 발전소에서 흡출관을 사용하는 목적은?

① 압력을 줄인다.
② 유효 낙차를 늘린다.
③ 속도 변동률을 작게 한다.
④ 물의 유선을 일정하게 한다.

해설 | 흡출관
반동수차에만 사용, 낙차를 크게 함

20 개폐 저항기를 초고압용 차단기에 사용하는 주된 이유는?

① 차단속도 증진
② 차단전류 감소
③ 이상전압 억제
④ 부하설비 증대

해설 | 개폐서지 발생 및 대책
• 송전 선로의 개폐 조작 시 발생
• 전위 상승 4배 상승
• 개폐서지 대책 : 개폐 저항기

전기기사 전력공학 — 2024년 3회

01 송전선로의 현수 애자련 연면 섬락과 가장 관계가 먼 것은?

① 댐퍼
② 철탑 접지 저항
③ 현수 애자련의 개수
④ 현수 애자련의 소손

해설 | 댐퍼(Damper)
전선의 진동 및 도약방지설비

02 지면으로 부터의 높이가 H [m]인 곳에 지지선을 설치하려 한다. 전주가 수평하중 W [kg]을 받는다면 지지선 L [m]이 받는 장력은 몇 [kg]인가?

① $\dfrac{L}{\sqrt{L^2 - H^2}} W$
② $\dfrac{L^2}{\sqrt{L^2 - H^2}} W$
③ $\dfrac{L}{H} W$
④ $\dfrac{L}{L - H} W$

해설 | 장력

지선장력 $T_0 = \dfrac{P}{\cos\theta}\ [kg]$

$T_0 = \dfrac{W}{\dfrac{\sqrt{L^2 - H^2}}{L}} = \dfrac{L}{\sqrt{L^2 - H^2}} W$

03 배전 선로의 손실을 경감하기 위한 대책으로 적절하지 않은 것은?

① 누전 차단기 설치
② 배전 전압의 승압
③ 전력용 콘덴서 설치
④ 전류 밀도의 감소와 평형

해설 | 누전차단기 설치
안전과 관련 있고, 선로 손실과는 관련 없음

04 그림과 같은 단거리 배전선로의 송전단 전압 6600 [V], 역률은 0.9이고, 수전단 전압 6100 [V], 역률 0.8일 때 회로에 흐르는 전류 I [A]는? (단, E_S 및 E_r은 송·수전단 대지전압이며, r = 20 [Ω], x = 10 [Ω]이다)

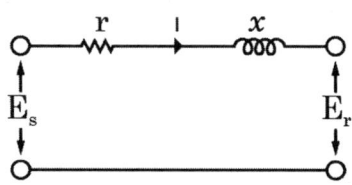

① 20   ② 35
③ 53   ④ 65

해설 | 전류 계산
- $V_r I = V_s I - I^2 R$
- 수전단 전압(V_r) = 송전단 전압(V_s) − IR
- $6100 \times 0.8 = 6600 \times 0.9 - I \times 20$
- ∴ $I = 53\ [A]$

05 보호계전기의 보호방식 중 표시선 계전방식이 아닌 것은?

① 방향 비교방식
② 위상 비교방식
③ 전압 반향방식
④ 전류 순환방식

해설 | 표시선 계전방식 종류
- 방향 비교방식
- 전압 반향방식
- 전류 순환방식

암 방압류

06 그림과 같이 부하가 균일한 밀도로 도중에서 분기되어 선로전류가 송전단에 이를수록 직선적으로 증가할 경우 선로의 전압강하는 이 송전단 전류와 같은 전류의 부하가 선로의 말단에만 집중되어 있을 경우의 전압 강하보다 어떻게 되는가? (단, 부하 역률은 모두 같다고 한다)

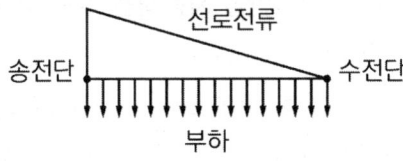

① 1/3
② 1/2
③ 1
④ 2

해설 | 말단부하와 비교하여 균일 부하 시
- 전력 손실 $P_l = \dfrac{1}{3}I^2R$
- 전압 강하 $e = \dfrac{1}{2}IR$

07 통신선과 평행인 주파수 60 [Hz]의 3상 1회선 송전선이 있다. 1선 지락 때문에 영상전류가 100 [A] 흐르고 있다면 통신선에 유도되는 전자유도전압은 약 몇 [V]인가? (단, 영상전류는 전 전선에 걸쳐서 같으며, 송전선과 통신선과의 상호인덕턴스는 0.06 [mH/km], 그 평행 길이는 40 [km]이다)

① 156.6
② 162.8
③ 230.2
④ 271.4

해설 | 전자유도 장해 기유도전압(E_m) 계산
$$\begin{aligned}E_m &= -j\omega Ml \times 3I_0 \\ &= -j2\pi \times 60 \times 0.06 \times 10^{-3} \\ &\quad \times 40 \times 3 \times 100 \\ &= 271.43\ [V]\end{aligned}$$

08 차단기의 차단 능력이 가장 가벼운 것은?

① 중성점 직접접지 계통의 지락 전류 차단
② 중성점 저항접지 계통의 지락 전류 차단
③ 송전선로의 단락 사고 시의 단락 사고 차단
④ 중성점을 소호리액터로 접지한 장거리 전선로의 지락전류 차단

해설 | 소호 리액터 접지 방식 특징
- 병렬 공진 시 지락전류 최소
- 통신 장애 최소
- 차단기 차단 능력 가벼움
- 유도장해 최소
- 보호계전기 동작 불확실
- 단선 사고 시 직렬공진에 의한 이상전압 최대 발생

09 변압기의 결선 중에서 1차에 제3고조파가 있을 때 2차에 제3고조파 전압이 외부로 나타나는 결선은?

① Y - Y
② Y - △
③ △ - Y
④ △ - △

해설 | 변압기 결선방법별 제3고조파의 관계
- △결선 시 : 순환 전류가 됨
- Y결선 시 : 2차 측에서도 발생

10 컴퓨터에 의한 전력조류 계산에서 슬랙(Slack)모선의 지정값은? (단, 슬랙모선을 기준모선으로 한다)

① 유효전력과 무효전력
② 모선 전압의 크기와 유효전력
③ 모선 전압의 크기와 무효전력
④ 모선 전압의 크기와 모선 전압의 위상각

해설 | 전력조류

구분	기지량 (알 수 있는 것)	미지량 (알 수 없는 것)
슬랙모선	• 전압의 크기·위상각	• 유효 전력 • 무효 전력 • 송전 손실
발전기 모선	• 유효전력 • 전압의 크기	• 무효전력 • 전압의 위상각
부하모선	• 유효 전력 • 무효 전력	• 전압의 크기·위상각

11 중성점 직접 접지방식에 대한 설명으로 틀린 것은?

① 계통의 과도안정도가 나쁘다.
② 변압기의 단절연이 가능하다.
③ 1선 지락 시 건전상의 전압은 거의 상승하지 않는다.
④ 1선 지락전류가 적어 차단기의 차단능력이 감소된다.

해설 | 직접 접지 특징
- 1선 지락 시 건전상 대지전압 상승이 거의 없음
- 선로 및 기기의 절연 레벨을 낮춤
- 보호계전기 동작이 확실
- 단절연 변압기 사용이 가능(저감 절연)
- 과도안정도가 나쁨
- 지락 시 지락전류가 최대
- 통신선 전자유도 장해가 발생
- 차단기 차단 능력이 증가

12 폐쇄 배전반을 사용하는 주된 이유는 무엇인가?

① 보수의 편리
② 사람에 대한 안전
③ 기기의 안전
④ 사고파급 방지

해설 | 폐쇄 배전반
인축에 대한 접촉 사고 방지함

정답 09 ① 10 ④ 11 ④ 12 ②

13 단상 변압기 3대를 △결선으로 운전하던 중 1대의 고장으로 V결선한 경우 V결선과 △결선의 출력비는 약 몇 [%]인가?

① 52.2   ② 57.7
③ 66.7   ④ 86.6

해설 | V결선 출력비
$$\frac{\sqrt{3}}{3} = 57.7[\%]$$

---

14 3상 3선식의 전선 소요량에 대한 3상 4선식의 전선 소요량의 비는 얼마인가? (단, 배전 거리, 배전 전력 및 전력 손실은 같고, 4선식의 중성선의 굵기는 외선의 굵기와 같으며, 외선과 중성선 간의 전압은 3선식의 선간전압과 같다)

① 4/9   ② 2/3
③ 3/4   ④ 1/3

해설 | 단상 2선식 대비 전체 전선 중량비
= 전력 손실비(사용 전압 및 전력, 손실 일정)

- 단상 3선식 $\frac{3}{8}$
- 3상 3선식 $\frac{3}{4}$
- 3상 4선식 $\frac{1}{3}$

$$\therefore \frac{\frac{1}{3}}{\frac{3}{4}} = \frac{4}{9}$$

---

15 중거리 송전선로의 특성은 무슨 회로로 다루어야 하는가?

① RL 집중 정수회로
② RLC 집중 정수회로
③ 분포 정수회로
④ 특성 임피던스회로

해설 | 중거리 송전선로
RLC 집중 정수회로

구분	회로
단거리	집중 정수회로
중거리	T회로, π회로
장거리	분포 정수회로

---

16 전력용 콘덴서의 사용 전압을 2배로 증가시키고자 한다. 이때 정전용량을 변화시켜 동일 용량으로 유지하려면 승압전의 정전용량보다 어떻게 변화하면 되는가?

① 4배로 증가   ② 2배로 증가
③ 1/2로 감소   ④ 1/4로 감소

해설 | 전력용 콘덴서용량(Q_c) 계산식
$Q = \omega C V^2$
∴ 동일용량일 때 전압 2배 증가 시,
정전용량(C) $\frac{1}{4}$배

17 배전선의 전력 손실 경감 대책이 아닌 것은?

① 피더(Feeder) 수를 줄인다.
② 역률을 개선한다.
③ 배전 전압을 높인다.
④ 부하의 불평형을 방지한다.

해설 | 전력손실(P_l) 경감대책
- 전력손실과 전기 요소 관계식
$$P_l \propto \frac{1}{V^2 cos^2\theta}$$
- 전압, 역률 상승 시 P_l 감소
- 부하의 불평형을 방지하여 중성선에 흐르는 전류에 의한 전력 손실 억제

18 보일러에서 절탄기의 용도는 무엇인가?

① 증기를 과열
② 공기를 예열
③ 보일러 급수를 예열
④ 석탄을 건조

해설 | 절탄기
보일러 급수 예열

19 그림과 같은 유황곡선에서 면적 DEB가 의미하는 것은?

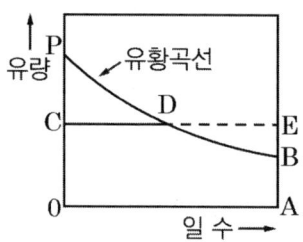

① 최대사용수량 0C로 1년간 계속 발전하는 데 필요한 저수지의 용량
② 최대사용수량 0P로 1년간 계속 발전하는 데 필요한 저수지의 용량
③ 0A일 동안 내린 빗물의 양
④ DA일 동안 내린 빗물의 양

해설 | 저수지용량
최대사용수량보다 적은 유량인 면적 DEB 만큼만큼 물이 부족하므로 그만큼의 유량을 저수지에 저장해야 한다.

20 각 전력계통을 연계할 경우의 장점으로 틀린 것은?

① 각 전력계통의 신뢰도가 증가한다.
② 경제급전이 용이하다.
③ 단락용량이 작아진다.
④ 주파수의 변화가 작아진다.

해설 | 단락용량(P_s)과 %임피던스(%Z) 관계
$$P_s = \frac{100}{\%Z} \times P_n$$
∴ 전력계통 연계는 병렬연결
%Z 감소, P_s 증가

2023년 1회 전력공학

01 3상 3선식 송전선로가 소도체 2개의 복도체 방식으로 되어 있을 때 소도체의 지름 8 [cm], 소도체 간격 36 [cm], 등가선간거리 120 [cm]인 경우에 복도체 1 [km]의 인덕턴스는 약 몇 [mH]인가?

① 0.4855 ② 0.5255
③ 0.6975 ④ 0.9265

해설 | 인덕턴스(L) 계산

$$L = \frac{0.05}{2} + 0.4605 \log_{10} \frac{D}{\sqrt[2]{rs}}$$
$$= \frac{0.05}{2} + 0.4605 \log_{10} \frac{120}{\sqrt[2]{4 \times 36}}$$
$$\fallingdotseq 0.4855 \, [mH/km]$$

02 단락용량 5000 [MVA]인 모선의 전압이 154 [kV]라면 등가 모선임피던스는 약 몇 [Ω]인가?

① 2.54 ② 4.74
③ 6.34 ④ 8.24

해설 | 모선 임피던스(Z) 계산

$$Z = \frac{V^2}{P} = \frac{154^2}{5,000} = 4.74 \, [\Omega]$$

03 그림과 같은 22 [kV] 3상 3선식 전선로의 P점에 단락이 발생하였다면 3상 단락전류는 약 몇 [A]인가? (단, %리액턴스는 8 [%]이며 저항분은 무시한다)

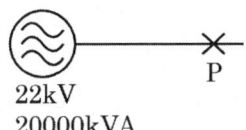

① 6561 ② 8560
③ 11364 ④ 12684

해설 | 단락전류 계산(I_s)

- $I_s = \dfrac{100}{\%Z} \times I_n$ (정격전류)

- $I_n = \dfrac{P}{\sqrt{3}\,V}$

$$= \frac{20000 \times 10^3}{\sqrt{3} \times 22 \times 10^3} = 524.86 \, [A]$$

$$\therefore I_s = \frac{100}{8} \times 524.86 \fallingdotseq 6,561 \, [A]$$

정답 01 ① 02 ② 03 ①

04 수력 발전소를 건설할 때 낙차를 취하는 방법으로 적합하지 않은 것은?

① 수로식 ② 댐식
③ 유역 변경식 ④ 역조정지식

해설 | **수력발전소의 분류**
(1) 낙차에 따른 분류(취수 방법에 의한 분류)
 • 수로식 발전소
 • 유역 변경식 발전소
 • 댐 발전소
 • 댐 수로식 발전소
  암 수유댐댐
(2) 운용 방법에 따른 분류
 • 양수식
 • 자류식
 • 저수지식
 • 조정지식
  암 양자저조

05 변전소, 발전소 등에 설치하는 피뢰기에 대한 설명 중 틀린 것은?

① 정격전압은 상용주파 정현파 전압의 최고 한도를 규정한 순싯값이다.
② 피뢰기의 직렬갭은 일반적으로 저항으로 되어있다.
③ 방전전류는 뇌충격 전류의 파곳값으로 표시한다.
④ 속류란 방전 현상이 실질적으로 끝난 후에도 전력계통에서 피뢰기에 공급되어 흐르는 전류를 말한다.

해설 | **피뢰기 정격전압**
선로단자와 접지단자 간에 인가할 수 있는 상용주파 최대 허용 전압의 실횻값

06 전력선과 통신선 사이에 차폐선을 설치하여, 각 선 사이의 상호 임피던스를 각각 Z_{12}, Z_{1s}, Z_{2s}라 하고 차폐선 자기 임피던스를 Z_s라 할 때 차폐선을 설치함으로써 유도 전압이 줄게 됨을 나타내는 차폐선의 차폐계수는? (단, Z_{12}는 전력선과 통신선과의 상호 임피던스, Z_{1s}는 전력선과 차폐선과의 상호 임피던스, Z_{2s}는 통신선과 차폐선과의 상호 임피던스이다)

① $|1 - \dfrac{Z_s Z_{12}}{Z_{1s} Z_{2s}}|$
② $|1 - \dfrac{Z_{1s} Z_{2s}}{Z_s Z_{12}}|$
③ $|1 - \dfrac{Z_{1s} Z_{12}}{Z_s Z_{2s}}|$
④ $|1 - \dfrac{Z_s Z_{2s}}{Z_{12} Z_{1s}}|$

해설 | 차폐계수 $= \left|1 - \dfrac{Z_{1s} Z_{2s}}{Z_s Z_{12}}\right|$

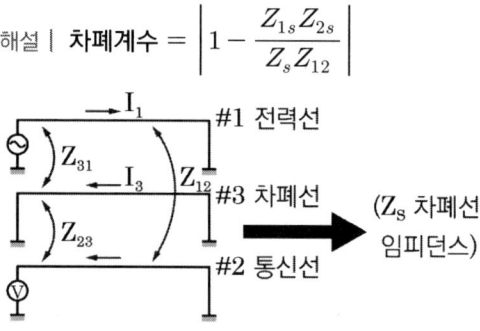

07 ACSR은 동일한 길이에서 동일한 전기저항을 갖는 경동연선에 비하여 어떠한가?

① 바깥지름은 크고, 중량은 작다.
② 바깥지름은 작고, 중량은 크다.
③ 바깥지름과 중량이 모두 크다.
④ 바깥지름과 중량이 모두 작다.

해설 | 강심 알루미늄 연선(ACSR)
- 구리보다 가벼우므로 중량은 작다.
- 전선 중앙에 강심을 넣음으로써 일반 전선보다 바깥지름이 크다.

TIP 대지전압 = 선간전압 ÷ $\sqrt{3}$

08 전력설비의 수용률을 나타낸 것으로 옳은 것은?

① 수용률 = 평균전력/부하설비용량 × 100 [%]
② 수용률 = 부하설비용량/평균전력량 × 100 [%]
③ 수용률 = 최대수용전력/부하설비용량 × 100 [%]
④ 수용률 = 부하설비용량/최대수용전력 × 100 [%]

해설 | 수용률

$$수용률 = \frac{최대 수용 전력}{부하설비용량} \times 100 [\%]$$

암 수최설

09 직류 송전 방식에 관한 설명 중 잘못된 것은?

① 교류보다 실횻값이 적어 절연 계급을 낮출 수 있다.
② 교류 방식보다는 안정도가 떨어진다.
③ 직류 계통과 연계 시 교류계통의 차단 용량이 작아진다.
④ 교류 방식처럼 송전 손실이 없어 송전 효율이 좋아진다.

해설 | 직류 송전 방식 특징
- 역률이 항상 1이다.
- 비동기 연계가 가능한 장점이 있다.
- 선로의 리액턴스가 없으므로 안정도가 높다.
- 회전자계를 얻기 힘들다(변압이 어려움).
- 영점이 없어 고전압, 대전류를 차단하기 어렵다.

10 정격전압 6600 [V], Y결선, 3상 발전기의 중성점을 1선 지락 시 지락전류를 100 [A]로 제한하는 저항기로 접지하려고 한다. 저항기의 저항 값은 약 몇 [Ω]인가?

① 44
② 41
③ 38
④ 35

해설 | 지락전류(I_g) 계산

$$I_g = \frac{E}{R}, \quad 100 = \frac{\frac{6600}{\sqrt{3}}}{R}$$

∴ $R ≒ 38 [\Omega]$

TIP 대지전압 = 선간전압 ÷ $\sqrt{3}$

11 변전소에서 지락사고의 경우 사용되는 계전기에 영상전류를 공급하기 위하여 설치하는 것은?

① PT
② ZCT
③ GPT
④ CT

정답 08 ③ 09 ② 10 ③ 11 ②

해설 | 영상변류기(ZCT)
- 지락 사고 시 지락전류(영상전류) 검출
- 별도의 차단전류가 필요
- 지락계전기(GR), 선택 지락계전기(SGR) 등 추가 설치

12 송배전 계통에서의 안정도 향상 대책이 아닌 것은?

① 병렬 회선 수 증가
② 병렬 콘덴서 설치
③ 속응 여자 방식 채용
④ 기기의 리액턴스 감소

해설 | 안정도 향상 대책
- <u>계통의 직렬 리액턴스 감소</u>
- 조속기 작동을 빠르게 함
- <u>속응 여자 방식</u>
- 계통연계 방식
- 고속도 재폐로 방식
- 중간조상 방식
- 직렬 콘덴서 설치
- <u>병렬 회선 수 늘림</u>

13 다중접지 3상 4선식 배전선로에서 고압 측(1차 측) 중성선과 저압 측(2차 측) 중성선을 전기적으로 연결하는 목적은?

① 저압 측의 단락사고를 검출하기 위하여
② 저압 측의 지락사고를 검출하기 위하여
③ 주상 변압기의 중성선 측 부싱을 생략하기 위하여
④ 고저압 혼촉 시 수용가에 침입하는 상승 전압을 억제하기 위하여

해설 | 고·저압 측 중성선 연결 목적
고·저압 혼촉 시 수용가에 침입하는 상승 전압 억제

14 그림과 같은 선로의 등가선간거리는 몇 [m]인가?

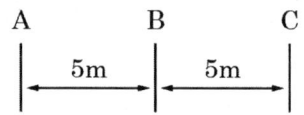

① 5
② $5\sqrt{2}$
③ $5\sqrt[3]{2}$
④ $10\sqrt[3]{2}$

해설 | 등가선간거리(D) 계산
$D = \sqrt[3]{D \times D \times 2D} = \sqrt[3]{5 \times 5 \times 10}$
$= 5\sqrt[3]{2}\,[m]$

15 송배전 계통에 발생하는 이상전압의 내부적 원인이 아닌 것은?

① 선로의 개폐   ② 직격뢰
③ 아크 접지   ④ 선로의 이상 상태

해설 | 직격뢰
외부적 원인

16 화력발전소에서 재열기로 가열하는 것은?

① 석탄   ② 급수
③ 공기   ④ 증기

해설 | 재열기
터빈에서 팽창한 증기를 다시 가열

17 중거리 송전선로의 π형 회로에서 송전단 전류 I_s는? (단, Z, Y는 선로의 직렬임피던스와 병렬 어드미턴스이고, E_r, I_r은 수전단 전압과 전류이다)

① $(1+\dfrac{ZY}{2})E_r + ZI_r$

② $(1+\dfrac{ZY}{2})E_r + Z(1+\dfrac{ZY}{4})I_r$

③ $(1+\dfrac{ZY}{2})I_r + ZE_r$

④ $(1+\dfrac{ZY}{2})I_r + Y(1+\dfrac{ZY}{4})E_r$

해설 | π형 회로 송전단 전압·전류 계산식
- $E_s = E_r(1+\dfrac{ZY}{2}) + I_r Z$
- $I_s = Y(1+\dfrac{ZY}{4})E_r + I_r(1+\dfrac{ZY}{2})$

18 지락 고장 시 문제가 되는 유도장해로서 전력선과 통신선의 상호 인덕턴스에 의해 발생하는 장해 현상은?

① 정전유도 ② 전자유도
③ 고조파유도 ④ 전파유도

해설 | 유도장해의 발생 원인
- 전자유도장해(영상 전류)
  전력선과 통신선 간 상호 인덕턴스가 원인
- 정전유도장해(영상 전압)
  전력선과 통신선 간 상호 정전용량이 원인

19 한류리액터를 사용하는 가장 큰 목적은?

① 충전전류의 제한
② 접지전류의 제한
③ 누설전류의 제한
④ 단락전류의 제한

해설 | 한류리액터 목적
한류리액터 목적 : 단락전류 제한

암 파한단

20 발전기나 주변압기의 내부고장에 대한 보호용으로 가장 적합한 것은?

① 온도계전기
② 과전류계전기
③ 비율차동계전기
④ 과전압계전기

해설 | 비율차동계전기
- 1, 2차 전류 차가 일정 비율 이상 시 동작
- 변압기 및 발전기의 내부 고장 보호

정답 17 ④ 18 ② 19 ④ 20 ③

2023년 2회

전기기사 - 전력공학

---

01 경간 200 [m]의 지지점이 수평인 가공 전선로가 있다. 전선 1 [m]의 하중은 2 [kg/m], 풍압하중은 없는 것으로 하고, 전선의 인장 하중은 4000 [kg], 안전율 2.2로 하면 이도는 몇 [m]인가?

① 4.7
② 5.0
③ 5.5
④ 6.2

해설 | 전선의 이도(D) 계산

- 수평장력 $T = \dfrac{\text{인장하중}}{\text{안전율}} = \dfrac{4000}{2.2} [kg]$

∴ $D = \dfrac{WS^2}{8T} = \dfrac{2 \times 200^2}{8 \times \dfrac{4,000}{2.2}} = 5.5 [m]$

W : 전선무게 [kg/m] S : 경간 [m]
T : 수평장력 [kg]

---

02 3상 송전선로의 전압이 66000 [V], 주파수가 60 [Hz], 길이가 10 [km], 1선당 정전용량이 0.3464 [μF/km]인 무부하 충전전류는 약 몇 [A]인가?

① 40
② 45
③ 50
④ 55

해설 | 충전전류(I_c) 계산

$I_c = \dfrac{E}{\dfrac{1}{\omega C}} = \omega CE \times \ell$

$= 2 \times \pi \times 60 \times 0.3464 \times 10^{-6}$

$\times \dfrac{66 \times 10^3}{\sqrt{3}} \times 10 ≒ 50 [A]$

TIP 대지전압 = 선간전압 ÷ $\sqrt{3}$

---

03 초고압용 차단기에서 개폐 저항기를 사용하는 이유 중 가장 타당한 것은?

① 차단 전류의 역률 개선
② 차단전류 감소
③ 차단속도 증진
④ 개폐서지 이상전압 억제

해설 | 개폐서지 발생 및 대책

- 송전 선로의 개폐 조작 시 발생
- 전위 상승 4배 상승
- 개폐서지 대책 : 개폐 저항기

정답 01 ③ 02 ③ 03 ④

04 선택지락계전기의 용도를 옳게 설명한 것은?

① 단일 회선에서 지락 고장 회선의 선택 차단
② 단일 회선에서 지락 전류의 방향 선택 차단
③ 병행 2회선에서 지락 고장 회선의 선택 차단
④ 병행 2회선에서 지락 고장의 지속시간 선택 차단

해설 | 선택 접지계전기(SGR)
병행 2회선에서 지락 고장 회선 선택 차단

05 전력용 콘덴서의 비교할 때 동기조상기의 특징에 해당되는 것은?

① 전력 손실이 적다.
② 진상전류 이외에 지상 전류도 취할 수 있다.
③ 단락 고장이 발생하여도 고장 전류를 공급하지 않는다.
④ 필요에 따라 용량을 계단적으로 변경할 수 있다.

해설 | 조상설비

구분	동기조상기	전력용 콘덴서
시충전	가능	불가능
전력 손실	크다	작다
무효전력 조정	연속적	계단적
무효전력	진상·지상용	진상용

06 파동 임피던스가 300 [Ω]인 가공 송전선 1 [km]당의 인덕턴스 [mH/km]는? (단, 저항과 누설 컨덕턴스는 무시한다)

① 1.0   ② 1.2
③ 1.5   ④ 1.8

해설 | 특성 임피던스(Z_0) 인덕턴스(L) 계산식

$$\log_{10}\frac{D}{r} = \frac{Z_0}{138}, \quad L = 0.4605 \times \frac{Z_0}{138}$$

$$\therefore L = 0.4605 \times \frac{300}{138} \fallingdotseq 1\,[mH/km]$$

07 전력계통설비인 차단기와 단로기는 전기적 및 기계적으로 인터록을 설치하여 연계하여 운전하고 있다. 인터록의 설명으로 알맞은 것은?

① 부하 통전 시 단로기를 열 수 있다.
② 차단기가 열려 있어야 단로기를 닫을 수 있다.
③ 차단기가 닫혀 있어야 단로기를 열 수 있다.
④ 부하 투입 시에는 차단기를 우선 투입한 후 단로기를 투입한다.

해설 | 단로기 및 차단기 인터록 관계
• 투입 : 단로기(DS) → 차단기(CB)
• 개방 : 차단기(CB) → 단로기(DS)

TIP 단로기는 전기가 흐르지 않을 때 투입 및 개방을 해야 한다.

정답 04 ③ 05 ② 06 ① 07 ②

08 가공전선로에 사용되는 전선의 구비 조건으로 틀린 것은?

① 도전율이 낮아야 한다.
② 기계적 강도가 커야 한다.
③ 전압 강하가 적어야 한다.
④ 허용전류가 적어야 한다.

해설 | 전선 굵기 결정 요인
- 허용전류가 적어야 한다.
- 전압 강하가 적어야 한다.
- 기계적 강도가 커야 한다.

암 허접강도

09 이상전압의 파고치를 저감시켜 기기를 보호하기 위하여 설치하는 것은?

① 리액터
② 피뢰기
③ 아킹혼(Arcing horn)
④ 아머로드

해설 | 피뢰기(LA)
이상전압 파고치를 저감시켜 기기 보호

10 전력용 콘덴서를 변전소에 설치할 때 직렬 리액터를 설치하고자 한다. 직렬 리액터의 용량을 결정하는 식은? (단, f_0는 전원의 기본 주파수, C는 역률 개선용 콘덴서용량 L은 직렬 리액터의 용량이다)

① $2\pi f_0 L = \dfrac{1}{2\pi f_0 C}$

② $2\pi (3f_0) L = \dfrac{1}{2\pi (3f_0) C}$

③ $2\pi (5f_0) L = \dfrac{1}{2\pi (5f_0) C}$

④ $2\pi (7f_0) L = \dfrac{1}{2\pi (7f_0) C}$

해설 | 직렬 리액터(L)용량 계산식

$\omega L = \dfrac{1}{\omega C}$ $2\pi (5f_0) L = \dfrac{1}{2\pi (5f_0) C}$

11 송전선로에서 고조파 제거 방법이 아닌 것은?

① 변압기를 Δ결선한다.
② 유도전압 조정장치를 설치한다.
③ 무효전력 보상장치를 설치한다.
④ 능동형 필터를 설치한다.

해설 | 유도전압 조정장치
배전선로의 모선 전압 조정 장치로서, 고조파 제거와는 무관하다.

정답   08 ①   09 ②   10 ③   11 ②

12 전기 공급 시 사람의 감전, 전기 기계류의 손상을 방지하기 위한 시설물이 아닌 것은?

① 보호용 개폐기　② 축전지
③ 과전류 차단기　④ 누전 차단기

해설 | 축전지
예비전원설비
- 전기 공급 시 사람의 감전, 전기 기계류의 손상을 방지하기 위한 시설물은 차단기 또는 개폐기임

13 선로에 따라 균일하게 부하가 분포된 선로의 전력 손실은 이들 부하가 선로의 말단에 집중적으로 접속되어 있을 때보다 어떻게 되는가?

① 2배로 된다.　② 3배로 된다.
③ 1/2배로 된다.　④ 1/3배로 된다.

해설 | 말단부하와 비교하여 균일 부하 시
- 전력 손실 $P_l = \dfrac{1}{3}I^2R$
- 전압 강하 $e = \dfrac{1}{2}IR$

14 서지파가 파동임피던스 Z_1의 선로 측에서 파동 임피던스 Z_2의 선로 측으로 진행할 때 반사계수 β는?

① $\beta = \dfrac{Z_2 - Z_1}{Z_1 + Z_2}$　② $\beta = \dfrac{2Z_2}{Z_1 + Z_2}$

③ $\beta = \dfrac{Z_1 - Z_2}{Z_1 + Z_2}$　④ $\beta = \dfrac{2Z_1}{Z_1 + Z_2}$

해설 | 반사계수
$$\beta = \dfrac{Z_2 - Z_1}{Z_1 + Z_2}$$

15 일방적인 비접지 3상 송전선로의 1선 지락 고장 발생 시 각 상의 전압은 어떻게 되는가?

① 고장 상의 전압은 떨어지고, 나머지 두 상의 전압은 변동되지 않는다.
② 고장 상의 전압은 떨어지고, 나머지 두 상의 전압은 상승한다.
③ 고장 상의 전압은 떨어지고, 나머지 상의 전압도 떨어진다.
④ 고장 상의 전압이 상승한다.

해설 | 비접지 계통(△)의 1선 지락
- 지락 상(고장 상)은 '0' 전위가 됨
- 나머지 상의 전위는 $\sqrt{3}$ 배 상승

16 보일러 급수 중의 염류 등이 굳어서 내벽에 부착되어 보일러 열전도와 물의 순환을 방해하며, 내면의 수관벽을 과열시켜 파열을 일으키게 하는 원인이 되는 것은?

① 스케일　② 부식
③ 포밍　④ 캐리오버

해설 | 스케일
- 보일러 급수에 포함되어 있는 염류가 굳어서 생기는 것
- 보일러 내부의 물 순환을 방해

정답　12 ②　13 ④　14 ①　15 ②　16 ①

17 Y결선된 발전기에서 3상 단락사고가 발생한 경우 전류에 관한 식 중 옳은 것은? (단, Z_0, Z_1, Z_2는 영상, 정상, 역상 임피던스이다)

① $I_a + I_b + I_c = I_0$

② $I_a = \dfrac{E_a}{Z_0}$

③ $I_b = \dfrac{a^2 E_a}{Z_1}$

④ $I_c = \dfrac{a E_a}{Z_2}$

해설 | 3상 단락사고 시 상별 전류 크기

$I_a = \dfrac{E_a}{Z_1}$, $I_b = \dfrac{a^2 E_a}{Z_1}$, $I_c = \dfrac{a E_a}{Z_1}$

18 고장 즉시 동작하는 특성을 갖는 계전기는?

① 순시계전기
② 정한시계전기
③ 반한시계전기
④ 반한시성 정한시계전기

해설 | 순시계전기
최소 동작 전류 이상 전류가 흐르면 즉시 동작

19 유량의 크기를 구분할 때 갈수량이란?

① 하천의 수위 중에서 1년을 통하여 355일간 이보다 내려가지 않는 수위
② 하천의 수위 중에서 1년을 통하여 275일간 이보다 내려가지 않는 수위
③ 하천의 수위 중에서 1년을 통하여 185일간 이보다 내려가지 않는 수위
④ 하천의 수위 중에서 1년을 통하여 95일간 이보다 내려가지 않는 수위

해설 | 유황곡선의 유량 크기(365일 기준)
다음 유량 이하로 내려가지 않는 유량
- 갈수량 : 355일
- 저수량 : 275일
- 평수량 : 185일
- 풍수량 : 95일

암 갈3, 저2, 평1, 풍9

20 3상 결선 변압기의 단상 운전에 의한 소손 방지 목적으로 설치하는 계전기는?

① 단락계전기
② 결상계전기
③ 지락계전기
④ 과전압계전기

해설 | 결상계전기
3상 변압기 단상 운전에 의한 소손 방지

정답 17 ③ 18 ① 19 ① 20 ②

전기기사 전력공학 | 2023년 3회

01 같은 선로와 같은 부하에서 교류 단상 3선식은 단상 2선식에 비하여 전압 강하와 배전 효율은 어떻게 되는가?

① 전압강하는 적고, 배전 효율은 높다.
② 전압강하는 크고, 배전 효율은 낮다.
③ 전압강하는 적고, 배전 효율은 낮다.
④ 전압강하는 크고, 배전 효율은 높다.

해설 | 단상 3선식 장점(단상 2선식 기준)
전압강하 및 전력 손실 감소, 배전 효율 상승

02 발전 전력량 E [kWh], 연료 소비량 W [kg], 연료의 발열량 C [kcal/kg]인 화력 발전소의 열효율 η [%]는?

① $\dfrac{860E}{WC} \times 100$

② $\dfrac{E}{WC} \times 100$

③ $\dfrac{E}{860WC} \times 100$

④ $\dfrac{9.8E}{WC} \times 100$

해설 | 화력발전소 열효율
$$효율 = \dfrac{출력}{입력} = \dfrac{860E}{WC} \times 100 [\%]$$

03 송전계통의 안정도를 증진시키는 방법이 아닌 것은?

① 속응 여자 방식을 채택한다.
② 고속도 재폐로 방식을 채용한다.
③ 발전기나 변압기의 리액턴스를 크게 한다.
④ 고장전류를 줄이고, 고속도 차단 방식을 채용한다.

해설 | 안정도 향상 대책
• 계통의 직렬 리액턴스 감소
• 조속기 작동을 빠르게 한다.
• 속응 여자 방식
• 계통연계 방식
• 고속도 재폐로 방식
• 중간조상 방식
• 직렬 콘덴서 설치
• 병렬 회선 수를 늘림

04 일반적으로 화력발전소에서 적용하고 있는 열 사이클 중 가장 열효율이 좋은 것은?

① 재생 사이클   ② 랭킨 사이클
③ 재열 사이클   ④ 재생재열 사이클

해설 | 재생재열 사이클
• 재생 사이클 + 재열 사이클
• 열효율이 가장 좋음

정답 01 ① 02 ① 03 ③ 04 ④

05 22.9 [kV-Y] 가공배전선로에서 주 공급 선로의 정전 사고 시 예비전원 선로로 자동 전환되는 개폐장치는?

① 기중부하 개폐기
② 고장 구간자동 개폐기
③ 자동선로 구분 개폐기
④ 자동부하 전환 개폐기

해설 | 자동부하 전환 개폐기(ALTS)
정전 시 예비전원으로 자동 전환설비

06 전압 V_1 [k/V]에 대한 %리액턴스 값이 X_{p1}이고, 전압 V_2 [k/V]에 대한 %리액턴스 값이 X_{p2}일 때 이들 사이의 관계로 옳은 것은?

① $X_{p1} = \dfrac{V_1^2}{V_2} X_{p2}$

② $X_{p1} = \dfrac{V_2}{V_1^2} X_{p2}$

③ $X_{p1} = (\dfrac{V_2}{V_1})^2 X_{p2}$

④ $X_{p1} = (\dfrac{V_1}{V_2})^2 X_{p2}$

해설 | %리액턴스(%X)와 전압 관계식
- $\%X = \dfrac{XP}{10\,V^2}$, V^2 제곱에 반비례
- X_{p1}은 V_1 제곱에 반비례하여야 함

$$\therefore X_{p1} = (\dfrac{V_2}{V_1})^2 X_{p2}$$

07 송전선로에서 변압기의 유기 기전력에 의해 발생하는 고조파 중 제3고조파를 제거하기 위한 방법으로 가장 적당한 것은?

① 변압기를 △결선한다.
② 동기조상기를 설치한다.
③ 직렬 리액터를 설치한다.
④ 전력용 콘덴서를 설치한다.

해설 | 변압기 △결선 목적
제3고조파 제거

08 송전계통의 중성점을 직접 접지할 경우 관계가 없는 것은?

① 과도안정도 증진
② 계전기 동작 확실
③ 기기의 절연 수준 저감
④ 단절연 변압기 사용 가능

해설 | 직접 접지 특징
- 1선 지락 시 건전상 대지전압 상승 거의 없음
- 선로 및 기기의 절연 레벨을 낮춤
- 보호계전기 동작 확실
- 단절연 변압기 사용이 가능(저감 절연)
- <u>과도안정도가 나쁨</u>
- 지락 시 지락전류가 최대
- 통신선 전자유도 장해가 발생
- 차단기 차단 능력이 증가

09 송전선로의 수전단을 단락할 경우 송전단에서 본 임피던스가 300 [Ω]이고, 수전단을 개방한 경우에는 900 [Ω]일 때 이 선로의 특성임피던스 Z_0 [Ω]는 약 얼마인가?

① 490　　② 500
③ 510　　④ 520

해설 | 특성임피던스(Z_0)
- 수전단 단락 시 임피던스 $Z = 300$ [Ω]
- 수전단 개방 시 어드미턴스 $Y = \dfrac{1}{900}$
- ∴ 특성임피던스

$$Z_0 = \sqrt{\dfrac{Z}{Y}} = \sqrt{\dfrac{300}{\dfrac{1}{900}}}$$
$$= \sqrt{300 \times 900}$$
$$\fallingdotseq 520 \, [\Omega]$$

10 제5고조파 전류의 억제를 위해 전력용 콘덴서에 직렬로 삽입하는 유도 리액턴스의 값으로 적당한 것은?

① 전력용 콘덴서용량의 약 6 [%] 정도
② 전력용 콘덴서용량의 약 12 [%] 정도
③ 전력용 콘덴서용량의 약 18 [%] 정도
④ 전력용 콘덴서용량의 약 24 [%] 정도

해설 | 직렬 리액터
- 용도 : 제5고조파 전류 억제용
- 용량 : 이론상 전력용 콘덴서용량의 4 [%] 이상 여유, 실제 5 ~ 6 [%] 여유 필요

11 각 수용가의 수용률 및 수용가 사이의 부등률이 변화할 때 수용가군 총합의 부하율에 대한 설명으로 옳은 것은?

① 수용률에 비례하고, 부등률에 반비례한다.
② 부등률에 비례하고, 수용률에 반비례한다.
③ 부등률과 수용률에 모두 반비례한다.
④ 부등률과 수용률에 모두 비례한다.

해설 | 부하율과 수용률 및 부등률의 관계

$$부하율 = \dfrac{평균수용전력}{최대수용전력}$$
$$= \dfrac{평균수용전력 \times 부등률}{설비용량 \times 수용률}$$

12 송전단 전압이 3.4 [kV], 수전단 전압이 3 [kV]인 배전선로에서 수전단의 부하를 끊은 경우의 수전단 전압이 3.2 [kV]로 되었다면 이때의 전압 변동률은 약 몇 [%]인가?

① 5.88　　② 6.25
③ 6.67　　④ 11.76

해설 | 전압 변동률(δ) 계산

$$\delta = \dfrac{V_{r0} - V_{rn}}{V_{rn}} \times 100 \, [\%]$$
$$= \dfrac{3.2 - 3}{3} \times 100 = 6.67 \, [\%]$$

V_{r0} : 무부하 시 수전단 전압
V_{rn} : 정격부하 시 수전단 전압

13 전력계통에서 무효전력을 조정하는 조상설비 중 전력용 콘덴서를 동기조상기와 비교할 때 옳은 것은?

① 전력손실이 크다.
② 지상 무효전력분을 공급할 수 있다.
③ 전압 조정을 계단적으로밖에 못한다.
④ 송전선로를 시송전할 때 선로를 충전할 수 있다.

해설 | 조상설비 비교

구분	동기조상기	전력용 콘덴서
시충전	가능	불가능
전력 손실	크다	작다
무효전력 조정	연속적	계단적
무효전력	진상·지상용	진상용

14 송전선로의 코로나 방지에 가장 효과적인 방법은?

① 전선의 높이를 가급적 낮게 한다.
② 코로나 임계전압을 낮게 한다.
③ 선로의 절연을 강화한다.
④ 복도체를 사용한다.

해설 | 복도체 사용 목적
- 코로나 임계전압(E_0) 계산식

$$E_0 = 24.3\, m_o m_1 \delta\, d \log_{10} \frac{D}{r}\ [kV]$$

- 복도체 사용 시 도체직경(d) 증가로 E_0가 상승하여 코로나 발생 억제함

15 기력발전소 내의 보조기 중 예비기를 가장 필요로 하는 것은?

① 미분탄 송입기
② 급수펌프
③ 강제 통풍기
④ 급탄기

해설 | 급수펌프
- 급수를 지속적으로 보일러에 공급
- 고장 시 예비기로 동작할 수 있어야 함

16 150 [kVA] 단상 변압기 3대를 △-△결선으로 사용하다가 1대의 고장으로 V-V결선하여 사용하면 약 몇 [kVA] 부하까지 걸 수 있겠는가?

① 200   ② 220
③ 240   ④ 260

해설 | V결선 출력 (P_V) 계산
$$P_V = \sqrt{3} \times P_1 = \sqrt{3} \times 150 ≒ 260\ [kVA]$$

17 송전 계통의 절연협조에 있어서 절연 레벨을 가장 낮게 잡고 있는 기기는?

① 차단기　　② 피뢰기
③ 단로기　　④ 변압기

해설 | **절연협조**
(1) 특성
- 피뢰기의 제한전압이 기본이 됨
- 계통 상호 간 적정한 절연강도를 지니게 함
- 계통 설계를 합리적·경제적으로 함

(2) 절연협조에 의한 절연강도 순서(강해지는 순서)
피뢰기 → 변압기 → 기기부싱 → 결합콘덴서 → 선로애자

　　　　　　　　　　　암 피변기결선

18 송전계통에서 절연협조의 기본이 되는 것은?

① 애자의 섬락전압
② 권선의 절연내력
③ 피뢰기의 제한전압
④ 변압기 부싱의 섬락전압

해설 | **절연협조**
- 피뢰기의 제한전압이 기본이 됨
- 계통 상호 간 적정한 절연강도를 지니게 함
- 계통 설계를 합리적·경제적으로 함
- 절연협조에 의한 절연강도 순서(강해지는 순서)
피뢰기 → 변압기 → 기기부싱 → 결합콘덴서 → 선로애자

　　　　　　　　　　　암 피변기결선

19 154 [kV] 송전선로에서 송전 거리가 154 [km]라 할 때 송전용량 계수법에 의한 송전용량은 몇 [kW]인가? (단, 송전용량 계수는 1200으로 한다)

① 61600　　② 92400
③ 123200　　④ 184800

해설 | **송전용량(P) 계수법 계산**

$$P = K\frac{V^2}{l}$$

$$= 1200 \times \frac{154^2}{154} = 184800 \,[kW]$$

20 22.9 [kV], Y결선된 자가용 수전설비의 계기용 변압기의 2차 측 정격전압은 몇 V인가?

① 110　　② 190
③ $110\sqrt{3}$　　④ $190\sqrt{3}$

해설 | **계기용 변성기의 정격전압**
계기용 변압기 2차 정격전압 : 110 [V]
계기용 변류기 2차 정격전류 : 5 [A]

정답　17 ②　18 ③　19 ④　20 ①

전기기사 전력공학 — 2022년 1회

01 소호리액터를 송전계통에 사용하면 리액터의 인덕턴스와 선로의 정전용량이 어떤 상태로 되어 지락전류를 소멸시키는가?

① 병렬공진   ② 직렬공진
③ 고임피던스 ④ 저임피던스

해설 | 소호 리액터 접지 방식 특징
- 병렬 공진 시 지락전류 최소
- 통신 장애 최소
- 차단기 차단 능력 가벼움
- 유도장해 최소
- 보호계전기 동작 불확실
- 단선 사고 시 직렬공진에 의한 이상전압 최대 발생

02 어느 발전소에서 40000 [kWh]를 발전하는 데 발열량 5000 [kcal/kg]의 석탄을 20톤 사용하였다. 이 화력발전소의 열효율 [%]은 약 얼마인가?

① 27.5   ② 30.4
③ 34.4   ④ 38.5

해설 | 화력발전소 열효율(η) 계산
$$\eta = \frac{860\,W}{mH} \times 100[\%]$$
$$= \frac{860 \times 40000}{20 \times 10^3 \times 5000} \times 100[\%]$$
$$= 34.4[\%]$$

03 송전전력, 선간전압, 부하역률, 전력손실 및 송전거리를 동일하게 하였을 때, 단상 2선식에 대한 3상 3선식의 총 전선 중량비는 얼마인가? (단, 전선은 동일한 전선이다)

① 0.75   ② 0.94
③ 1.15   ④ 1.33

해설 | 단상 2선식 대비 전체 전선 중량비
- 단상 3선식 $\frac{3}{8}$
- 3상 3선식 $\frac{3}{4}$
- 3상 4선식 $\frac{1}{3}$

04 3상 송전선로가 선간단락이 되었을 때 나타나는 현상으로 옳은 것은?

① 역상전류만 흐른다.
② 정상전류와 역상전류가 흐른다.
③ 역상전류와 영상전류가 흐른다.
④ 정상전류와 영상전류가 흐른다.

해설 | 선간단락 시 전류

고장 종류	대칭분
3상 단락	정상분
선간 단락	정상분, 역상분
1선 지락	정상분, 역상분, 영상분

정답 01 ① 02 ③ 03 ① 04 ②

05 중거리 송전선로의 4단자 정수가 A = 1.0, B = j190, D = 1.0일 때 C의 값은 얼마인가?

① 0 ② -j120
③ j ④ j190

해설 | 선로정수
$AD - BC = 1$
$C = \dfrac{AD - 1}{B}$
$= \dfrac{1.0 \times 1.0 - 1}{j190} = 0$

06 배전전압을 $\sqrt{2}$ 배로 하였을 때 같은 손실률로 보낼 수 있는 전력은 몇 배가 되는가?

① $\sqrt{2}$ ② $\sqrt{3}$
③ 2 ④ 3

해설 | 송전전력과 전압의 관계식
$P \propto V^2$
보낼 수 있는 전력은 $(\sqrt{2})^2$배

07 다음 중 재점호가 가장 일어나기 쉬운 차단 전류는?

① 동상전류 ② 지상전류
③ 진상전류 ④ 단락전류

해설 | 재점호 현상
- 차단기 개방 상태에서 절연 파괴로 인해 전기가 통하는 현상
- 재점호 원인 : 무부하 시 충전전류(C)

08 다음 중 현수애자에 대한 설명이 아닌 것은?

① 애자를 연결하는 방법에 따라 클래비스형과 볼소켓형이 있다.
② 애자를 표시하는 기호는 P이며, 구조는 2~5층의 갓 모양의 자기편을 시멘트로 접착하고, 그 자기를 주철재 base로 지지한다.
③ 애자의 연결개수를 가감함으로써 임의의 송전전압에 사용할 수 있다.
④ 큰 하중에 대하여는 2련 또는 3련으로 하여 사용할 수 있다.

해설 | 현수애자
②는 핀 애자에 대한 설명

09 교류발전기의 전압조정 장치로 속응 여자방식을 채택하는 이유로 틀린 것은?

① 전력계통에 고장이 발생할 때 발전기의 동기화력을 증가시킨다.
② 송전계통의 안정도를 높인다.
③ 여자기의 전압 상승률을 크게 한다.
④ 전압조정용 탭의 수동변환을 원활히 하기 위함이다.

해설 | 속응여자 방식
전력계통에 고장이 발생했을 때 발전기의 여자전류를 급격히 증가시켜 단자전압을 일정하게 유지하고 안정도를 증진시킨다. 탭 조정과는 관계가 없다.

정답 05 ① 06 ③ 07 ③ 08 ② 09 ④

10 차단기의 정격차단시간에 대한 설명으로 옳은 것은?

① 고장 발생부터 소호까지의 시간
② 트립코일 여자로부터 소호까지의 시간
③ 가동 접촉자의 개극부터 소호까지의 시간
④ 가동 접촉자의 동작 시간부터 소호까지의 시간

해설 | 차단기 정격차단 시간
- 트립 코일 여자부터 아크 소호까지의 시간
- 3, 5, 8 [Hz]

11 3상 1회선 송전선을 정삼각형으로 배치한 3상 선로의 자기인덕턴스를 구하는 식은? (단, D는 전선의 선간거리(m), r은 전선의 반지름(m)이다)

① $L = 0.5 + 0.4605\log_{10}\dfrac{D}{r}$

② $L = 0.5 + 0.4605\log_{10}\dfrac{D}{r^2}$

③ $L = 0.05 + 0.4605\log_{10}\dfrac{D}{r}$

④ $L = 0.05 + 0.4605\log_{10}\dfrac{D}{r^2}$

해설 | 인덕턴스(L) [mH/km]
$$L = 0.05 + 0.4605\log_{10}\dfrac{D}{r}$$

12 불평형 부하에서 역률(%)은?

① $\dfrac{유효전력}{각 상의 피상전력의 산술합} \times 100$

② $\dfrac{무효전력}{각 상의 피상전력의 산술합} \times 100$

③ $\dfrac{무효전력}{각 상의 피상전력의 벡터합} \times 100$

④ $\dfrac{유효전력}{각 상의 피상전력의 벡터합} \times 100$

해설 | 역률
$$역률 = \dfrac{유효전력}{각 상의 피상전력의 벡터합} \times 100$$

13 다음 중 동작속도가 가장 느린 계전 방식은?

① 전류차동보호계전 방식
② 거리보호계전 방식
③ 전류위상비교보호계전 방식
④ 방향비교보호계전 방식

해설 | 거리보호계전 방식
1개의 거리보호계전기 사용 시 오차를 줄이기 위해 동작시간 지연요소를 이용하므로 동작속도가 느려진다.

정답 10 ② 11 ③ 12 ④ 13 ②

14 부하회로에서 공진 현상으로 발생하는 고조파 장해가 있을 경우 공진 현상을 회피하기 위하여 설치하는 것은?

① 진상용 콘덴서
② 직렬리액터
③ 방전코일
④ 진공차단기

해설 | **고조파 경감 대책**
- 직렬리액터 삽입 및 용량 증가
- 교류필터의 설치
- 기기 자체의 고조파 내량을 강화

15 경간이 200 [m]인 가공 전선로가 있다. 사용전선의 길이는 경간보다 몇 [m] 더 길게 하면 되는가? (단, 사용전선의 1 [m]당 무게는 2 [kg], 인장하중은 4000 [kg], 전선의 안전율은 2로 하고, 풍압하중은 무시한다)

① 1/2
② $\sqrt{2}$
③ 1/3
④ $\sqrt{3}$

해설 | **전선의 실제 길이**

이도 $D = \dfrac{WS^2}{8T} = \dfrac{2 \times 200^2}{8 \times \dfrac{4000}{2}} = 5[m]$

전선의 실제 길이 $L = S + \dfrac{8D^2}{3S}[m]$

$\dfrac{8D^2}{3S} = \dfrac{8 \times 5^2}{3 \times 200} = \dfrac{1}{3}[m]$

TIP T : 수평장력 $\left(= \dfrac{인장하중}{안전율} \right)$ [kg]

16 송전단 전압이 100 [V], 수전단 전압이 90 [V]인 단거리 배전선로의 전압강하율 [%]은 약 얼마인가?

① 5
② 11
③ 15
④ 20

해설 | **전압강하율**

$\epsilon = \dfrac{V_s - V_r}{V_r} \times 100$

$= \dfrac{100 - 90}{90} \times 100 = 11.11[\%]$

17 다음 중 환상 방식과 비교할 때 방사상 배전선로 구성 방식에 해당되는 사항은?

① 전력 수요 증가 시 간선이나 분기선을 연장하여 쉽게 공급이 가능하다.
② 전압 변동 및 전력손실이 작다.
③ 사고 발생 시 다른 간선으로의 전환이 쉽다.
④ 환상 방식보다 신뢰도가 높은 방식이다.

해설 | **방사상 배전선로**
- 장점 : 수요가 증가할 시 간선이나 분기선을 연장
- 단점
  - 사고 발생 시 다른 계통으로 전환이 불가
  - 전압변동 및 전력손실이 크고, 플리커 현상이 심함

정답 14 ② 15 ③ 16 ② 17 ①

18 초호각(Arcing Horn)의 역할은?

① 풍압을 조절한다.
② 송전 효율을 높인다.
③ 선로의 섬락 시 애자의 파손을 방지한다.
④ 고주파수의 섬락전압을 높인다.

해설 | **애자 보호설비**
- 선로의 섬락으로부터 애자련을 보호
- 종류
  - 초호환 = 소호환 = 아킹 링
  - 초호각 = 소호각 = 아킹 혼

19 유효낙차 90 [m], 출력 104500 [kW], 비속도(특유속도) 210 [m·kW]인 수차의 회전속도는 약 몇 [rpm]인가?

① 150 ② 180
③ 210 ④ 240

해설 | **특유속도**

- 특유속도 $N_s = N \dfrac{P^{\frac{1}{2}}}{H^{\frac{5}{4}}}$

- 회전속도 $N = N_s \dfrac{H^{\frac{5}{4}}}{P^{\frac{1}{2}}}$

$N = 210 \dfrac{90^{\frac{5}{4}}}{104500^{\frac{1}{2}}} = 180 [rpm]$

20 발전기 또는 주변압기의 내부고장 보호용으로 가장 널리 쓰이는 것은?

① 거리계전기
② 과전류계전기
③ 비율차동계전기
④ 방향단락계전기

해설 | **비율차동계전기**
- 1, 2차 전류 차가 일정 비율 이상 시 동작
- 변압기 및 발전기의 내부 고장 보호

정답 18 ③ 19 ② 20 ③

2022년 2회

전기기사 / 전력공학

01 피뢰기의 충격방전 개시전압은 무엇으로 표시하는가?

① 직류전압의 크기
② 충격파의 평균치
③ 충격파의 최대치
④ 충격파의 실효치

해설 | 충격방전 개시전압
충격파 최대 전압 인가 시 피뢰기 단자가 방전을 개시하는 전압

02 전력용 콘덴서에 비해 동기조상기의 이점으로 옳은 것은?

① 소음이 적다.
② 진상전류 이외에 지상전류를 취할 수 있다.
③ 전력손실이 적다.
④ 유지보수가 쉽다.

해설 | 동기조상기와 전력용 콘덴서의 특징 비교

구분	동기조상기	전력용 콘덴서
시충전	가능	불가능
전력 손실	크다	작다
무효전력 조정	연속적	계단적
무효전력	진상·지상용	진상용

03 단락 보호 방식에 관한 설명으로 틀린 것은?

① 방사상 선로의 단락 보호 방식에서 전원이 양단에 있을 경우 방향 단락계전기와 과전류계전기를 조합시켜서 사용한다.
② 전원이 1단에만 있는 방사상 송전선로에서의 고장 전류는 모두 발전소로부터 방사상으로 흘러나간다.
③ 환상 선로의 단락 보호 방식에서 전원이 두 군데 이상 있는 경우에는 방향 거리계전기를 사용한다.
④ 환상 선로의 단락 보호 방식에서 전원이 1단에만 있을 경우 선택 단락계전기를 사용한다.

해설 | 단상 3선식 배전 방식
- 선택단락계전기(SSR) : 병행 2회선 송전선로에서 한쪽의 1회선에 단락사고가 발생하였을 때 2중 방향 동작계전기를 사용해서 고장 회선을 선택 차단
- 방향단락계전기(DSR) : 어느 일정한 방향으로 일정값 이상의 단락전류가 흘렀을 경우 동작

정답 01 ③ 02 ② 03 ④

04 밸런서의 설치가 가장 필요한 배전 방식은?

① 단상 2선식
② 단상 3선식
③ 3상 3선식
④ 3상 4선식

해설 | 단상 3선식 배전 방식
- 중성선 단선 시 전압 불평형이 발생
- 불평형 대책 : 밸런서 설치

05 부하전류가 흐르는 전로는 개폐할 수 없으나 기기의 점검이나 수리를 위하여 회로를 분리하거나 계통의 접속을 바꾸는 데 사용하는 것은?

① 차단기
② 단로기
③ 전력용 퓨즈
④ 부하 개폐기

해설 | 단로기
- 무부하 상태 선로 개폐용
- 아크 소호장치가 없어 부하전류 차단 곤란
- 선로 1차 측에 부착하여 기기의 점검 및 보수 시 회로 분리

06 정전용량 0.01 [μF/km], 길이 173.2 [km], 선간전압 60 [kV], 주파수 60 [Hz]인 3상 송전선로의 충전전류는 약 몇 [A]인가?

① 6.3
② 12.5
③ 22.6
④ 37.2

해설 | 충전전류(I_c) 계산

$$I_c = \frac{E}{\frac{1}{\omega C}} = \omega C E \times \ell$$

$$= 2 \times \pi \times 60 \times 0.01 \times 10^{-6}$$

$$\times \frac{60 \times 10^3}{\sqrt{3}} \times 173.2$$

$$\fallingdotseq 22.6 \, [A]$$

TIP 대지전압 = 선간전압 ÷ $\sqrt{3}$

07 보호계전기의 반한시 · 정한시 특성은?

① 동작전류가 커질수록 동작시간이 짧게 되는 특성
② 최소 동작전류 이상의 전류가 흐르면 즉시 동작하는 특성
③ 동작전류의 크기에 관계없이 일정한 시간에 동작하는 특성
④ 동작전류가 커질수록 동작시간이 짧아지며, 어떤 전류 이상이 되면 동작전류의 크기에 관계없이 일정한 시간에서 동작하는 특성

해설 | 보호계전기의 동작시간에 의한 분류

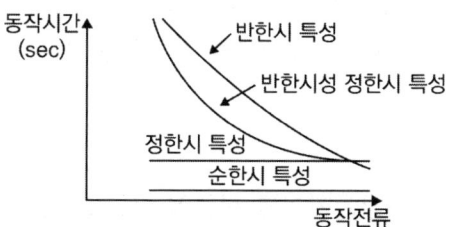

구분	동작시간
순한시 계전기	• 고장 즉시 동작
정한시 계전기	• 고장 후 일정시간이 경과하면 동작
반한시 계전기	• 고장전류가 크면 동작시간이 짧고, 고장전류가 작으면 동작시간이 길어짐
반한시 정한시 계전기	• 고장전류가 적을 시에는 동작시간이 느리고, 고장전류가 클수록 동작시간이 짧음 • 고장전류가 일정 값 이상 시 정한시 특성을 지님

08 전력계통의 안정도에서 안정도의 종류에 해당하지 않는 것은?

① 정태안정도
② 상태안정도
③ 과도안정도
④ 동태안정도

해설 | 안정도
• 정태안정도
 정상 운전 시 부하를 서서히 증가했을 때 안정 운전을 지속할 수 있는 정도
• 과도안정도
 부하급변 또는 사고로 계통에 충격을 주었을 때 연결된 동기기가 동기를 유지하면서 안정적 운전을 할 수 있는 정도
• 동태안정도
 자동전압조정기(AVR) 또는 조속기 등이 갖는 제어 효과를 고려한 정도

09 배전선로의 역률 개선에 따른 효과로 적합하지 않은 것은?

① 선로의 전력손실 경감
② 선로의 전압강하의 감소
③ 전원 측 설비의 이용률 향상
④ 선로 절연의 비용 절감

해설 | 역률 개선의 효과
• 전력 손실 경감
• 전압 강하 경감
• 설비용량 여유분 증가
• 전기 요금 절약

10 저압뱅킹 배전 방식에서 캐스케이딩 현상을 방지하기 위하여 인접 변압기를 연락하는 저압선의 중간에 설치하는 것으로 알맞은 것은?

① 구분퓨즈
② 리클로저
③ 섹셔널라이저
④ 구분개폐기

해설 | **캐스케이딩(Cascading)**
- 변압기 2차 측 일부 고장으로 건전한 변압기 일부 또는 전부 고장 발생
- 캐스케이딩 대책 : 구분퓨즈

11 승압기에 의하여 전압 V_e에서 V_h로 승압할 때 2차 정격전압 e, 자기용량 W인 단상 승압기가 공급할 수 있는 부하용량은?

① $\dfrac{V_h}{e} \times W$

② $\dfrac{V_e}{e} \times W$

③ $\dfrac{V_e}{V_h - V_e} \times W$

④ $\dfrac{V_h - V_e}{V_e} \times W$

해설 | **단상 승압기 부하용량 계산**
- $\dfrac{자기용량}{부하용량} = \dfrac{V_h - V_e}{V_h} = \dfrac{e}{V_h}$
- 부하용량 $= \dfrac{V_h}{e} \times$ 자기용량

$$\therefore \dfrac{V_h}{e} \times W$$

12 배기가스의 여열을 이용해서 보일러에 공급되는 급수를 예열함으로써 연료 소비량을 줄이거나 증발량을 증가시키기 위해서 설치하는 여열회수 장치는?

① 과열기 ② 공기 예열기
③ 절탄기 ④ 재열기

해설 | **절탄기**
보일러에서 배출된 배기가스 열을 이용하여 보일러 급수를 가열하는 장치

13 직렬콘덴서를 선로에 삽입할 때의 이점이 아닌 것은?

① 선로의 인덕턴스를 보상한다.
② 수전단의 전압강하를 줄인다.
③ 정태안정도를 증가한다.
④ 송전단의 역률을 개선한다.

해설 | **직렬콘덴서(C)**
- 전압강하 보상을 위하여 부하와 직렬접속
- 선로 인덕턴스를 보상하여 정태안정도 증가
- 송전전력 $P = \dfrac{V_s V_r}{X} \sin\theta$에서 X가 감소하여 송전전력이 증가한다.
- 부하역률과 직렬콘덴서는 무관하다.

14 전선의 굵기가 균일하고 부하가 균등하게 분산되어 있는 배전선로의 전력손실은 전체 부하가 선로 말단에 집중되어 있는 경우에 비하여 어느 정도가 되는가?

① 1/2 ② 1/3
③ 2/3 ④ 3/4

해설 | **말단부하와 비교하여 균일 부하 시**
- 전력 손실 $P_l = \dfrac{1}{3} I^2 R$
- 전압 강하 $e = \dfrac{1}{2} IR$

정답 11 ① 12 ③ 13 ④ 14 ②

15 송전단 전압 161 [kV], 수전단 전압 154 [kV], 상차각 35°, 리액턴스 60 [Ω] 일 때 선로 손실을 무시하면 전송전력 [MW]은 약 얼마인가?

① 356 ② 307
③ 237 ④ 161

해설 | 송전전력(P) 계산

$$P = \frac{V_s V_r}{X} \sin\delta$$
$$= \frac{161 \times 154}{60} \sin 35° = 237 [MW]$$

16 직접접지 방식에 대한 설명으로 틀린 것은?

① 1선 지락 사고 시 건전상의 대지 전압이 거의 상승하지 않는다.
② 계통의 절연수준이 낮아지므로 경제적이다.
③ 변압기의 단절연이 가능하다.
④ 보호계전기가 신속히 동작하므로 과도 안정도가 좋다.

해설 | 직접 접지 특징
- 1선 지락 시 건전상 대지 전압 상승 거의 없음
- 선로 및 기기의 절연 레벨을 낮춤
- 보호계전기 동작 확실
- 단절연 변압기 사용 가능(저감 절연)
- 과도안정도가 나쁨
- 지락 시 지락전류가 최대
- 통신선 전자유도 장해가 발생
- 차단기 차단 능력이 증가

17 그림과 같이 지지점 A, B, C에는 고저차가 없으며, 경간 AB와 BC 사이에 전선이 가설되어 그 이도가 각각 12 [cm]이다. 지지점 B에서 전선이 떨어져 전선의 이도가 D로 되었다면 D의 길이 [cm]는? (단, 지지점 B는 A와 C의 중점이며, 지지점 B에서 전선이 떨어지기 전, 후의 길이는 같다)

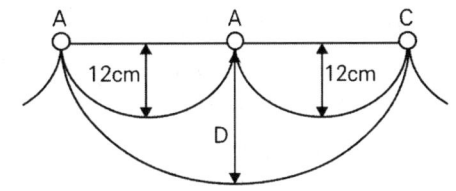

① 17 ② 24
③ 30 ④ 36

해설 | 이도 계산

전선이 떨어진 후에도 실제길이에는 변화가 없으므로

$$2\left(S + \frac{8D_1^2}{3S}\right) = 2S + \frac{8D_2^2}{3 \times 2S}$$

$$2s + 2 \times \frac{8D_1^2}{3S} = \left(2S + \frac{8D_2^2}{3 \times 2S}\right)$$

따라서 $D_2^2 = 4D_1^2$ 이므로 $D_2 = 2D_1$
$D_2 = 24 [cm]$

18 수차의 캐비테이션 방지책으로 틀린 것은?

① 흡출수두를 증대시킨다.
② 과부하 운전을 가능한 한 피한다.
③ 수차의 비속도를 너무 크게 잡지 않는다.
④ 침식에 강한 금속재료로 러너를 제작한다.

해설 | **캐비테이션 방지책**
- 비속도(특유속도)를 크게 잡지 말 것
- 러너 표면을 미끄럽게 가공할 것
- 과부하 운전을 하지 말 것
- 흡출수두를 작게 할 것

19 송전선로에 매설지선을 설치하는 목적은?

① 철탑 기초의 강도를 보강하기 위하여
② 직격뇌로부터 송전선을 차폐보호하기 위하여
③ 현수애자 1연의 전압 분담을 균일화하기 위하여
④ 철탑으로부터 송전선로로의 역섬락을 방지하기 위하여

해설 | **역섬락**
- 철탑 접지저항이 크면, 비교적 저항이 적은 선로 측으로 이상전류가 흐름
- 역섬락 대책
  매설지선 : 철탑 접지저항 감소시키는 전선

20 1회선 송전선과 변압기의 조합에서 변압기의 여자 어드미턴스를 무시하였을 경우 송수전단의 관계를 나타내는 4단자 정수 C_0는? (단, $A_0 = A + CZ_{t0}$, $B_0 = B + AZ_{tr} + DZ_{t0} + CZ_{tr}Z_{t0}$, $D_0 = D + CZ_{tr}$ 여기서, Z_{t0}는 송전단변압기의 임피던스이며, Z_{tr}은 수전단변압기의 임피던스이다)

① C
② $C + DZ_{ts}$
③ $C + AZ_{ts}$
④ $CD + CA$

해설 | **4단자 정수 D_0 계산식**
$$\begin{bmatrix} A_0 & B_0 \\ C_0 & D_0 \end{bmatrix} = \begin{bmatrix} 1 & Z_{ts} \\ 0 & 1 \end{bmatrix} \begin{bmatrix} A & B \\ C & D \end{bmatrix} \begin{bmatrix} 1 & Z_{tr} \\ 0 & 1 \end{bmatrix}$$
$$= \begin{bmatrix} A + CZ_{ts} & B + AZ_{tr} + DZ_{ts} + CZ_{tr}Z_{ts} \\ C & D + CZ_{tr} \end{bmatrix}$$

정답 18 ① 19 ④ 20 ①

01
그림과 같이 각 도체와 연피 간의 정전용량이 C_0, 각 도체 간의 정전용량이 C_m인 3심 케이블의 도체 1조당의 작용 정전용량은?

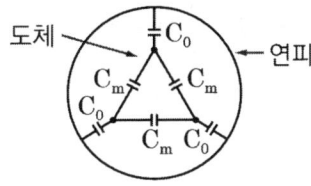

① $C_0 + C_m$
② $3C_0 + 3C_m$
③ $3C_0 + C_m$
④ $C_0 + 3C_m$

해설 | 3상 3선식 정전용량 식
$C = C_0 + 3C_m$

02
수조에 대한 설명 중 틀린 것은?

① 수로 내의 수위의 이상 상승을 방지한다.
② 수로식 발전소의 수로 처음 부분과 수압관 아래 부분에 설치한다.
③ 수로에서 유입하는 물속의 토사를 침전시켜서 배사문으로 배사하고 부유물을 제거한다.
④ 상수조는 최대 사용 수량의 1~2분 정도의 조정용량을 가질 필요가 있다.

해설 | 수조
- 유하(흘러내리는) 토사의 최종적인 침전
- 유량의 과부족 조정
  (최대 사용 수량의 1~2분 정도)
- 수로 내 수위 상승 억제

03
송전계통의 안정도 증진 방법으로 틀린 것은?

① 직렬 리액턴스를 작게 한다.
② 중간 조상 방식을 채용한다.
③ 계통을 연계한다.
④ 원동기의 조속기 작동을 느리게 한다.

해설 | 안정도 향상 대책
- 계통의 직렬 리액턴스 감소
- 조속기 작동을 빠르게 함
- 속응 여자 방식
- 계통연계 방식
- 고속도 재폐로 방식
- 중간 조상 방식
- 직렬 콘덴서 설치
- 병렬 회선 수 늘림

04
차단기에서 고속도 재폐로의 목적은?

① 안정도 향상
② 발전기 보호
③ 변압기 보호
④ 고장전류 억제

해설 | 안정도 향상 대책
- 계통의 직렬 리액턴스 감소
- 조속기 작동을 빠르게 함
- 속응 여자 방식
- 계통연계 방식
- 고속도 재폐로 방식
- 중간 조상 방식
- 직렬 콘덴서 설치
- 병렬 회선 수 늘림

정답 01 ④ 02 ② 03 ④ 04 ①

05 저압 단상 3선식 배전 방식의 가장 큰 단점은?

① 절연이 곤란하다.
② 전압의 불평형이 생기기 쉽다.
③ 설비 이용률이 나쁘다.
④ 2종류의 전압을 얻을 수 있다.

해설 | 단상 3선식 배전 방식
- 중성선 단선 시 전압 불평형 발생
- 불평형 대책 : 밸런서 설치

06 송전선로의 송전 특성이 아닌 것은?

① 단거리 송전선로에서는 누설 컨덕턴스, 정전용량을 무시해도 된다.
② 중거리 송전선로는 T회로, π회로 해석을 사용한다.
③ 100 [km]가 넘는 송전선로는 근사 계산식을 사용한다.
④ 장거리 송전선로의 해석은 특성임피던스와 전파정수를 사용한다.

해설 | 장거리 송전선로(100 [km] 이상)
분포 정수회로

구분	회로
단거리	집중정수회로
중거리	T회로, π회로
장거리	분포정수회로

07 전선의 지지점의 높이가 15 [m], 이도가 2.7 [m] 경간이 300 [m]일 때 전선의 지표상으로부터의 평균 높이 [m]는?

① 14.2
② 13.2
③ 12.2
④ 11.2

해설 | 전선 평균 높이(H_0) 계산

$$H_0 = H - \frac{2}{3}D = 15 - \frac{2}{3} \times 2.7$$
$$= 13.2\,[m]$$

08 저압 네트워크 배전 방식의 장점이 아닌 것은?

① 인축의 접지사고가 적어진다.
② 부하 증가 시 적응성이 양호하다.
③ 무정전 공급이 가능하다.
④ 전압 변동이 적다.

해설 | 네트워크 배전 방식
- 선로가 복잡해서 인축의 접촉사고 많음
- 부하 밀집지역에 유리
- 공급 신뢰도 우수

09 피뢰기의 직렬 갭(Gap)의 작용으로 가장 옳은 것은?

① 이상전압의 진행파를 증가시킨다.
② 상용주파수의 전류를 방전시킨다.
③ 이상전압이 내습하면 뇌진류를 방진하고, 상용주파수의 속류를 차단하는 역할을 한다.
④ 뇌전류방전 시의 전위 상승을 억제하여 절연 파괴를 방지한다.

정답 05 ② 06 ③ 07 ② 08 ① 09 ③

해설 | 직렬 갭
- 평상시(정상 상태)
  대지 간에 절연 유지(누설전류 차단)
- 이상 전압 내습 시
  뇌전류방전 및 전압의 상승 방지
- 방전 종류 후
  속류 차단

10 전력선에 의한 통신선로의 전자유도장해 발생 요인은 주로 무엇 때문인가?

① 지락사고 시 영상전류가 커지기 때문에
② 전력선의 전압이 통신선로보다 높기 때문에
③ 통신선에 피뢰기를 설치하였기 때문에
④ 전력선과 통신선로 사이의 상호인덕턴스가 감소하였기 때문에

해설 | 유도장해 발생 요인
- 전자유도장해(영상전류)
  전력선과 통신선 간 상호 인덕턴스가 원인
- 정전유도장해(영상 전압)
  전력선과 통신선 간 상호 정전용량이 원인

11 3000 [kW], 역률 75 [%](늦음)의 부하에 전력을 공급하고 있는 변전소에 콘덴서를 설치하여 역률을 93 [%]로 향상시키고자 한다. 필요한 전력용 콘덴서의 용량은 약 몇 [kVA]인가?

① 1460   ② 1540
③ 1620   ④ 1730

해설 | 전력용 콘덴서용량(Q_c) 계산
$$Q_c = P\left(\frac{\sqrt{1-\cos^2\theta_1}}{\cos\theta_1} - \frac{\sqrt{1-\cos^2\theta_2}}{\cos\theta_2}\right)$$
$$= 3000\left(\frac{\sqrt{1-0.75^2}}{0.75} - \frac{\sqrt{1-0.93^2}}{0.93}\right)$$
$$\fallingdotseq 1,460\,[kVA]$$

12 배전계통에서 전력용 콘덴서를 설치하는 목적으로 가장 타당한 것은?

① 배전선의 전력손실 감소
② 전압강하 증대
③ 고장 시 영상전류 감소
④ 변압기 여유율 감소

해설 | 전력용 콘덴서 설치 목적
역률 개선으로 인한 전력 손실 감소

13 가공전선로의 경간 200 [m], 전선의 자체 무게 2 [kg/m], 인장하중 5000 [kg], 안전율 2인 경우 전선의 이도는 몇 [m]인가?

① 2   ② 4
③ 6   ④ 8

해설 | **전선의 이도(D) 계산**

• 수평장력 (T) 계산

$$T = \frac{\text{인장하중}}{\text{안전율}} = \frac{5000}{2} = 2500 \, [kg]$$

• 전선의 이도 (D) 계산

$$D = \frac{WS^2}{8T} = \frac{2 \times 200^2}{8 \times 2500} = 4 \, [m]$$

W : 전선무게 [kg/m] S : 경간[m]
T : 수평장력 [kg]

14 1대의 주상 변압기에 부하 1과 부하 2가 병렬로 접속되어 있을 경우 주상변압기에 걸리는 피상전력 [kVA]은? (부하 1 : 유효전력 P_1, 역률(늦음) $\cos\theta_1$, 부하 2 : 유효전력 P_2, 역률(늦음) $\cos\theta_2$)

① $\sqrt{(\frac{P_1}{\cos\theta_2}) + (\frac{P_2}{\cos\theta_2})}$

② $\sqrt{(\frac{P_1}{\cos\theta_1})^2 + (\frac{P_2}{\cos\theta_2})^2}$

③ $\sqrt{(P_1 + P_2)^2 + (P_1\tan\theta_1 + P_2\tan\theta_2)^2}$

④ $\sqrt{(\frac{P_1}{\sin\theta_2}) + (\frac{P_2}{\sin\theta_2})}$

해설 | **피상전력 (P_a) 계산** $[kVA]$

$P_a = \sqrt{\text{유효전력}^2 + \text{무효전력}^2}$
$= \sqrt{(P_1+P_2)^2 + (P_1\tan\theta_1 + P_2\tan\theta_2)^2}$

15 3상 3선식 송전선로에서 각 선의 대지 정전용량이 0.5096 [μF]이고, 선간 정전용량이 0.1295 [μF]일 때 1선의 작용 정전용량은 약 몇 [μF]인가?

① 0.6
② 0.9
③ 1.2
④ 1.8

해설 | **3상 3선식 정전용량(C) 계산**

$C = C_0 + 3C_m = 0.5096 + 3 \times 0.1295$
$\fallingdotseq 0.9 \, [uF]$

C_0 : 대지 정전용량 C_m : 선간 정전용량

16 유도장해를 경감시키기 위한 전력선 측의 대책으로 틀린 것은?

① 고저항접지 방식을 채용한다.
② 송전선과 통신선 사이에 차폐선을 설치한다.
③ 고속도 차단 방식을 채택한다.
④ 중성점 전압을 상승시킨다.

해설 | **전자유도장해**
(1) 전력선 측 대책
  • 차폐선 설치
  • 각 선간거리 멀리함
  • 고속도 지락보호계전기 채택
  • 중성점 접지 저항 값 크게 함
(2) 통신선 측 대책
  • 연피 통신 케이블 사용
  • 성능 좋은 피뢰기 설치
  • 통신선의 도중에 중계코일 설치

17 화력발전소에서 매일 최대 출력 100000 [kW], 부하율 90 [%]로 60일간 연속 운전할 때 필요한 석탄량은 약 몇 [t]인가? (단, 사이클 효율은 40 [%], 보일러 효율은 85 [%], 발전기 효율은 98 [%]로 하고, 석탄의 발열량은 5500 [kcal/kg]이라 한다)

① 60820　　② 61820
③ 62820　　④ 63820

해설 | 석탄량(t) 계산

- 부하율 = $\dfrac{평균\ 전력}{최대\ 전력} \times 100$

  평균전력 = 최대전력 × 부하율
  = 100000 × 0.9
  = 90000 [kW]

- 총 전력량 = 60일 × 24시간 × 평균전력
  = 60 × 24 × 90000
  = 129600000 [kWh]

- 필요 열량 = 발생 전력량 × 860
  = 129600000 × 860
  = 1.11456×10^{11} [kcal]

  TIP 1 [kWh] = 860 [kcal]

$\therefore t = \dfrac{총\ 필요한\ 열량}{석탄의\ 발열량 \times 총\ 효율}$

$= \dfrac{1.11456 \times 10^{11}}{5500 \times 0.4 \times 0.85 \times 0.98} \times 10^{-3}$

$\fallingdotseq 60820\ [t]$

18 송전선에 뇌격에 대한 차폐 등으로 가선하는 가공지선에 대한 설명 중 옳은 것은?

① 차폐각은 보통 15 ~ 30도 정도로 하고 있다.
② 차폐각이 클수록 벼락에 대한 차폐 효과가 크다.
③ 가공지선을 2선으로 하면 차폐각이 적어진다.
④ 가공지선으로는 연동선을 주로 사용한다.

해설 | 가공지선
- 직격뢰, 유도뢰, 통신선에 대한 전자유도 경감의 목적
- 차폐각 35° ~ 40°
- 차폐각이 작을수록 보호율이 높음
- 가공지선을 2회선으로 하면 차폐각 작아짐
- ACSR 사용

19 단로기에 대한 설명으로 틀린 것은?

① 소호장치가 있어 아크를 소멸시킨다.
② 무부하 및 여자전류의 개폐에 사용된다.
③ 배전용 단로기는 보통 디스컨넥팅바로 개폐한다.
④ 회로의 분리 또는 계통의 접속 변경 시 사용한다.

해설 | 단로기(DS)
아크 소호장치가 없어 부하전류 차단 곤란

20 송전선로에 복도체를 사용하는 주된 목적은?

① 코로나 발생을 감소시키기 위하여
② 인덕턴스를 증가시키기 위하여
③ 정전용량을 감소시키기 위하여
④ 전선 표면의 전위경도를 증가시키기 위하여

해설 | **복도체 사용 목적**
- 코로나 임계전압(E_0) 계산식

$$E_0 = 24.3\, m_o m_1 \delta\; d\; \log_{10} \frac{D}{r}\; [kV]$$

- 복도체 사용 시 도체직경(d) 증가로 E_0가 상승하여 코로나 발생 억제함

암 복코

전기기사 전력공학 2021년 1회

01 그림과 같은 유황곡선을 가진 수력지점에서 최대사용수량 0C로 1년간 계속 발전하는 데 필요한 저수지의 용량은?

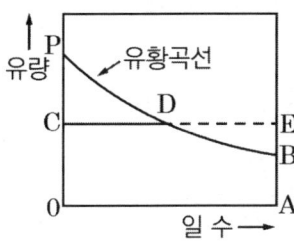

① 면적 0CPBA ② 면적 0CDBA
③ 면적 DEB   ④ 면적 PCD

해설 | **저수지용량**
저수지는 부족한 유량만큼 물을 담아 두는 용량이 필요하므로 최대사용수량보다 적은 유량인 면적 DEB만큼이 된다.

02 고장전류의 크기가 커질수록 동작시간이 짧게 되는 특성을 가진 계전기는?

① 순한시계전기
② 정한시계전기
③ 반한시계전기
④ 반한시 정한시계전기

해설 | **반한시계전기**
작동시간이 전류값의 크기에 따라 변하는 것으로, 전류값이 작을수록 느리게 동작하고, 반대로 전류값이 클수록 느리게 작동하는 계전기이다.

03 접지봉으로 탑각의 접지 저항 값을 희망하는 접지 저항 값까지 줄일 수 없을 때 사용하는 것은?

① 가공지선   ② 매설지선
③ 크로스본드선 ④ 차폐선

해설 | **역섬락**
- 철탑 접지저항이 크면 비교적 저항이 적은 선로 측으로 이상전류가 흐름
- 역섬락 대책
 매설지선 : 철탑 접지저항 감소시키는 전선

04 3상 3선식 송전선에서 한 선의 저항이 10 [Ω], 리액턴스가 20 [Ω]이며, 수전단의 선간전압이 60 [kV], 부하역률이 0.8인 경우에 전압강하율이 10 [%]라 하면 이송전선로로는 약 몇 [kW] 까지 수전할 수 있는가?

① 10000   ② 12000
③ 14400   ④ 18000

해설 | **송전 전력(P) 계산**

- $\varepsilon = \dfrac{P}{V^2}(R+X\tan\theta)$ ε : 전압강하율

- $0.1 = \dfrac{P}{(60\times 10^3)^2} \times (10+20\times \dfrac{0.6}{0.8})$

$\therefore P = 1440000\,[W] = 14400\,[kW]$

정답 01 ③ 02 ③ 03 ② 04 ③

05 배전선로의 주상변압기에서 고압 측 – 저압 측에 주로 사용되는 보호장치의 조합으로 적합한 것은?

① 고압 측 : 컷아웃스위치
   저압 측 : 캐치홀더
② 고압 측 : 캐치홀더
   저압 측 : 컷아웃스위치
③ 고압 측 : 리클로저
   저압 측 : 라인퓨즈
④ 고압 측 : 라인퓨즈
   저압 측 : 리클로저

해설 | **주상변압기 보호장치**
고압 : 컷아웃스위치(COS), 피뢰기(LA)
저압 : 캐치홀더

06 %임피던스에 대한 설명으로 틀린 것은?

① 단위를 갖지 않는다.
② 절대량이 아닌 기준량에 대한 비를 나타낸 것이다.
③ 기기용량의 크기와 관계없이 일정한 범위의 값을 갖는다.
④ 변압기나 동기기의 내부 임피던스에만 사용할 수 있다.

해설 | **%임피던스(%Z)**
변압기나 동기기 내부 임피던스 이외에도 사용

07 연료의 발열량이 430 [kcal/kg]일 때 화력발전소의 열효율 [%]은? (단, 발전기 출력은 P_G [kW], 시간당 연료의 소비량은 B [kg/h]이다)

① $\dfrac{P_G}{B} \times 100$

② $\sqrt{2}\,\dfrac{P_G}{B} \times 100$

③ $\sqrt{3}\,\dfrac{P_G}{B} \times 100$

④ $2\dfrac{P_G}{B} \times 100$

해설 | **화력발전소 열효율(η) 계산**

$\eta = \dfrac{860\,W}{BH} \times 100\,[\%]$

$= \dfrac{860 \times P_G}{B \times 430} \times 100\,[\%]$

$= 2\dfrac{P_G}{B} \times 100$

08 수용가의 수용률을 나타낸 식은?

① $\dfrac{\text{합성최대수용전력 [kW]}}{\text{평균전력 [kW]}} \times 100\,[\%]$

② $\dfrac{\text{평균전력 [kW]}}{\text{합성최대수용전력 [kW]}} \times 100\,[\%]$

③ $\dfrac{\text{부하설비 합계 [kW]}}{\text{최대수용전력 [kW]}} \times 100\,[\%]$

④ $\dfrac{\text{최대수용전력 [kW]}}{\text{부하설비 합계 [kW]}} \times 100\,[\%]$

해설 | **수용률 계산식**

수용률 $= \dfrac{\text{최대 수용 전력}}{\text{부하설비용량}} \times 100\,[\%]$

정답 05 ① 06 ④ 07 ④ 08 ④

09 화력발전소에서 증기 및 급수가 흐르는 순서는?

① 절탄기 → 보일러 → 과열기 → 터빈 → 복수기
② 보일러 → 절탄기 → 과열기 → 터빈 → 복수기
③ 보일러 → 과열기 → 절탄기 → 터빈 → 복수기
④ 절탄기 → 과열기 → 보일러 → 터빈 → 복수기

해설 | 화력발전소 기본 사이클
절탄기(급수펌프) → 보일러 → 과열기 → 터빈 → 복수기 → 급수펌프

10 역률 0.8, 출력 320 [kW]인 부하에 전력을 공급하는 변전소에 역률 개선을 위해 전력용 콘덴서 140 [kVA]를 설치했을 때 합성역률은?

① 0.93 ② 0.95
③ 0.97 ④ 0.99

해설 | 역률($\cos\theta \cos\theta$) 계산 [%]
- 콘덴서 설치 전 무효전력(X_1)

  $X_1 = P \times \tan\theta = 320 \times \dfrac{0.6}{0.8}$
  $= 240 [kVar]$

- 콘덴서(X_3) 설치 후 무효전력 (X_2)

  $X_2 = X_1 - X_3 = 240 - 140$
  $= 100 [kVar]$

∴ $\cos\theta = \dfrac{P}{P_a} = \dfrac{320}{\sqrt{320^2 + 100^2}} = 0.95$

11 용량 20 [kVA]인 단상 주상 변압기에 걸리는 하루 동안의 부하가 처음 14시간 동안은 20 [kW], 다음 10시간 동안은 10 [kW]일 때 이 변압기에 의한 하루 동안의 손실량 [Wh]은? (단, 부하의 역률은 1로 가정하고, 변압기의 전 부하동손은 300 [W], 철손은 100 [W]이다)

① 6850 ② 7200
③ 7350 ④ 7800

해설 | 손실량
철손은 24시간 발생하고 동손은 부하율²에 비례하여 증가하므로
- 철손 : 24 × 100 = 2400 [W]

14시간은 부하율이 1이고, 다음 10시간 동안은 절반만 부하율이 적용되므로
- 동손 : $[\left(\dfrac{20}{20}\right)^2 \times 14 + \left(\dfrac{10}{20}\right)^2 \times 10] \times 300$
  $= 4950 [W]$
- 4950 + 2400 = 7350 [W]

12 통신선과 평행인 주파수 60 [Hz]의 3상 1회선 송전선이 있다. 1선 지락 때문에 영상전류가 100 [A] 흐르고 있다면 통신선에 유도되는 전자유도전압 [V]은 약 얼마인가? (단, 영상전류는 전 전선에 걸쳐서 같으며, 송전선과 통신선과의 상호 인덕턴스는 0.06 [mH/km], 그 평행 길이는 40 [km]이다)

① 156.6 ② 162.8
③ 230.2 ④ 271.4

해설 | 전자유도 장해 기유도전압(Em) 계산
$$E_m = -j\omega Ml \times 3I_0$$
$$= -j2\pi \times 60 \times 0.06 \times 10^{-3}$$
$$\times 40 \times 3 \times 100$$
$$= 271.43 \, [V]$$

13 케이블 단선사고에 의한 고장점까지의 거리를 정전용량 측정법으로 구하는 경우 건전상의 정전용량이 C, 고장점까지의 정전용량이 C_x, 케이블의 길이가 l일 때 고장점까지의 거리를 나타내는 식으로 알맞은 것은?

① $\dfrac{C}{C_x}l$ ② $\dfrac{2C_x}{C}l$
③ $\dfrac{C_x}{C}l$ ④ $\dfrac{C_x}{2C}l$

해설 | 정전용량 측정법
고장점까지의 거리는 정전용량에 비례하므로 고장점까지거리는 $\dfrac{C_x}{C}l$이 된다.

14 전력 퓨즈(Power Fuse)는 고압, 특고압 기기의 주로 어떤 전류의 차단을 목적으로 설치하는가?

① 충전전류
② 부하전류
③ 단락전류
④ 영상전류

해설 | 전력 퓨즈(PF)
• 단락전류 차단
• 소형으로 차단용량이 큼
• 가격이 저렴하며, 보수가 간단
• 차단 시 소음이 적음
• 과도전류에 용단되기 쉬움

15 송전선로에서 1선 지락 시에 건전상의 전압 상승이 가장 적은 접지 방식은?

① 비접지 방식
② 직접접지 방식
③ 저항접지 방식
④ 소호리액터접지 방식

해설 | 직접 접지 특징
• 1선 지락 시 건전상 대지전압 상승이 거의 없음
• 선로 및 기기의 절연 레벨을 낮춤
• 보호계전기 동작 확실
• 단절연 변압기 사용 가능(저감 절연)
• 과도안정도가 나쁨
• 지락 시 지락전류가 최대
• 지락전류에 의한 유도장해가 크다.
• 통신선 전자유도 장해가 발생
• 차단기 차단 능력이 증가

16 기준 선간전압 23 [kV], 기준 3상 용량 5000 [kVA], 1선의 유도 리액턴스가 15 [Ω]일 때 %리액턴스는?

① 28.36 [%] ② 14.18 [%]
③ 7.09 [%]   ④ 3.55 [%]

해설 | %리액턴스(%X) 계산

- $\%X = \dfrac{XP}{10V^2}$

  $= \dfrac{5000 \times 15}{10 \times 23^2} = 14.18$

17 전력원선도의 가로축과 세로축을 나타내는 것은?

① 전압과 전류
② 전압과 전력
③ 전류와 전력
④ 유효전력과 무효전력

해설 | 전력원선도
세로축(무효전력), 가로축(유효전력)

　　　　　　　　　　　　　　암기 세무가유

18 송전선로에서의 고장 또는 발전기 탈락과 같은 큰 외란에 대하여 계통에 연결된 각 동기기가 동기를 유지하면서 계속 안정적으로 운전할 수 있는지를 판별하는 안정도는?

① 동태안정도(Dynamic Stability)
② 정태안정도(Steady - state Stability)
③ 전압안정도(Voltage Stability)
④ 과도안정도(Transient Stability)

해설 | 안정도
- 정태안정도
  정상 운전 시 부하를 서서히 증가했을 때 안정 운전을 지속할 수 있는 정도
- 과도안정도
  부하급변 또는 사고로 계통에 충격을 주었을 때 연결된 동기기가 동기를 유지하면서 안정적 운전을 할 수 있는 정도
- 동태안정도
  자동전압조정기(AVR) 또는 조속기 등이 갖는 제어 효과를 고려한 정도

19 정전용량이 C_1이고, V_1의 전압에서 Q_r의 무효전력을 발생하는 콘덴서가 있다. 정전용량을 변화시켜 2배로 승압된 전압($2V_1$)에서도 동일한 무효전력 Q_r을 발생시키고자 할 때 필요한 콘덴서의 정전용량 C_2는?

① $C_2 = 4C_1$ ② $C_2 = 2C_1$
③ $C_2 = \dfrac{1}{2}C_1$ ④ $C_2 = \dfrac{1}{4}C_1$

해설 | 발전기 정전용량

$Q_G = 3E \times I_c = 3\omega CE^2$

- V_1의 전압이 2배가 되었을 때 무효전력이 같아야 하므로 정전용량은 1/4배가 되어야 한다.

  $\dfrac{C_2}{C_1} = \dfrac{1}{4},\ C_2 = \dfrac{1}{4}C_1$

정답 16 ② 17 ④ 18 ④ 19 ④

20 송전선로의 고장전류 계산에 영상 임피던스가 필요한 경우는?

① 1선 지락
② 3상 단락
③ 3선 단선
④ 선간 단락

해설 | **대칭좌표법**

고장 종류	대칭분
3상 단락	정상분
선간 단락	정상분, 역상분
1선 지락	정상분, 역상분, 영상분

전기기사 전력공학 2021년 2회

01 가공송전선로에서 총 단면적이 같은 경우 단도체와 비교하여 복도체의 장점이 아닌 것은?

① 안정도를 증대시킬 수 있다.
② 공사비가 저렴하고 시공이 간편하다.
③ 전선표면의 전위경도를 감소시켜 코로나 임계전압이 높아진다.
④ 선로의 인덕턴스가 감소되고 정전용량이 증가해서 송전용량이 증대된다.

해설 | 단도체 및 복도체 특징 비교
- 복도체 사용 시 등가반지름 (r)이 커진다.
  ∴ 인덕턴스 감소, 정전용량 증가
- 복도체 사용 시 코로나 임계전압이 증가한다.
- 복도체 사용 시 안정도가 증가한다.
- 공사비가 비싸고, 시공이 어렵다.

02 역률 0.8(지상)의 2800 [kW] 부하에 전력용 콘덴서를 병렬로 접속하여 합성역률을 0.9로 개선하고자 할 경우, 필요한 전력용 콘덴서의 용량 [kVA]은 약 얼마인가?

① 372 ② 558
③ 744 ④ 1116

해설 | 전력용 콘덴서의 용량(Q_c) 계산

$$Q_c = P\left(\frac{\sin\theta_1}{\cos\theta_1} - \frac{\sin\theta_2}{\cos\theta_2}\right)$$

$$= 2800\left(\frac{\sqrt{1-0.8^2}}{0.8} - \frac{\sqrt{1-0.9^2}}{0.9}\right)$$

$$\fallingdotseq 744 \,[kVA]$$

03 컴퓨터에 의한 전력조류 계산에서 슬랙(Slack)모선의 초기치로 지정하는 값은?

① 유효 전력과 무효 전력
② 전압 크기와 유효 전력
③ 전압 크기와 위상각
④ 전압 크기와 무효 전력

해설 | 전력조류 계산 시 기지값과 미지값

모선	기지량 (알 수 있는 것)	미지량 (알 수 없는 것)
슬랙	전압의 크기·위상각	유효 전력 무효 전력 계통 전송 전 손실
발전기	유효전력 전압의 크기	무효전력 전압의 위상각
부하	유효전력 무효전력	전압의 크기·위상각

04 3상용 차단기의 정격 차단용량은?

① $\sqrt{3}$ × 정격 전압 × 정격 차단 전류
② $3\sqrt{3}$ × 정격 전압 × 정격 전류
③ 3 × 정격 전압 × 정격 차단 전류
④ $\sqrt{3}$ × 정격 전압 × 정격 전류

해설 | 정격 차단용량(P_s) 계산
$P_s = \sqrt{3}\, V_n I_s\, [MVA]$

05 증기터빈 내에서 팽창 도중에 있는 증기를 일부 추기하여 그것이 갖는 열을 급수가열에 이용하는 열 사이클은?

① 랭킨 사이클 ② 카르노 사이클
③ 재생 사이클 ④ 재열 사이클

해설 | 재생 사이클
재생 사이클은 증기 원동기 내에서 증기의 팽창 도중에서 증기를 추출하여 급수를 예열한다.

06 부하전류 차단이 불가능한 전력개폐 장치는?

① 진공차단기 ② 유입차단기
③ 단로기   ④ 가스차단기

해설 | 단로기(DS)
아크 소호장치가 없어 부하전류 차단 곤란

07 전력계통에서 내부 이상전압의 크기가 가장 큰 경우는?

① 유도성 소전류 차단 시
② 수차발전기의 부하 차단 시
③ 무부하 선로 충전전류 차단 시
④ 송전선로의 부하 차단기 투입 시

해설 | 내부 이상전압 크기
• 선로 투입보다 개방 시 더 크다.
• 부하 시보다 무부하 시 더 크다.
• 내부 이상전압은 무부하 선로의 충전전류를 차단할 경우에 가장 크다.

08 그림과 같은 송전계통에서 S점에 3상 단락사고가 발생했을 때 단락전류 [A]는 약 얼마인가? (단, 선로의 길이와 리액턴스는 각각 50 [km], 0.6 [Ω/km]이다)

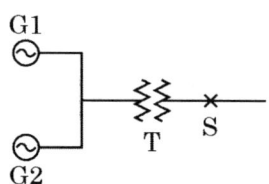

G1, G2: 20MVA, 11kV, 리액턴스 20%
T: 40MVA, 11/110kV, 리액턴스 8%

① 224   ② 324
③ 454   ④ 554

해설 | 단락전류 계산(I_s)

(1) $I_s = \dfrac{100}{\%Z} \times I_n$(정격전류)

(2) $I_n = \dfrac{P}{\sqrt{3}\,V}$

(3) %임피던스

(기준용량 40 [MVA]로 지정 시)

- 발전기 %임피던스

  $20 \times \dfrac{기준용량}{실제용량} = 20 \times \dfrac{40}{20} = 40\,[\%]$

  병렬이므로 절반으로 나뉘어져 20[%]이다.

- 변압기 %임피던스는 기준용량과 일치하므로 8%이다.

- 송전선 %임피던스

  리액턴스 $X = 0.6 \times 50 = 30\,[\Omega]$이므로

  $\%X = \dfrac{PX}{10\,V^2} = \dfrac{40 \times 10^3 \times 30}{10 \times 110^2} = 9.91$

- 합성 %임피던스

  $\%Z = 20 + 8 + 9.91 = 37.91\,[\%]$

  $\therefore I_s = \dfrac{100}{37.91} \times \dfrac{40 \times 10^3}{\sqrt{3} \times 110} = 554\,[A]$

09 저압배전선로에 대한 설명으로 틀린 것은?

① 저압 뱅킹 방식은 전압변동을 경감할 수 있다.
② 밸런서(Balancer)는 단상 2선식에 필요하다.
③ 부하율(F)과 손실계수(H) 사이에는 $1 \geq F \geq H \geq F^2 \geq 0$의 관계가 있다.
④ 수용률이란 최대수용전력을 설비용량으로 나눈 값을 퍼센트로 나타낸 것이다.

해설 | 단상 3선식 배전 방식
- 중성선 단선 시 전압 불평형 발생
- 불평형 대책 : 밸런서 설치

10 망상(Network) 배전 방식의 장점이 아닌 것은?

① 전압변동이 적다.
② 인축의 접지사고가 적어진다.
③ 부하의 증가에 대한 융통성이 크다.
④ 무정전 공급이 가능하다.

해설 | 네트워크 배전 방식
- 선로가 복잡해서 인축의 접촉사고 많음
- 부하 밀집지역에 유리
- 공급 신뢰도 우수

11 500 [kVA]의 단상 변압기 상용 3대(결선 △-△), 예비 1대를 갖는 변전소가 있다. 부하의 증가로 인하여 예비 변압기까지 동원해서 사용한다면 응할 수 있는 최대부하 [kVA]는 약 얼마인가?

① 2000
② 1730
③ 1500
④ 830

해설 | V결선 출력(P_V) 계산

$2P_V = 2 \times \sqrt{3}\,P$
$\quad\; = 2\sqrt{3} \times 500 \fallingdotseq 1730\,[kVA]$

12 직격뢰에 대한 방호설비로 가장 적당한 것은?

① 복도체
② 가공지선
③ 서지흡수기
④ 정전방지기

해설 | 가공지선
- 직격뢰, 유도뢰, 통신선에 대한 전자유도 경감의 목적
- 차폐각 35° ~ 40°
- 차폐각이 작을수록 보호율이 높음
- 가공지선을 2회선으로 하면 차폐각이 작아짐
- ACSR 사용

13 최대수용전력이 3 [kW]인 수용가가 3세대, 5 [kW]인 수용가가 6세대라고 할 때 이 수용가군에 전력을 공급할 수 있는 주상변압기의 최소용량 [kVA]은? (단, 역률은 1, 수용가 간의 부등률은 1.30이다)

① 25
② 30
③ 35
④ 40

해설 | 부등률 계산식

$$부등률 = \frac{각\ 수용가\ 최대\ 수용\ 전력\ 합}{합성\ 최대\ 수용\ 전력\ (동시간대)} \geq 1$$

변압기 최소용량은 합성최대 수용 전력이므로

$$변압기\ 최소용량 = \frac{3 \times 3 + 5 \times 6}{1.3} = 30\ [kVA]$$

14 배전용 변전소의 주변압기로 주로 사용되는 것은?

① 강압 변압기
② 체승 변압기
③ 단권 변압기
④ 3권선 변압기

해설 | 배전용 변전소의 주 변압기
- 체승 변압기 : 송전변전소에 사용
- 강압 변압기 : 배전변전소에 사용

15 비등수형 원자로의 특징에 대한 설명으로 틀린 것은?

① 증기 발생기가 필요하다.
② 저농축 우라늄을 연료로 사용한다.
③ 노심에서 비등을 일으킨 증기가 직접 터빈에 공급되는 방식이다.
④ 가압수형 원자로에 비해 출력밀도가 낮다.

해설 | 비등수형(BWR) 원자로
- 저농축 우라늄(농축 우라늄)
- 감속재 : 경수
- 냉각재 : 경수
- 열교환기(증기 발생기) 없이 바로 원자력 발전

16 송전단 전압을 V_s, 수전단 전압을 V_r, 선로의 리액턴스를 X라 할 때 정상 시의 최대 송전전력의 개략적인 값은?

① $\dfrac{V_s - V_r}{X}$

② $\dfrac{V_s^2 - V_r^2}{X}$

③ $\dfrac{V_s(V_s - V_r)}{X}$

④ $\dfrac{V_s V_r}{X}$

해설 | 송전전력 (P) 계산식

$P = \dfrac{V_s V_r}{X} \sin\delta$

최댓값은 $\sin\delta = 1$이므로 $\dfrac{V_s V_r}{X}$이다.

17 3상 3선식 송전선로에서 각 선의 대지정전용량이 0.5096 [μF]이고, 선간정전용량이 0.1295 [μF]일 때 1선의 작용정전용량은 약 몇 [μF]인가?

① 0.6 ② 0.9
③ 1.2 ④ 1.8

해설 | 정전용량(C) 계산

$C = C_s + 3C_m = 0.5096 + 3 \times 0.1295$
$= 0.9 \, [\mu F]$

18 전력계통의 전압을 조정하는 가장 보편적인 방법은?

① 발전기의 유효전력 조정
② 부하의 유효전력 조정
③ 계통의 주파수 조정
④ 계통의 무효전력 조정

해설 | 전력계통 전압 조정 방법
유효 전력 제어 : 주파수
무효 전력 제어 : 전압

암 유주무전

19 선로, 기기 등의 절연 수준 저감 및 전력용 변압기의 단절연을 모두 행할 수 있는 중성점 접지 방식은?

① 직접접지 방식
② 소호리액터접지 방식
③ 고저항접지 방식
④ 비접지 방식

해설 | 직접 접지 특징
• 1선 지락 시 건전상 대지 전압 상승 거의 없음
• 선로 및 기기의 절연 레벨을 낮춤
• 보호계전기 동작 확실
• 단절연 변압기 사용 가능(저감 절연)
• 과도안정도가 나쁨
• 지락 시 지락전류가 최대
• 통신선 전자유도 장해가 발생
• 차단기 차단 능력이 증가

정답 16 ④ 17 ② 18 ④ 19 ①

20 단상 2선식 배전선로의 말단에 지상역률 $\cos\theta$인 부하 P [kW]가 접속되어 있고, 선로말단의 전압은 V [V]이다. 선로 한 가닥의 저항을 R [Ω]이라 할 때 송전단의 공급전력 [kW]은?

① $P + \dfrac{P^2 R}{V\cos\theta} \times 10^3$

② $P + \dfrac{2P^2 R}{V\cos\theta} \times 10^3$

③ $P + \dfrac{P^2 R}{V^2 \cos^2\theta} \times 10^3$

④ $P + \dfrac{2P^2 R}{V^2 \cos^2\theta} \times 10^3$

해설 | **송전단 공급전력**
- 공급전력 = P(부하전력) + 전력손실
- 저항은 1선당 저항이고 전력의 단위는 [kW], 전력손실의 단위는 [kW]이므로

전력손실 = $\dfrac{(P \times 10^3)^2 (2R)}{V^2 \cos^2\theta} \times 10^{-3}$ [kW]

공급전력 = $P + \dfrac{2P^2 R}{V^2 \cos^2\theta} \times 10^3$ [kW]

정답 20 ④

2021년 3회

전력공학

01 동작 시간에 따른 보호계전기의 분류와 이에 대한 설명으로 틀린 것은?

① 순한시계전기는 설정된 최소동작전류 이상의 전류가 흐르면 즉시 동작한다.
② 반한시계전기는 동작시간이 전류값의 크기에 따라 변하는 것으로 전류값이 클수록 느리게 동작하고 반대로 전류값이 작아질수록 빠르게 동작하는 계전기이다.
③ 정한시계전기는 설정된 값 이상의 전류가 흘렀을 때 동작 전류의 크기와는 관계없이 항상 일정한 시간 후에 동작하는 계전기이다.
④ 반한시·정한시계전기는 어느 전류값까지는 반한시성이지만 그 이상이 되면 정한시로 동작하는 계전기이다.

해설 | 반한시계전기
작동시간이 전류값의 크기에 따라 변하는 것으로, 전류값이 작을수록 느리게 동작하고, 반대로 전류값이 클수록 느리게 작동하는 계전기이다.

02 환상선로의 단락보호에 주로 사용하는 계전 방식은?

① 비율 차동 계전 방식
② 방향 거리 계전 방식
③ 과전류 계전 방식
④ 선택 접지 계전 방식

해설 | 환상 선로 단락보호계전기
- 전원 1군데일 시 : 방향 단락계전기(DS)
- 전원 2군데일 시 : 방향 거리계전기(DZ)

03 옥내배선을 단상 2선식에서 단상 3선식으로 변경하였을 때 전선 1선당 공급전력은 약 몇 배 증가하는가? (단, 선간전압(단상 3선식의 경우는 중성선과 타선 간의 전압), 선로전류(중성선의 전류 제외) 및 역률은 같다)

① 0.71 ② 1.33
③ 1.41 ④ 1.73

해설 | 1선당 공급전력
배전선이므로 상전압을 기준으로 잡아야 한다.
- 단상 2선식 공급전력 $P = EI$, 2선이므로 1선당 공급전력은 $\dfrac{EI}{2}$
- 단상 3선식 공급전력 $P = 2EI$, 3선이므로 1선당 공급전력은 $\dfrac{2EI}{3}$

$$\therefore \frac{\frac{2EI}{3}}{\frac{EI}{2}} = \frac{4}{3}$$

정답 01 ② 02 ② 03 ②

04 3상용 차단기의 정격차단용량은 그 차단기의 정격전압과 정격차단전류와의 곱을 몇 배한 것인가?

① $1/\sqrt{2}$ ② $1/\sqrt{3}$
③ $\sqrt{2}$ ④ $\sqrt{3}$

해설 | 정격차단 전류(I_s) 계산
$P = \sqrt{3} \times V_n \times I_s$

05 유효낙차 100 [m], 최대 유량 20 [m³/s]의 수차가 있다. 낙차가 81 [m]로 감소하면 유량 [m³/s]은? (단, 수차에서 발생되는 손실 등은 무시하며 수차 효율은 일정하다)

① 15 ② 18
③ 24 ④ 30

해설 | 회전수(N)와 유량(Q) 관계식

$$\frac{Q_2}{Q_1} = \left(\frac{H_2}{H_1}\right)^{\frac{1}{2}}$$

$H_1 = 100\,[m]$의 낙차가
$H_2 = 81\,[m]$로 감소하였고
초기유량은 $Q_1 = 20\,[m^3/s]$이므로

$$\frac{Q_2}{20} = \left(\frac{81}{100}\right)^{\frac{1}{2}}$$

$Q_2 = 18\,[m^3/s]$

06 단락용량 3000 [MVA]인 모선의 전압이 154 [kV]라면 등가 모선 임피던스 [Ω]는 약 얼마인가?

① 5.81 ② 6.21
③ 7.91 ④ 8.71

해설 | 모선 임피던스(Z) 계산
$$Z = \frac{V^2}{P} = \frac{154^2}{3000} = 7.91\,[\Omega]$$

07 중성점 접지 방식 중 직접접지 송전 방식에 대한 설명으로 틀린 것은?

① 1선 지락 사고 시 지락전류는 타접지 방식에 비하여 최대로 된다.
② 1선 지락 사고 시 지락계전기의 동작이 확실하고 선택차단이 가능하다.
③ 통신선에서의 유도장해는 비접지 방식에 비하여 크다.
④ 기기의 절연레벨을 상승시킬 수 있다.

해설 | 직접 접지 특징
- 1선 지락 시 건전상 대지전압 상승 거의 없음
- 선로 및 기기의 절연 레벨을 낮춤
- 보호계전기 동작 확실
- 단절연 변압기 사용 가능(저감 절연)
- 과도안정도 나쁨
- 지락 시 지락전류가 최대
- 지락전류에 의한 유도장해가 크다.
- 통신선 전자유도 장해 발생
- 차단기 차단 능력 증가

정답 04 ④ 05 ② 06 ③ 07 ④

08 송전선에 직렬콘덴서를 설치하였을 때의 특징으로 틀린 것은?

① 선로 중에서 일어나는 전압강하를 감소시킨다.
② 송전전력의 증가를 꾀할 수 있다.
③ 부하역률이 좋을수록 설치 효과가 크다.
④ 단락사고가 발생하는 경우 사고전류에 의하여 과전압이 발생한다.

해설 | **직렬콘덴서(C)**
- 전압강하 보상을 위하여 부하와 직렬접속
- 선로 인덕턴스를 보상하여 정태안정도 증가
- 송전전력 $P = \dfrac{V_s V_r}{X} \sin\theta$ 에서 X가 감소하여 송전전력이 증가한다.
- 부하역률과 직렬콘덴서는 무관하다.

09 수압철관의 안지름이 4 [m]인 곳에서의 유속이 4 [m/s]이다. 안지름이 3.5 [m]인 곳에서의 유속 [m/s]은 약 얼마인가?

① 4.2 ② 5.2
③ 6.2 ④ 7.2

해설 | **유속**
$Q = A_1 V_1 = A_2 V_2 \, [m^3/s]$
$Q = \left(\dfrac{\pi \times 4^2}{4}\right) \times 4 = \left(\dfrac{\pi \times 3.5^2}{4}\right) V_2$
$V_2 = 5.2 \, [m/s]$

10 경간이 200 [m]인 가공 전선로가 있다. 사용전선의 길이는 경간보다 약 몇 [m] 더 길어야 하는가? (단, 전선의 1 [m]당 하중은 2 [kg], 인장하중은 4000 [kg]이고, 풍압하중은 무시하며, 전선의 안전율은 2이다)

① 0.33 ② 0.61
③ 1.41 ④ 1.73

해설 | **전선 실제 길이**
- 이도 $D = \dfrac{WS^2}{8T} = \dfrac{2 \times 200^2}{8 \times \dfrac{4,000}{2}} = 5 \, [m]$
- 수평장력(T) = $\dfrac{\text{인장하중}}{\text{안전율}}$
- 전선 실제 길이 $L = S + \dfrac{8D^2}{3S}$ 이므로 추가되는 길이는
$L_0 = \dfrac{8D^2}{3S} = \dfrac{8 \times 5^2}{3 \times 200} = 0.33 \, [m]$

11 송전선로에서 현수 애자련의 연면 섬락과 가장 관계가 먼 것은?

① 댐퍼
② 철탑 접지 저항
③ 현수 애자련의 개수
④ 현수 애자련의 소손

해설 | **댐퍼(Damper)**
전선의 진동 방지설비

12 전력계통의 중성점 다중 접지 방식의 특징으로 옳은 것은?

① 통신선의 유도장해가 적다.
② 합성 접지 저항이 매우 높다.
③ 건전상의 전위 상승이 매우 높다.
④ 지락보호계전기의 동작이 확실하다.

해설 | 중성점 다중 접지 방식
- 통신선의 유도장해가 크다.
- 합성 접지 저항이 낮다.
- 건전상의 전위 상승이 낮다.
- 1선 지락전류가 커서 지락보호계전기의 동작이 확실하다.

13 전력계통의 전압조정설비에 대한 특징으로 틀린 것은?

① 병렬콘덴서는 진상능력만을 가지며 병렬리액터는 진상능력이 없다.
② 동기조상기는 조정의 단계가 불연속적이나 직렬콘덴서 및 병렬리액터는 연속적이다.
③ 동기조상기는 무효전력의 공급과 흡수가 모두 가능하여 진상 및 지상용량을 갖는다.
④ 병렬리액터는 경부하 시에 계통 전압이 상승하는 것을 억제하기 위하여 초고압송전선 등에 설치된다.

해설 | 조상설비

구분	동기조상기	전력용 콘덴서
시충전	가능	불가능
전력 손실	크다	작다
무효전력 조정	연속적	계단적
무효전력	진상·지상용	진상용

14 변압기 보호용 비율차동계전기를 사용하여 △-Y 결선의 변압기를 보호하려고 한다. 이때 변압기 1, 2차 측에 설치하는 변류기의 결선 방식은? (단, 위상 보정기능이 없는 경우이다)

① △-△   ② △-Y
③ Y-△   ④ Y-Y

해설 | 비율차동계전기
비율차동계전기는 △-Y 변압기 보호 시 30°의 위상차를 보상하기 위하여 반대의 Y-△결선으로 연결하여야 한다.

15 송전선로에 단도체 대신 복도체를 사용하는 경우에 나타나는 현상으로 틀린 것은?

① 전선의 작용인덕턴스를 감소시킨다.
② 선로의 작용정전용량을 증가시킨다.
③ 전선 표면의 전위경도를 저감시킨다.
④ 전선의 코로나 임계전압을 저감시킨다.

정답 12 ④ 13 ② 14 ③ 15 ④

해설 | 복도체 사용 목적

- 코로나 임계전압 (E_0) 계산식

$$E_0 = 24.3\, m_o m_1 \delta\, d \log_{10}\frac{D}{r}\ [kV]$$

- 복도체 사용 시 도체직경(d) 증가로 E_0가 상승하여 코로나 발생 억제함

암 복코

16 어느 화력발전소에서 40000 [kWh]를 발전하는 데 발열량 860 [kcal/kg]의 석탄이 60톤 사용된다. 이 발전소의 열효율 [%]은 약 얼마인가?

① 56.7 ② 66.7
③ 76.7 ④ 86.7

해설 | 화력발전소 열효율(η) 계산

$$\eta = \frac{860\,W}{mH}\times 100\,[\%]$$
$$= \frac{860\times 40{,}000}{860\times 60\times 10^3}\times 100\,[\%]$$
$$= 66.7\,[\%]$$

17 가공송전선의 코로나 임계전압에 영향을 미치는 여러 가지 인자에 대한 설명 중 틀린 것은?

① 전선표면이 매끈할수록 임계전압이 낮아진다.
② 날씨가 흐릴수록 임계전압은 낮아진다.
③ 기압이 낮을수록, 온도가 높을수록 임계전압은 낮아진다.
④ 전선의 반지름이 클수록 임계전압은 높아진다.

해설 | 코로나 임계전압(E_0) 계산식

$$E_0 = 24.3\, m_o m_1 \delta\, d \log_{10}\frac{D}{r}\ [kV]$$

- 전선표면이 매끈할수록 m_0값이 증가하여 임계전압이 높아진다.
- 날씨가 흐릴수록 m_1값은 낮아져 임계전압이 낮아진다.
- 기압이 낮고 온도가 높을수록 $\delta = \frac{0.386b}{271+t}$ (b : 기압, t : 온도)가 낮아져 임계전압이 낮아진다.
- 전선의 반지름이 클수록 지름 d가 증가하여 임계전압이 증가한다.

18 송전선의 특성 임피던스의 특징으로 옳은 것은?

① 선로의 길이가 길어질수록 값이 커진다.
② 선로의 길이가 길어질수록 값이 작아진다.
③ 선로의 길이에 따라 값이 변하지 않는다.
④ 부하용량에 따라 값이 변한다.

해설 | 특성임피던스(Z_0)

$$Z_0 = \sqrt{\frac{Z}{Y}} = \sqrt{\frac{R+j\omega L}{G+j\omega C}}$$
$$= \sqrt{\frac{L}{C}}\ [\Omega]$$

- 특성임피던스는 선로의 길이에 관계없이 일정하다.

정답 16 ② 17 ① 18 ③

19 송전 선로의 보호 계전 방식이 아닌 것은?

① 전류 위상 비교 방식
② 전류 차동 보호 계전 방식
③ 방향비교 방식
④ 전압 균형 방식

해설 | **보호 계전 방식 종류**
- 전류 차동 보호 방식
- 전압 차동 보호 방식
- 위상 비교 방식
- 방향 거리(거리 방향) 계전 방식
- 환상 모선 보호 방식

  암 전전위방환

20 선로고장 발생 시 고장전류를 차단할 수 없어 리클로저와 같이 차단 기능이 있는 후비보호장치와 함께 설치되어야 하는 장치는?

① 배선용차단기
② 유입개폐기
③ 컷아웃스위치
④ 섹셔널라이저

해설 | **섹셔널라이저(SE)**
- 고장 전류 차단할 수 있는 능력이 없음
- 리클로저와 직렬로 조합

  TIP 리클로저(R) – 섹셔널라이저(S) 순

정답 19 ④ 20 ④

전력공학 2020년 1, 2회

01 송배전 선로에서 선택지락계전기(SGR)의 용도는?

① 다회선에서 접지 고장 회선의 선택
② 단일 회선에서 접지 전류의 대소 선택
③ 단일 회선에서 접지 전류의 방향 선택
④ 단일 회선에서 접지 사고의 지속 시간 선택

해설 | 선택 접지계전기(SGR)
다회선에서 지락고장 회선 선택 차단

02 3상 3선식에서 전선 한 가닥에 흐르는 전류는 단상 2선식의 경우의 몇 배가 되는가? (단, 송전 전력, 부하역률, 송전 거리, 전력 손실 및 선간전압이 같다)

① $1/\sqrt{3}$
② $2/3$
③ $3/4$
④ $4/9$

해설 | 3상 3선식과 단상 2선식 전류의 관계
- 3상 3선식 유효전력 : $\sqrt{3}\,VI\cos\theta$
- 단상 2선식 유효전력 : $VI\cos\theta$

$I_{\text{단상 2선식}} = \sqrt{3}\,I_{\text{3상 3선식}}$

$\therefore \dfrac{I_{\text{3상 3선식}}}{I_{\text{단상 2선식}}} = \dfrac{1}{\sqrt{3}}$

03 단로기에 대한 설명으로 틀린 것은?

① 소호장치가 있어 아크를 소멸시킨다.
② 무부하 및 여자전류의 개폐에 사용된다.
③ 사용 회로 수에 의해 분류하면 단투형과 쌍투형이 있다.
④ 회로의 분리 또는 계통의 접속 변경 시 사용한다.

해설 | 단로기(DS)
아크 소호장치가 없어 부하전류 차단 곤란

04 중성점 직접접지 방식의 발전기가 있다. 1선 지락 사고 시 지락전류는? (단, Z_1, Z_2, Z_0는 각각 정상, 역상, 영상 임피던스이며, E_a는 지락된 상의 무부하 기전력이다)

① $\dfrac{E_a}{Z_0+Z_1+Z_2}$
② $\dfrac{Z_1 E_a}{Z_0+Z_1+Z_2}$
③ $\dfrac{3E_a}{Z_0+Z_1+Z_2}$
④ $\dfrac{Z_0 E_a}{Z_0+Z_1+Z_2}$

해설 | 1선 지락 시 지락전류(I_g)

$I_g = 3I_0 = \dfrac{3E_a}{Z_0+Z_1+Z_2}$

정답 01 ① 02 ① 03 ① 04 ③

05 정격 전압 7.2 [kV], 정격 차단용량 100 [MVA]인 3상 차단기의 정격 차단전류는 약 몇 [kA]인가?

① 4 ② 6
③ 7 ④ 8

해설 | 정격차단 전류(I_s) 계산
- $P = \sqrt{3} \times V_n \times I_s$
- $100 \times 10^6 = \sqrt{3} \times 7.2 \times 10^3 \times I_s$

$$\therefore I_s \fallingdotseq 8\,[kA]$$

06 일반 회로정수가 같은 평형 2회선에서 A, B, C, D는 각각 1회선의 경우의 몇 배로 되는가?

① A : 2배, B : 2배, C : 1/2배, D : 1배
② A : 1배, B : 2배, C : 1/2배, D : 1배
③ A : 1배, B : 1/2배, C : 2배, D : 1배
④ A : 1배, B : 1/2배, C : 2배, D : 2배

해설 | 병렬접속 시 4단자 정수값

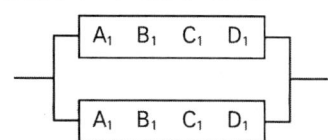

- A, D 값은 1배로 동일
- B = $\frac{1}{2}$ 배,   C = 2배가 됨

07 전선의 표피 효과에 대한 설명으로 알맞은 것은?

① 전선이 굵을수록, 주파수가 높을수록 커진다.
② 전선이 굵을수록, 주파수가 낮을수록 커진다.
③ 전선이 가늘수록, 주파수가 높을수록 커진다.
④ 전선이 가늘수록, 주파수가 낮을수록 커진다.

해설 | 표피 효과

(1) 침투깊이 $\delta = \dfrac{1}{\sqrt{\pi f \mu k}}\,[m]$

f : 주파수 μ : 투자율 k : 도전율

(2) 침투깊이와 표피 효과 관계
- 투자율 클수록   • 주파수 높을수록
- 전선 굵을수록   • 도전율 높을수록

$\therefore$ 침투깊이 감소, 표피 효과 증가

08 전력설비의 수용률을 나타낸 것은?

① 수용률 = $\dfrac{\text{평균 전력 (kW)}}{\text{부하설비용량 (kW)}} \times 100\,[\%]$

② 수용률 = $\dfrac{\text{부하설비용량 (kW)}}{\text{평균 전력 (kW)}} \times 100\,[\%]$

③ 수용률 = $\dfrac{\text{최대 수용 전력 (kW)}}{\text{부하설비용량 (kW)}} \times 100\,[\%]$

④ 수용률 = $\dfrac{\text{부하설비용량 (kW)}}{\text{최대 수용 전력 (kW)}} \times 100\,[\%]$

정답 05 ④ 06 ③ 07 ① 08 ③

해설 | 수용률 계산식

$$수용률 = \frac{최대 수용 전력 (kW)}{부하설비용량 (kW)} \times 100 \, [\%]$$

해설 | 터빈 효율(η_T) 계산식

$$\eta_T = \frac{860P}{W(I_0 - I_1) \times 10^3} \times 100 \, [\%]$$

09 30000 [kW]의 전력을 51 [km] 떨어진 지점에 송전하는 데 필요한 전압은 약 몇 [kV]인가? (단, Still의 식에 의하여 산정한다)

① 22
② 33
③ 66
④ 100

해설 | 송전전압 V(Still식) 계산

$$V = 5.5\sqrt{0.6l + \frac{P}{100}}$$
$$= 5.5\sqrt{0.6 \times 51 + \frac{30000}{100}}$$
$$\fallingdotseq 100 \, [kV]$$

10 증기터빈 출력을 P [kW], 증기량을 W [t/h], 초압 및 배기의 증기 엔탈피를 각각 i_0, i_1 [kcal/kg]이라 하면 터빈의 효율 η_T [%]는?

① $\dfrac{860P \times 10^3}{W(I_0 - I_1)} \times 100$

② $\dfrac{860P \times 10^3}{W(I_1 - I_0)} \times 100$

③ $\dfrac{860P}{W(I_0 - I_1) \times 10^3} \times 100$

④ $\dfrac{860P}{W(I_1 - I_0) \times 10^3} \times 100$

11 다음 중 송전계통의 절연협조에 있어서 절연레벨이 가장 낮은 기기는?

① 피뢰기
② 단로기
③ 변압기
④ 차단기

해설 | 절연협조
- 피뢰기의 제한전압이 기본이 됨
- 계통 상호 간 적정한 절연 강도를 지니게 함
- 계통 설계를 합리적·경제적으로 함
- 절연협조에 의한 절연강도 순서(강해지는 순서)
  피뢰기 → 변압기 → 기기부싱 → 결합콘덴서 → 선로애자

암 피변기결선

12 수전단의 전력원 방정식이 $P_r^2 + (Q_r + 400)^2 = 250000$으로 표현되는 전력계통에서 조상설비 없이 전압을 일정하게 유지하면서 공급할 수 있는 부하전력은? (단, 부하는 무유도성이다)

① 200
② 250
③ 300
④ 350

해설 | 전력원선도 전력 계산
조상설비가 없으므로 $Q_r = 0$
$300^2 + 400^2 = 500^2$ ∴ $P_r = 300$

정답 09 ④ 10 ③ 11 ① 12 ③

13 송전선로에서 가공지선을 설치하는 목적이 아닌 것은?

① 뇌(雷)의 직격을 받을 경우 송전선 보호
② 유도뢰에 의한 송전선의 고전위 방지
③ 통신선에 대한 전자유도장해 경감
④ 철탑의 접지저항 경감

해설 | 가공전선을 설치하는 목적
- 직격뢰에 의한 이상전압으로부터 송전선 보호
- 유도뢰에 의한 이상전압으로부터 송전선 보호
- 통신선에 대한 전지유도장해 경감
- 역섬락 대책
  매설지선 : 철탑 접지저항 감소시키는 전선

14 고장 즉시 동작하는 특성을 갖는 계전기는?

① 순시계전기
② 정한시계전기
③ 반한시계전기
④ 반한시성 정한시계전기

해설 | 순시계전기
최소 동작 전류 이상의 전류가 흐르면 즉시 동작하는 특성

15 댐의 부속설비가 아닌 것은?

① 수로   ② 수조
③ 취수구 ④ 흡출관

해설 | **흡출관**
반동수차에만 사용, 낙차를 크게 함

16 4단자 정수 A = 0.9918 + j0.0042, B = 34.17 + 50.38, C = (-0.006 + j3247) × 10⁻⁴인 송전선로의 송전단에 66 [kV]를 인가하고 수전단을 개방하였을 때 수전단 선간 전압은 약 몇 [kV]인가?

① $66.55/\sqrt{3}$ ② 62.5
③ $62.5/\sqrt{3}$ ④ 66.55

해설 | 수전단 선간 전압(E_r) 계산
- $E_s = AE_r + BI_r$
- 무부하 시 $I_r = 0$, $E_r = \dfrac{E_s}{A}$

$$\therefore E_r = \frac{66}{0.9918 + j0.0042}$$
$$= 66.545 - j0.28$$
$$= \sqrt{66.545^2 + 0.28^2}$$
$$\fallingdotseq 66.55 \,[kV]$$

정답 13 ④ 14 ① 15 ④ 16 ④

17 3상 배전선로의 말단에 역률 60 [%](늦음), 60 [kW]의 평형 3상 부하가 있다. 부하점에 부하와 병렬로 전력용 콘덴서를 접속하여 선로 손실을 최소로 하고자 할 때 콘덴서용량 [kVA]은? (단, 부하단의 전압은 일정하다)

① 40
② 60
③ 80
④ 100

해설 | 전력용 콘덴서용량(Q_c) 계산 [kVA]

$$Q_c = P\left(\frac{\sqrt{1-\cos^2\theta_1}}{\cos\theta_1} - \frac{\sqrt{1-\cos^2\theta_2}}{\cos\theta_2}\right)$$

$$= 60 \times \left(\frac{\sqrt{1-0.6^2}}{0.6} - \frac{0}{1}\right)$$

$$= 80 [kVA]$$

TIP 선로 손실이 최소 조건 : 역률 1

18 화력발전소에서 절탄기의 용도는?

① 보일러에 공급되는 급수를 예열한다.
② 포화증기를 과열한다.
③ 연소용 공기를 예열한다.
④ 석탄을 건조한다.

해설 | 절탄기
보일러에서 배출된 배기가스 열을 이용하여 보일러 급수를 가열하는 장치

19 변전소에서 비접지 선로의 접지 보호용으로 사용되는 계전기에 영상전류를 공급하는 것은?

① CT
② GPT
③ ZCT
④ PT

해설 | 영상변류기(ZCT)
• 지락 사고 시 지락전류(영상전류) 검출
• 별도의 차단전류가 필요
• 지락계전기(GR), 선택 지락계전기(SGR) 등 추가 설치

20 사고, 정전 등의 중대한 영향을 받는 지역에서 정전과 동시에 자동적으로 예비 전원용 배전선로로 전환하는 장치는?

① 차단기
② 리클로저(Recloser)
③ 섹셔널라이저(Sectionalizer)
④ 자동부하 전환개폐기(Auto Load Transfer Switch)

해설 | 자동부하 전환개폐기(ALTS)
2회선 중 1회선 고장 시 다른 회선으로 전환

2020년 3회

01 3상 전원에 접속된 △결선의 커패시터를 Y결선으로 바꾸면 진상용량 Q_Y [kVA]는? (단, $Q_△$는 △결선된 커패시터의 진상용량이고, Q_Y는 Y결선된 커패시터의 진상용량이다)

① $Q_Y = \sqrt{3} Q_△$ ② $Q_Y = \dfrac{1}{3} Q_△$

③ $Q_Y = 3 Q_△$ ④ $Q_Y = \dfrac{1}{\sqrt{3}} Q_△$

해설 | 결선 방식별 콘덴서용량 및 정전용량 크기

$\dfrac{1}{3} Q_△ = Q_Y$, $C_△ = \dfrac{1}{3} Q_△$

02 교류 배전선로에서 전압강하 계산식은 $V_d = k(R\cos\theta + X\sin\theta)I$ 로 표현된다. 3상 3선식 배전선로인 경우에 k는?

① $\sqrt{3}$ ② $\sqrt{2}$
③ 3 ④ 2

해설 | 3상 전압강하 계산
$E_s = E_r + \sqrt{3} I(R\cos\theta + X\sin\theta)$
E_s : 송전단 전압 E_r : 수전단 전압

03 송전선에서 뇌격에 대한 차폐 등을 위해 가선하는 가공지선에 대한 설명으로 옳은 것은?

① 차폐각은 보통 15° ~ 30° 정도로 하고 있다.
② 차폐각이 클수록 벼락에 대한 차폐 효과가 크다.
③ 가공지선을 2선으로 하면 차폐각이 작아진다.
④ 가공지선으로는 연동선을 주로 사용한다.

해설 | 가공지선
- 직격뢰, 유도뢰, 통신선에 대한 전자유도 경감의 목적
- 차폐각 35° ~ 40°
- 차폐각이 작을수록 보호율이 높음
- 가공지선을 2회선으로 하면 차폐각이 작아짐
- ACSR 사용

정답 01 ② 02 ① 03 ③

04 배전선의 전력 손실 경감 대책이 아닌 것은?

① 다중 접지 방식을 채용한다.
② 역률을 개선한다.
③ 배전 전압을 높인다.
④ 부하의 불평형을 방지한다.

해설 | 전력 손실(P_l) 경감 대책
- 전력 손실과 전기 요소 관계식
$$P_l \propto \frac{1}{V^2 cos^2\theta}$$
- 전압, 역률 상승 시 P_l 감소
- 부하의 불평형을 방지하여 중성선에 흐르는 전류에 의한 전력 손실 억제

05 그림과 같은 이상 변압기에서 2차 측에 5 [Ω]의 저항부하를 연결하였을 때 1차 측에 흐르는 전류(I)는 약 몇 [A]인가?

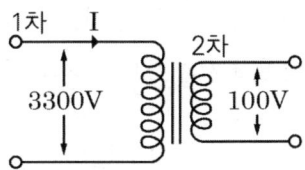

① 0.6　　② 1.8
③ 20　　　④ 660

해설 | 1차 측 전류(I_1) 계산
- 권수비 $a = \frac{V_1}{V_2} = \frac{I_2}{I_1}$
- 권수비 $a = \frac{V_1}{V_2} = \frac{3300}{100}$, $a = 33$
- $V_2 = I_2 R_2$
- $I_2 = \frac{V_2}{R_2} = \frac{100}{5} = 20\,[A]$,

  $\frac{20}{I_1} = 33$, $I_1 = \frac{20}{33}$　∴ $I_1 ≒ 0.6\,[A]$

06 전압과 유효전력이 일정할 경우 부하 역률이 70 [%]인 선로에서의 저항 손실($P_{70\%}$)은 역률이 90 [%]인 선로에서의 저항 손실($P_{90\%}$)과 비교하면 약 얼마인가?

① $P_{70\%} = 0.6 P_{90\%}$
② $P_{70\%} = 1.7 P_{90\%}$
③ $P_{70\%} = 0.3 P_{90\%}$
④ $P_{70\%} = 2.7 P_{90\%}$

해설 | 역률 개선 전·후 전력 손실(P_l) 비 계산
- $P_l = I^2 R = (\frac{P}{V\cos\theta})^2 R$
  $= \frac{P^2 R}{V^2 \cos^2\theta}\,[W]$
- $P_l \propto \frac{1}{\cos^2\theta}$

  ∴ $P_l = \frac{0.9^2}{0.7^2} ≒ 1.7$ 배

정답　04 ①　05 ①　06 ②

07
3상 3선식 송전선에서 L을 작용 인덕턴스라 하고, L_e 및 L_m은 대지를 귀로 하는 1선의 자기 인덕턴스 및 상호 인덕턴스라고 할 때 이들 사이의 관계식은?

① $L = L_m - L_e$
② $L = L_e - L_m$
③ $L = L_m + L_e$
④ $L = L_m / L_e$

해설 | 대지를 귀로하는 인덕턴스(L) 식
$$L = L_e - L_m$$

08
표피 효과에 대한 설명으로 옳은 것은?

① 표피 효과는 주파수에 비례한다.
② 표피 효과는 전선의 단면적에 반비례한다.
③ 표피 효과는 전선의 비투자율에 반비례한다.
④ 표피 효과는 전선의 도전율에 반비례한다.

해설 | 표피 효과(전류가 표피 측으로 흐름)
(1) 침투깊이 $\delta = \dfrac{1}{\sqrt{\pi f \mu k}}\ [m]$
  f : 주파수 μ : 투자율 k : 도전율
(2) 침투깊이와 표피 효과 관계
  • 투자율 클수록
  • 주파수 높을수록
  • 전선 굵을수록
  • 도전율 높을수록
∴ 주파수는 침투깊이 반비례, 표피 효과 비례

09
배전선로의 전압을 3 [kV]에서 6 [kV]로 승압하면 전압강하율은 어떻게 되는가? (단, δ_{3kV}는 전압이 3 [kV]일 때 전압강하율이고, δ_{6kV}는 전압이 6 [kV]일 때 전압강하율이고, 부하는 일정하다고 한다)

① $\delta_{6kV} = \dfrac{1}{2}\delta_{3kV}$
② $\delta_{6kV} = \dfrac{1}{4}\delta_{3kV}$
③ $\delta_{6kV} = 2\delta_{3kV}$
④ $\delta_{6kV} = 4\delta_{3kV}$

해설 | 전압 n배 승압 시 각 전기 요소 값
• 공급 전력 $P \propto V^2$
• 전압 강하 $e \propto \dfrac{1}{V}$
• 전선 굵기 $A \propto \dfrac{1}{V^2}$
• 전압 강하율 $\varepsilon \propto \dfrac{1}{V^2}$
• 전력 손실률 $P_l \propto \dfrac{1}{V^2}$

∴ 전압 2배 상승 시 $\varepsilon = \dfrac{1}{4}$

10
계통의 안정도 증진 대책이 아닌 것은?

① 발전기나 변압기의 리액턴스를 작게 한다.
② 선로의 회선수를 감소시킨다.
③ 중간 조상 방식을 채용한다.
④ 고속도 재폐로 방식을 채용한다.

정답 07 ② 08 ① 09 ② 10 ②

해설 | **안정도 향상 대책**
- 계통의 직렬 리액턴스 감소
- 조속기 작동을 빠르게 함
- 속응 여자 방식
- 계통연계 방식
- 고속도 재폐로 방식
- 중간조상 방식
- 직렬 콘덴서 설치
- 병렬 회선 수 늘림

11 1상의 대지 정전용량이 0.5 [μF], 주파수가 60 [Hz]인 3상 송전선이 있다. 이 선로에 소호리액터를 설치한다면 소호리액터의 공진 리액턴스는 약 몇 [Ω]이면 되는가?

① 970
② 1370
③ 1770
④ 3570

해설 | **소호리액터(ωL) 공진 리액턴스 계산**

$$\omega L = \frac{1}{3\omega C} = \frac{1}{3 \times 2\pi \times 60 \times 0.5 \times 10^{-6}}$$
$$\fallingdotseq 1770 \,[\Omega]$$

12 배전선로의 고장 또는 보수 점검 시 정전 구간을 축소하기 위하여 사용되는 것은?

① 단로기
② 컷아웃스위치
③ 계자 저항기
④ 구분 개폐기

해설 | **구분 개폐기**
배전선로 고장 또는 점검 시 정전 구간 축소

13 수전단 전력 원선도의 전력 방정식이 $P_r^2 + (Q_r + 400)^2 = 250000$으로 표현되는 전력계통에서 가능한 최대로 공급할 수 있는 부하전력(P_r)과 이때 전압을 일정하게 유지하는 데 필요한 무효전력(Q_r)은 각각 얼마인가?

① $P_r = 500$, $Q_r = -400$
② $P_r = 400$, $Q_r = 500$
③ $P_r = 300$, $Q_r = 100$
④ $P_r = 200$, $Q_r = -300$

해설 | **최대공급전력 조건(무효전력 = 0)**
$Q_r = -400$, $P_r = 500$

14 수전용 변전설비의 1차 측 차단기의 차단용량은 주로 어느 것에 의하여 정해지는가?

① 수전 계약용량
② 부하설비의 단락용량
③ 공급 측 전원의 단락용량
④ 수전전력의 역률과 부하율

해설 | **1차 측 차단기용량**
공급 측 전원의 단락용량에 의해 선정

15 프란시스 수차의 특유속도 [m·kW]의 한계를 나타내는 식은? (단, H [m]는 유효낙차이다)

① $\dfrac{13000}{H+50}+10$ ② $\dfrac{13000}{H+50}+30$

③ $\dfrac{20000}{H+20}+10$ ④ $\dfrac{20000}{H+20}+30$

해설 | 수차 특유속도(N_s)

구분	특유속도
펠턴	$12 \leq N_s \leq 21$
프란시스	$N_s \leq \dfrac{20000}{H+20}+30$
사류수차	$N_s \leq \dfrac{20000}{H+20}+40$
카플란	$N_s \leq \dfrac{20000}{H+20}+50$

TIP 분모 H + 20 고정, 분자값만 암기

16 정격전압 6600 [V], Y결선, 3상 발전기의 중성점을 1선 지락 시 지락전류를 100 [A]로 제한하는 저항기로 접지하려고 한다. 저항기의 저항 값은 약 몇 [Ω]인가?

① 44   ② 41
③ 38   ④ 35

해설 | 지락전류(I_g) 계산

$I_g = \dfrac{E}{R}$, $100 = \dfrac{\frac{6600}{\sqrt{3}}}{R}$

∴ $R ≒ 38\,[\Omega]$

TIP Y결선 시 대지전압 = 선간전압 ÷ $\sqrt{3}$

17 송전 철탑에서 역섬락을 방지하기 위한 대책은?

① 가공지선의 설치
② 탑각 접지저항의 감소
③ 전력선의 연가
④ 아크혼의 설치

해설 | 역섬락
- 철탑 접지저항이 크면 비교적 저항이 적은 선로 측으로 이상전류가 흐름
- 역섬락 대책
  매설지선 : 철탑 접지저항 감소시키는 전선

18 조속기의 폐쇄 시간이 짧을수록 나타나는 현상으로 옳은 것은?

① 수격작용은 작아진다.
② 발전기의 전압 상승률은 커진다.
③ 수차의 속도 변동률은 작아진다.
④ 수압관 내의 수압 상승률은 작아진다.

해설 | 수차의 속도변동률(δ)
조속기 폐쇄 시간이 짧을수록 수차의 최대 속도(N_m)가 감소하여 속도 변동률은 작아진다.

$\delta = \dfrac{N_m - N_0}{N_0} \times 100\,[\%]$

N_m : 수차의 최대 회전 속도
N_0 : 정격 회전 속도

19 주변압기 등에서 발생하는 제5고조파를 줄이는 방법으로 옳은 것은?

① 전력용 콘덴서에 직렬리액터를 연결한다.
② 변압기 2차 측에 분로리액터를 연결한다.
③ 모선에 방전코일을 연결한다.
④ 모선에 공심 리액터를 연결한다.

해설 | 직렬리액터(SR)의 설치 목적
제5고조파 감소

20 복도체에서 2본의 전선이 서로 충돌하는 것을 방지하기 위하여 2본의 전선 사이에 적당한 간격을 두어 설치하는 것은?

① 아모로드 ② 댐퍼
③ 아킹혼   ④ 스페이서

해설 | 복도체 사용 시 문제점
서로 같은 방향 전류가 흘러 흡인력 발생
• 흡인력 대책 : 스페이서

정답 19 ① 20 ④

2020년 4회

01 전력 원선도에서 구할 수 없는 것은?

① 송·수전할 수 있는 최대 전력
② 필요한 전력을 보내기 위한 송·수전단 전압 간의 상차각
③ 선로 손실과 송전 효율
④ 과도 극한 전력

해설 | 전력 원선도에서 알 수 없는 것
- 코로나 손실
- 과도 극한 안정 전력
- 송전단 역률

02 다음 중 그 값이 항상 1 이상인 것은?

① 부등률   ② 부하율
③ 수용률   ④ 전압강하율

해설 | 부등률 계산식

$$부등률 = \frac{각\ 수용가\ 최대\ 수용\ 전력의\ 합}{합성\ 최대\ 수용\ 전력\ (동시간대)}$$

암 등각최합

03 송전 전력, 송전 거리, 전선로의 전력 손실이 일정하고, 같은 재료의 전선을 사용한 경우 단상 2선식에 대한 3상 4선식의 1선당 전력비는 약 얼마인가? (단, 중성선은 외선과 같은 굵기이다)

① 0.7   ② 0.87
③ 0.94   ④ 1.15

해설 | 공급 방식별 공급전력 비 계산

- 단상 2선식 전력비 $= \frac{1}{2}VI$

- 3상 4선식 전력비 $= \frac{\sqrt{3}}{4}VI$

$$\therefore \frac{3상\ 4선식\ 전력비}{단상\ 2선식\ 전력비} = \frac{\frac{\sqrt{3}}{4}}{\frac{1}{2}} \fallingdotseq 0.87$$

04 3상용 차단기의 정격 차단용량은?

① $\sqrt{3}$ × 정격전압 × 정격차단전류
② $\sqrt{3}$ × 정격전압 × 정격전류
③ 3 × 정격전압 × 정격차단전류
④ 3 × 정격전압 × 정격전류

해설 | 3상 차단기 정격차단용량(P_s) 계산식

$P_s = \sqrt{3}\, V_n I_s$

V_n : 정격 전압 I_s : 정격 차단 전류

정답 01 ④ 02 ① 03 ② 04 ①

05 개폐서지의 이상전압을 감쇄할 목적으로 설치하는 것은?

① 단로기
② 차단기
③ 리액터
④ 개폐저항기

해설 | **개폐서지 발생 및 대책**
- 송전 선로의 개폐 조작 시 발생
- 개폐서지 대책 : 개폐 저항기

06 부하의 역률을 개선할 경우 배전선로에 대한 설명으로 틀린 것은? (단, 다른 조건은 동일하다)

① 설비용량의 여유 증가
② 전압 강하의 감소
③ 선로전류의 증가
④ 전력 손실의 감소

해설 | **역률 개선의 효과**
- 전력 손실 경감
- 전압 강하 경감
- 설비용량 여유분 증가
- 전기 요금 절약

07 수력발전소의 형식을 취수 방법, 운용 방법에 따라 분류할 수 있다. 다음 중 취수 방법에 따른 분류가 아닌 것은?

① 댐식
② 수로식
③ 조정지식
④ 유역 변경식

해설 | **수력발전소의 분류**
(1) 낙차에 따른 분류(취수 방법에 의한 분류)
- 수로식 발전소
- 유역 변경식 발전소
- 댐 발전소
- 댐 수로식 발전소

  암 수유댐댐

(2) 운용 방법에 따른 분류
- 양수식
- 자류식
- 저수지식
- 조정지식

  암 양자저조

08 한류리액터를 사용하는 가장 큰 목적은?

① 충전전류의 제한
② 접지전류의 제한
③ 누설전류의 제한
④ 단락전류의 제한

해설 | **한류리액터 목적**
단락전류 제한

  암 파한단

09 66/22 [kV], 2000 [kVA] 단상 변압기 3대를 1뱅크로 운전하는 변전소로부터 전력을 공급받는 어떤 수전점에서의 3상 단락전류는 약 몇 [A]인가? (단, 변압기의 [%]리액턴스는 7이고, 선로의 임피던스는 0 이다)

① 750 ② 1570
③ 1900 ④ 2250

해설 | 단락전류(I_s) 계산

$$I_s = \frac{100}{\%Z} \times I_n$$

$$= \frac{100}{7} \times \frac{6000 \times 10^3}{\sqrt{3} \times 22 \times 10^3}$$

$$\fallingdotseq 2,250\,[A]$$

10 반지름 0.6 [cm]인 경동선을 사용하는 3상 1회선 송전선에서 선간거리를 2 [m]로 정삼각형 배치할 경우 각 선의 인덕턴스 [mH/km]는 약 얼마인가?

① 0.81 ② 1.21
③ 1.51 ④ 1.81

해설 | 인덕턴스(L) 계산 [mH/km]

$$L = 0.05 + 0.4605 \log_{10} \frac{2}{0.6 \times 10^{-2}}$$

$$\fallingdotseq 1.21$$

11 파동 임피던스 Z_1 = 500 [Ω]인 선로에 파동 임피던스 Z_2 = 1500 [Ω]인 변압기가 접속되어 있다. 선로로부터 600 [kV]의 전압파가 들어왔을 때 접속점에서의 투과파 전압 [kV]은?

① 300 ② 600
③ 900 ④ 1200

해설 | 투과파 전압(E) 계산

$$E = \frac{2Z_2}{Z_1 + Z_2} \times e_1$$

$$= \frac{2 \times 1500}{500 + 1500} \times 600 = 900\,[kV]$$

12 원자력발전소에서 비등수형 원자로에 대한 설명으로 틀린 것은?

① 연료로 농축 우라늄을 사용한다.
② 냉각재로 경수를 사용한다.
③ 물을 원자로 내에서 직접 비등시킨다.
④ 가압수형 원자로에 비해 노심의 출력 밀도가 높다.

해설 | 비등수형(BWR) 원자로
- 저농축 우라늄(농축 우라늄)
- 감속재 : 경수
- 냉각재 : 경수
- 열교환기 없이 바로 원자력 발전
- 가압수형 원자로에 비해 노심의 출력밀도가 낮음

13 송배전선로의 고장전류 계산에서 영상 임피던스가 필요한 경우는?

① 3상 단락 계산
② 선간 단락 계산
③ 1선 지락 계산
④ 3선 단선 계산

해설 | **1선 지락계산 시 필요 임피던스**
영상, 정상, 역상 임피던스

14 증기 사이클에 대한 설명 중 틀린 것은?

① 랭킨 사이클의 열효율은 초기 온도 및 초기 압력이 높을수록 효율이 크다.
② 재열 사이클은 저압터빈에서 증기가 포화 상태에 가까워졌을 때 증기를 다시 가열하여 고압터빈으로 보낸다.
③ 재생 사이클은 증기 원동기 내에서 증기의 팽창 도중에서 증기를 추출하여 급수를 예열한다.
④ 재열재생 사이클은 재생 사이클과 재열 사이클을 조합하여 병용하는 방식이다.

해설 | **재열 사이클**
- 고압터빈에서 증기를 재가열하기 위해 보일러로 보낸 후 저압터빈으로 보냄
- 재가열 증기를 저압터빈으로 보냄으로써, 터빈의 내부손실을 낮추어 열효율 개선

15 다음 중 송전선로의 역섬락을 방지하기 위한 대책으로 가장 알맞은 방법은?

① 가공지선 설치
② 피뢰기 설치
③ 매설지선 설치
④ 소호각 설치

해설 | **역섬락**
- 철탑의 접지저항이 크면 비교적 저항이 적은 선로 측으로 이상전류가 흐름
- 역섬락 대책
매설지선 : 철탑의 접지저항을 감소시키는 전선

16 전원이 양단에 있는 환상선로의 단락보호에 사용되는 계전기는?

① 방향 거리계전기
② 부족 전압계전기
③ 선택 접지계전기
④ 부족 전류계전기

해설 | **환상 선로 단락보호계전기**
- 전원 1군데일 시 : 방향 단락계전기(DS)
- 전원 2군데일 시 : 방향 거리계전기(DZ)

정답 13 ③ 14 ② 15 ③ 16 ①

17 전력계통을 연계시켜서 얻는 이득이 아닌 것은?

① 배후 전력이 커져서 단락용량이 작아진다.
② 부하 증가 시 종합첨두부하가 저감된다.
③ 공급 예비력이 절감된다.
④ 공급 신뢰도가 향상된다.

해설 | 단락용량(P_s)과 %임피던스(%Z)의 관계식
$$P_s = \frac{100}{\%Z} \times P_n$$
$$\therefore \%Z \text{ 감소, } P_s \text{ 증가}$$

18 배전선로에 3상 3선식 비접지 방식을 채용할 경우 나타나는 현상은?

① 1선 지락 고장 시 고장 전류가 크다.
② 1선 지락 고장 시 인접 통신선의 유도장해가 크다.
③ 고저압 혼촉 고장 시 저압선의 전위상승이 크다.
④ 1선 지락 고장 시 건전상의 대지 전위상승이 크다.

해설 | 비접지 계통(△) 1선 지락 사고 시
- 지락되는 상(고장 상)은 '0' 전위가 됨
- 나머지 상의 전위는 $\sqrt{3}$ 배 상승

19 선간전압이 V [kV]이고 3상 정격용량이 P [kVA]인 전력계통에서 리액턴스가 X [Ω]라고 할 때 이 리액턴스를 %리액턴스로 나타내면?

① $\dfrac{XP}{10V}$ ② $\dfrac{XP}{10V^2}$

③ $\dfrac{XP}{V}$ ④ $\dfrac{10V^2}{XP}$

해설 | %리액턴스(%X) 계산식
$$\%X = \frac{XP}{10V^2}$$

TIP V, P_n 단위 [kV] 및 [kVA]여야 함

20 전력용 콘덴서를 변전소에 설치할 때 직렬 리액터를 설치하고자 한다. 직렬리액터용량을 결정하는 계산식은? (단, f_0은 전원의 기본 주파수, C는 역률 개선용 콘덴서의 용량, L은 직렬 리액터의 용량이다)

① $L = \dfrac{1}{(2\pi f_0)^2 C}$ ② $L = \dfrac{1}{(5\pi f_0)^2 C}$

③ $L = \dfrac{1}{(6\pi f_0)^2 C}$ ④ $L = \dfrac{1}{(10\pi f_0)^2 C}$

해설 | 직렬 리액터(L)용량 계산식
$$\omega L = \frac{1}{\omega C}, \quad 2\pi(5f_0)L = \frac{1}{2\pi(5f_0)C}$$
$$\therefore L = \frac{1}{(10\pi f_0)^2 C}$$

정답 17 ① 18 ④ 19 ② 20 ④

전기기사 전력공학 — 2019년 1회

01 송배전 선로에서 도체의 굵기는 같게 하고, 도체 간의 간격을 크게 하면 도체의 인덕턴스는?

① 커진다.
② 작아진다.
③ 변함이 없다.
④ 도체의 굵기 및 도체 간의 간격과는 무관하다.

해설 | 도체 간 간격과 인덕턴스의 관계

- 인덕턴스 $L = 0.05 + 0.4605\log_{10}\dfrac{D}{r}$
- ∴ 선간 거리 D 증가 시 인덕턴스 증가

02 동일 전력을 동일 선간 전압, 동일 역률로 동일 거리에 보낼 때 사용하는 전선의 총 중량이 같으면 3상 3선식인 때와 단상 2선식일 때는 전력 손실비는?

① 1 ② 3/4
③ 2/3 ④ $1/\sqrt{3}$

해설 | 단상 2선식 대비 전체 전선 중량비
단상 2선식 대비 전체 전선 중량비 = 전력 손실비(사용전압 및 전력, 손실 일정한 경우)

- 단상 3선식 $\dfrac{3}{8}$
- 3상 3선식 $\dfrac{3}{4}$
- 3상 4선식 $\dfrac{1}{3}$

03 배전반에 접속되어 운전 중인 계기용 변압기(PT) 및 변류기(CT)의 2차 측 회로를 점검할 때 조치 사항으로 옳은 것은?

① CT만 단락시킨다.
② PT만 단락시킨다.
③ CT와 PT 모두를 단락시킨다.
④ CT와 PT 모두를 개방시킨다.

해설 | 계기용 변압기 및 변류기의 2차 측 회로 점검 시 조치 사항

구분	2차 측	이유
PT	개방	과전류로부터 PT 보호
CT	2차 측 단락	2차 측 기기 절연 보호

04 배전선로의 역률 개선에 따른 효과로 적합하지 않은 것은?

① 선로의 전력 손실 경감
② 선로의 전압 강하의 감소
③ 전원 측 설비의 이용률 향상
④ 선로 절연의 비용 절감

해설 | 역률 개선의 효과
- 전력 손실 경감
- 전압 강하 경감
- 설비용량 여유분 증가
- 전기 요금 절약

정답 01 ① 02 ② 03 ① 04 ④

05 총 낙차 300 [m], 사용수량 20 [m³/s]인 수력발전소의 발전기 출력은 약 몇 [kW]인가? (단, 수차 및 발전기효율은 각각 90 [%], 98 [%]라 하고, 손실 낙차는 총 낙차의 6 [%]라고 한다)

① 48750　② 51860
③ 54170　④ 54970

해설 | 수력발전소 출력(P) 계산
$P = 9.8 Q H n_t n_g \ [kW]$
$= 9.8 \times 282 \times 20 \times 0.9 \times 0.98$
$= 48,750 \ [kW]$

TIP 손실낙차 = 300 × 0.06 = 18 [m]
유효낙차 = 300 − 18 = 282 [m]

06 수전단을 단락한 경우 송전단에서 본 임피던스가 330 [Ω]이고, 수전단을 개방한 경우 송전단에서 본 어드미턴스가 1.875 × 10⁻³ [℧]일 때 송전단의 특성 임피던스는 약 몇 [Ω]인가?

① 120　② 220
③ 320　④ 420

해설 | 특성임피던스(Z_0) 계산
$Z_0 = \sqrt{\dfrac{Z}{Y}} = \sqrt{\dfrac{330}{1.875 \times 10^{-3}}}$
$≒ 420 \ [\Omega]$

07 다중접지 계통에 사용되는 재폐로 기능을 갖는 일종의 차단기로서 과부하 또는 고장 전류가 흐르면 순시 동작하고, 일정 시간 후에는 자동적으로 재폐로 하는 보호기기는?

① 라인퓨즈
② 리클로저
③ 섹셔널라이저
④ 고장구간 자동 개폐기

해설 | 리클로저(Recloser)
배전 선로 고장 시 고장 전류 검출 및 고속 차단하고 자동 재폐로 동작을 수행

TIP 리클로저 (R) – 섹셔널라이저 (S) 순

08 송전선 중간에 전원이 없을 경우에 송전단의 전압 $E_S = AE_R + BI_R$이 된다. 수전단의 전압 E_R의 식으로 옳은 것은? (단, I_S, I_R는 송전단 및 수전단의 전류이다)

① $E_R = AE_s + CI_s$
② $E_R = BE_s + AI_s$
③ $E_R = DE_s - BI_s$
④ $E_R = CE_s - DI_s$

해설 | 수전단 전압(E_R) 계산
(1) 송전단 전압·전류 계산식
- $E_S = AE_R + BI_R$
- $I_S = CE_R + DI_R$
- $AD - BC = 1$

(2) 각각의 식에 임의 값 (D·B) 대입
- $DE_S = ADE_R + BDI_R$
- $BI_S = BCE_R + BDI_R$
- 두 식을 연립방정식으로 빼준다.
$DE_S - BI_S = E_R(AD - BC)$
$\therefore DE_S - BI_S = E_R$

09 비접지식 3상 송배전계통에서 1선 지락고장 시 고장전류를 계산하는 데 사용되는 정전용량은?

① 작용정전용량
② 대지정전용량
③ 합성정전용량
④ 선간정전용량

해설 | 비접지 방식의 지락전류 계산식
$I_g = \sqrt{3}\,\omega CV\,[A]$

C : 대지정전용량
(90° 빠른 전류 = 충전 전류)

10 비접지 계통의 지락 사고 시 계전기에 영상전류를 공급하기 위하여 설치하는 기기는?

① PT
② CT
③ ZCT
④ GPT

해설 | 영상변류기(ZCT)
- 지락 사고 시 지락 전류(영상 전류) 검출
- 별도의 차단 전류가 필요
- 지락계전기(GR), 선택 지락계전기(SGR) 등 추가 설치

11 이상전압의 파곳값을 저감시켜 전력사용설비를 보호하기 위하여 설치하는 것은?

① 초호환
② 피뢰기
③ 계전기
④ 접지봉

해설 | 피뢰기(LA)
이상전압 파고치를 저감시켜 기기 보호

12 임피던스 Z_1, Z_2 및 Z_3을 그림과 같이 접속한 선로의 A쪽에서 전압파 E가 진행해 왔을 때 접속점 B에서 무반사로 되기 위한 조건은?

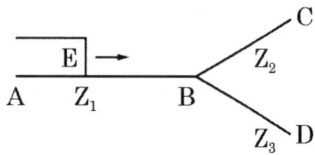

① $Z_1 = Z_2 + Z_3$
② $\dfrac{1}{Z_3} = \dfrac{1}{Z_1} + \dfrac{1}{Z_2}$
③ $\dfrac{1}{Z_1} = \dfrac{1}{Z_2} + \dfrac{1}{Z_3}$
④ $\dfrac{1}{Z_2} = \dfrac{1}{Z_1} + \dfrac{1}{Z_3}$

해설 | 반사계수(β) 계산

- $Z_A = Z_1, \quad Z_B = \dfrac{1}{\dfrac{1}{Z_2}+\dfrac{1}{Z_3}}$

- 무반사 조건 $Z_A = Z_B$

- $Z_1 = \dfrac{1}{\dfrac{1}{Z_2}+\dfrac{1}{Z_3}}$

$$\therefore \dfrac{1}{Z_1} = \dfrac{1}{Z_2} + \dfrac{1}{Z_3}$$

13 저압 뱅킹 방식에서 저전압의 고장에 의하여 건전한 변압기의 일부 또는 전부가 차단되는 현상은?

① 아킹(Arcing)
② 플리커(Flicker)
③ 밸런스(Balance)
④ 캐스케이딩(Cascading)

해설 | 캐스케이딩(Cascading)
- 변압기 2차 측 일부 고장으로 건전한 변압기 일부 또는 전부 고장 발생
- 캐스케이딩 대책 : 구분퓨즈

14 변전소의 가스차단기에 대한 설명으로 틀린 것은?

① 근거리 차단에 유리하지 못하다.
② 불연성이므로 화재의 위험성이 적다.
③ 특고압 계통의 차단기로 많이 사용된다.
④ 이상전압의 발생이 적고, 절연회복이 우수하다.

해설 | 가스차단기(GCB)
근거리 차단 능력 우수

15 켈빈(Kelvin)의 법칙이 적용되는 경우는?

① 전압 강하를 감소시키고자 하는 경우
② 부하 배분의 균형을 얻고자 하는 경우
③ 전력 손실량을 축소시키고자 하는 경우
④ 경제적인 전선의 굵기를 선정하고자 하는 경우

해설 | 켈빈(Kelvin)의 법칙
경제적인 전선 굵기를 선정하는 경우 적용

16 보호계전기의 반한시·정한시 특성은?

① 동작전류가 커질수록 동작 시간이 짧게 되는 특성
② 최소 동작전류 이상의 전류가 흐르면 즉시 동작하는 특성
③ 동작전류의 크기에 관계없이 일정한 시간에 동작하는 특성
④ 동작전류가 커질수록 동작 시간이 짧아지며, 어떤 전류 이상이 되면 동작전류의 크기에 관계없이 일정한 시간에서 동작하는 특성

해설 | 반한시·정한시 특성
- 동작전류가 커질수록 동작 시간 짧음
- 일정 전류 이상 시 동작전류의 크기에 관계없이 일정한 시간에서 동작

17 단도체 방식과 비교할 때 복도체 방식의 특징이 아닌 것은?

① 안정도가 증가된다.
② 인덕턴스가 감소된다.
③ 송전용량이 증가된다.
④ 코로나 임계전압이 감소된다.

해설 | **복도체 사용 목적**
- 코로나 임계전압(E_0) 계산식

$$E_0 = 24.3\, m_o m_1 \delta\, d \log_{10} \frac{D}{r}\ [kV]$$

- 복도체 사용 시 도체 직경(d) 증가로 E_0가 상승하여 코로나 발생 억제함

암 복코

18 1선 지락 시에 지락전류가 가장 작은 송전계통은?

① 비접지식
② 직접접지식
③ 저항접지식
④ 소호리액터접지식

해설 | **소호 리액터 접지 방식 특징**
- 병렬 공진 시 지락전류 최소
- 통신 장애 최소
- 차단기 차단 능력 가벼움
- 유도장해 최소
- 보호계전기 동작 불확실
- 단선 사고 시 직렬공진에 의한 이상전압 최대 발생

19 수차의 캐비테이션 방지책으로 틀린 것은?

① 흡출수두를 증대시킨다.
② 과부화 운전을 가능한 피한다.
③ 수차의 비속도를 너무 크게 잡지 않는다.
④ 침식에 강한 금속재료로 러너를 제작한다.

해설 | **캐비테이션 방지책**
- 비속도(특유속도)를 크게 잡지 말 것
- 러너 표면을 미끄럽게 가공할 것
- 과부하 운전을 하지 말 것
- 흡출수두를 작게 할 것

20 선간전압이 154 [kV]이고, 1상당의 임피던스가 j8 [Ω]인 기기가 있을 때 기준용량을 100 [MVA]로 하면 %임피던스는 약 몇 [%]인가?

① 2.75
② 3.15
③ 3.37
④ 4.25

해설 | **%임피던스(%Z) 계산**

$$\%Z = \frac{ZP}{10V^2} = \frac{8 \times 100,000}{10 \times 154^2} = 3.37\,[\%]$$

TIP V및 P_n 단위 [kV] 및 [kVA]여야

2019년 2회

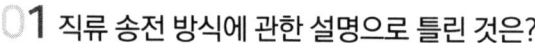

01 직류 송전 방식에 관한 설명으로 틀린 것은?

① 교류 송전 방식보다 안정도가 낮다.
② 직류계통과 연계 운전 시 교류계통의 차단용량은 작아진다.
③ 교류 송전 방식에 비해 절연계급을 낮출 수 있다.
④ 비동기 연계가 가능하다.

해설 | 직류 송전 방식의 특징
- 역률이 항상 1이다.
- 비동기 연계가 가능한 장점이 있다.
- <u>선로의 리액턴스가 없으므로 안정도가 높다.</u>
- 회전자계를 얻기 힘들다(변압 어려움).
- 영점이 없어 고전압, 대전류의 차단이 어렵다.

02 유효낙차 100 [m], 최대사용수량 20 [m³/s], 수차효율 70 [%]인 수력발전소의 연간 발전전력량은 약 몇 [kWh]인가? (단, 발전기의 효율은 85 [%]라고 한다)

① 2.5×10^7
② 5×10^7
③ 10×10^7
④ 20×10^7

해설 | 수력발전 연간 발전량 계산
$$P = 9.8\,QH\eta_t\eta_g \times 시간$$
$$= 9.8 \times 20 \times 100 \times 0.7$$
$$\times 0.85 \times 365 \times 24$$
$$\fallingdotseq 10 \times 10^7\,[kWh]$$

03 일반 회로정수가 A, B, C, D이고 송전단 전압이 E_s인 경우 무부하 시 수전단 전압은?

① $\dfrac{E_s}{A}$
② $\dfrac{E_s}{B}$
③ $\dfrac{A}{C}E_s$
④ $\dfrac{C}{A}E_s$

해설 | 무부하 시 수전단 전압 (E_r) 계산
- $E_s = AE_r + BI_r$, $I_s = CE_r + DI_r$
- 무부하 ($I_r = 0$) 시, $E_s = AE_r$

$$\therefore E_r = \frac{E_s}{A}$$

04 한 대의 주상변압기에 역률(뒤짐) $\cos\theta_1$, 유효전력 P_1 [kW]의 부하와 역률(뒤짐) $\cos\theta_2$, 유효전력 P_2 [kW]의 부하가 병렬로 접속되어 있을 때 주상변압기 2차 측에서 본 부하의 종합 역률은 어떻게 되는가?

① $\dfrac{P_1+P_2}{\dfrac{P_1}{\cos\theta_1}+\dfrac{P_2}{\cos\theta_2}}$

② $\dfrac{P_1+P_2}{\dfrac{P_1}{\sin\theta_1}+\dfrac{P_2}{\sin\theta_2}}$

③ $\dfrac{P_1+P_2}{\sqrt{(P_1+P_2)^2+(P_1\tan\theta_1+P_2\tan\theta_2)^2}}$

④ $\dfrac{P_1+P_2}{\sqrt{(P_1+P_2)^2+(P_1\sin\theta_1+P_2\sin\theta_2)^2}}$

정답 01 ① 02 ③ 03 ① 04 ③

해설 | 종합역률($\cos\theta$) 계산
$$\cos\theta = \frac{P}{\sqrt{P^2+Q^2}}$$
$Q = P\tan\theta$
P : 유효전력 Q : 무효전력

05 옥내배선의 전선 굵기를 결정할 때 고려해야 할 사항으로 틀린 것은?

① 허용 전류   ② 전압 강하
③ 배선 방식   ④ 기계적 강도

해설 | 전선 굵기 결정 요인
• 허용전류가 적어야 한다.
• 전압 강하가 적어야 한다.
• 기계적 강도가 커야 한다.

암 허접강도

06 선택 지락계전기의 용도를 옳게 설명한 것은?

① 단일 회선에서 지락고장 회선의 선택 차단
② 단일 회선에서 지락전류의 방향 선택 차단
③ 병행 2회선에서 지락고장 회선의 선택 차단
④ 병행 2회선에서 지락고장의 지속시간 선택 차단

해설 | 선택 접지계전기(SGR)
다회선에서 지락고장 회선 선택 차단

07 33 [kV] 이하의 단거리 송배전선로에 적용되는 비접지 방식에서 지락전류는 다음 중 어느 것을 말하는가?

① 누설전류
② 충전전류
③ 뒤진전류
④ 단락전류

해설 | 비접지 방식의 지락전류
$I_g = \sqrt{3}\,\omega CV\,[A]$

C : 대지정전용량
(90° 빠른 전류 = 충전 전류)

08 터빈(Turbine)의 임계속도란?

① 비상조속기를 동작시키는 회전수
② 회전자의 고유 진동수와 일치하는 위험 회전수
③ 부하를 급히 차단하였을 때의 순간 최대 회전수
④ 부하 차단 후 자동적으로 정정된 회전수

해설 | 임계속도
회전자 고유 진동수와 일치하여 터빈이 위험 상태에 이르는 속도

정답 05 ③ 06 ③ 07 ② 08 ②

09 공통 중성선 다중 접지 방식의 배전선로에서 Recloser(R), Sectionalizer(S), Line fuse(F)의 보호협조가 가장 적합한 배열은? (단, 보호협조는 변전소를 기준으로 한다)

① S - F - R ② S - R - F
③ F - S - R ④ R - S - F

해설 | 보호협조 배열 순서
리클로저(R) - 섹셔널라이저(S)

10 송전선의 특성임피던스와 전파정수는 어떤 시험으로 구할 수 있는가?

① 뇌파시험
② 정격부하시험
③ 절연강도 측정시험
④ 무부하 시험과 단락시험

해설 | 특성임피던스와 전파정수 측정 방법
Z_0(특성임피던스) $= \sqrt{\dfrac{Z}{Y}}$,
r (전파정수) $= \sqrt{ZY}$
- Z는 단락시험, Y는 무부하시험으로 측정

11 단도체 방식과 비교하여 복도체 방식의 송전선로를 설명한 것으로 틀린 것은?

① 선로의 송전용량이 증가된다.
② 계통의 안정도를 증진시킨다.
③ 전선의 인덕턴스가 감소하고, 정전용량이 증가된다.
④ 전선 표면의 전위경도가 저감되어 코로나 임계전압을 낮출 수 있다.

해설 | 복도체 사용 목적
- 코로나 임계전압 (E_0) 계산식
$$E_0 = 24.3\, m_o m_1 \delta\, d \log_{10} \dfrac{D}{r}\ [kV]$$
- 복도체 사용 시 도체직경(d) 증가로 E_0가 상승하여 코로나 발생 억제함

암 복코

12 10000 [kVA] 기준으로 등가 임피던스가 0.4 [%]인 발전소에 설치될 차단기의 차단용량은 몇 [MVA]인가?

① 1000 ② 1500
③ 2000 ④ 2500

해설 | 차단용량(P_s) 계산
$P_s = \dfrac{100}{\%Z} P_n$
$= \dfrac{100}{0.4} \times 10000 = 2500000$
$≒ 2500 [MVA]$

13 고압 배전선로 구성 방식 중 고장 시 자동적으로 고장개소의 분리 및 건전선로에 폐로하여 전력을 공급하는 개폐기를 가지며, 수요 분포에 따라 임의의 분기선으로부터 전력을 공급하는 방식은?

① 환상식 ② 망상식
③ 뱅킹식 ④ 가지식(수지식)

해설 | 결합 개폐기
환상식 선로 고장 시 자동 폐로하여 전력 공급

정답 09 ④ 10 ④ 11 ④ 12 ④ 13 ①

14 중거리 송전선로의 T형 회로에서 송전단 전류 I_s는? (단, Z, Y는 선로의 직렬 임피던스와 병렬 어드미턴스이고, E_r은 수전단 전압, I_r은 수전단 전류이다)

① $E_r(1+\frac{ZY}{2})+ZI_r$

② $I_r(1+\frac{ZY}{2})+E_r Y$

③ $E_r(1+\frac{ZY}{2})+ZI_r(1+\frac{ZY}{4})$

④ $I_r(1+\frac{ZY}{2})+E_r Y(1+\frac{ZY}{4})$

해설 | **T형 회로 송전단 전압·전류 계산식**
- $E_s = (1+\frac{ZY}{2})E_r + Z(1+\frac{ZY}{4})I_r$
- $I_s = YE_r + (1+\frac{ZY}{2})I_r$

15 전력계통 연계 시의 특징으로 틀린 것은?

① 단락전류가 감소한다.
② 경제 급전이 용이하다.
③ 공급 신뢰도가 향상된다.
④ 사고 시 다른 계통으로의 영향이 파급될 수 있다.

해설 | **단락전류(I_s)와 %임피던스(%Z)의 관계**
$I_s = \frac{100}{\%Z} \times I_n$
∴ 전력계통 연계는 회로 병렬연결
%Z 감소, I_s 증가

16 아킹혼(Arcing Horn)의 설치 목적은?

① 이상전압 소멸
② 전선의 진동 방지
③ 코로나 손실 방지
④ 섬락 사고에 대한 애자 보호

해설 | **초호각 (= 소호각 = Arcing horn)**
선로의 섬락으로부터 애자 보호

17 변전소에서 접지를 하는 목적으로 적절하지 않은 것은?

① 기기의 보호
② 근무자의 안전
③ 차단 시 아크의 소호
④ 송전시스템의 중성점 접지

해설 | **접지의 목적**
접지 목적과 차단 시 아크 소호는 관련 없음

18 그림과 같은 2기 계통에 있어서 발전기에서 전동기로 전달되는 전력 P는? (단, X = $X_G + X_L + X_M$ 이고, E_G, E_M은 각각 발전기 및 전동기의 유기기전력, δ는 E_G와 E_M 간의 상차각이다)

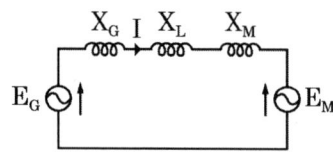

① $P = \dfrac{E_G}{XE_M} \sin\delta$

② $P = \dfrac{E_G E_M}{X} \sin\delta$

③ $P = \dfrac{E_G E_M}{X} \cos\delta$

④ $P = X E_G E_M \cos\delta$

해설 | 전력 P

계산식 $P = \dfrac{E_G E_M}{X} \sin\delta$

19 변전소, 발전소 등에 설치하는 피뢰기에 대한 설명 중 틀린 것은?

① 방전전류는 뇌충격전류의 파곳값으로 표시한다.
② 피뢰기의 직렬갭은 속류를 차단 및 소호하는 역할을 한다.
③ 정격전압은 상용주파수 정현파 전압의 최고 한도를 규정한 순싯값이다.
④ 속류란방전 현상이 실질적으로 끝난 후에도 전력계통에서 피뢰기에 공급되어 흐르는 전류를 말한다.

해설 | 피뢰기 정격전압
- 선로 단자와 접지 단자 간에 인가할 수 있는 상용주파 최대 허용 전압의 실횻값
- 1선 지락 고장 시 건전상의 대지전위

20 부하역률이 $\cos\theta$인 경우 배전선로의 전력 손실은 같은 크기의 부하전력으로 역률이 1인 경우의 전력 손실에 비하여 어떻게 되는가?

① $1/\cos\theta$ ② $1/\cos^2\theta$
③ $\cos\theta$ ④ $\cos^2\theta$

해설 | 전력손실(P_l)과 역률($\cos\theta$)의 관계

$P_l = I^2 R$
$= (\dfrac{P}{V\cos\theta})^2 \times R$
$= \dfrac{P^2 R}{V^2 \cos\theta^2}$

$\therefore P_l \propto \dfrac{1}{\cos^2\theta}$

정답 18 ② 19 ③ 20 ②

전력공학 2019년 3회

01 역률 80 [%], 500 [kVA]의 부하설비에 100 [kVA]의 진상용 콘덴서를 설치하여 역률을 개선하면 수전점에서의 부하는 약 몇 [kVA]가 되는가?

① 400
② 425
③ 450
④ 475

해설 | 피상전력[kVA] 계산

- 콘덴서 설치 전 유효·무효전력 크기
  유효전력 $P = 500 \times 0.8 = 400\,[kW]$
  무효전력 $P_r = 500 \times 0.6 = 300\,[kVA]$
- 콘덴서 설치 후 무효전력 크기
  $300 - 100 = 200\,[kVA]$
- 피상전력 $= \sqrt{\text{유효전력}^2 + \text{무효전력}^2}$
  $\therefore \sqrt{400^2 + 200^2} \fallingdotseq 450\,[kVA]$

02 가공지선에 대한 설명 중 틀린 것은?

① 유도뢰 서지에 대하여도 그 가설 구간 전체에 사고 방지의 효과가 있다.
② 직격뢰에 대하여 특히 유효하며 탑 상부에 시설하므로 뇌는 주로 가공지선에 내습한다.
③ 송전선의 1선 지락 시 지락전류의 일부가 가공지선에 흘러 차폐작용을 하므로 전자유도장해를 적게 할 수 있다.
④ 가공지선 때문에 송전선로의 대지 정전용량이 감소하므로 대지 사이에방전할 때 유도전압이 특히 커서 차폐 효과가 좋다.

해설 | 가공지선
대지정전용량 감소와는 관련 없음

03 부하전류의 차단에 사용되지 않는 것은?

① DS
② ACB
③ OCB
④ VCB

해설 | 단로기(DS)
아크 소호장치가 없어 부하전류 차단 곤란

04 플리커 경감을 위한 전력 공급 측의 방안이 아닌 것은?

① 공급전압을 낮춘다.
② 전용 변압기로 공급한다.
③ 단독 공급계통을 구성한다.
④ 단락용량이 큰 계통에서 공급한다.

해설 | 플리커 현상
(1) 불규칙한 부하 변동에 의해 조명이 깜빡이는 등의 현상
(2) 전력 공급 측 플리커 방지 대책
  - 전용 계통으로 공급
  - 단락용량이 큰 계통에서 공급
  - 전용 변압기로 공급
  - <u>공급 전압 승압</u>

정답 01 ③ 02 ④ 03 ① 04 ①

05 3상 무부하 발전기의 1선 지락 고장 시에 흐르는 지락 전류는? (단, E는 접지된 상의 무부하 기전력이고, Z_0, Z_1, Z_2는 발전기의 영상, 정상, 역상 임피던스이다)

① $\dfrac{E}{Z_0+Z_1+Z_2}$ ② $\dfrac{\sqrt{3}E}{Z_0+Z_1+Z_2}$

③ $\dfrac{3E}{Z_0+Z_1+Z_2}$ ④ $\dfrac{E^2}{Z_0+Z_1+Z_2}$

해설 | 1선 지락 시 지락전류(I_g)

$$I_g = 3I_0 = \dfrac{3E_a}{Z_0+Z_1+Z_2}$$

06 수력발전소의 분류 중 낙차를 얻는 방법에 의한 분류 방법이 아닌 것은?

① 댐식 발전소
② 수로식 발전소
③ 양수식 발전소
④ 유역 변경식 발전소

해설 | 수력발전소의 분류
(1) 낙차에 따른 분류
  • 수로식 발전소
  • 유역 변경식 발전소
  • 댐 발전소
  • 댐 수로식 발전소
    암 수유댐댐
(2) 운용 방법에 따른 분류
  • 양수식
  • 자류식
  • 저수지식
  • 조정지식
    암 양자저조

07 변성기의 정격부담을 표시하는 단위는?

① W ② S
③ dyne ④ VA

해설 | 변성기 정격부담 단위
변성기 정격부담 단위 : VA

08 원자로에서 중성자가 원자로 외부로 유출되어 인체에 위험을 주는 것을 방지하고 방열의 효과를 주기 위한 것은?

① 제어재 ② 차폐재
③ 반사체 ④ 구조재

해설 | 차폐재
γ선 및 중성자를 노 외부로 인출되는 것을 차폐함으로써, 위험 방지 및 방열 효과

09 연가에 의한 효과가 아닌 것은?

① 직렬공진의 방지
② 대지 정전용량의 감소
③ 통신선의 유도장해 감소
④ 선로정수의 평형

해설 | 연가의 효과
• 선로정수 평형(주 목적)
• 유도장해 감소
• 중성점 잔류전압 감소
• 직렬공진 방지

정답 05 ③ 06 ③ 07 ④ 08 ② 09 ②

10 각 전력계통을 연계선으로 상호 연결하였을 때 장점으로 틀린 것은?

① 건설비 및 운전경비를 절감하므로 경제급전이 용이하다.
② 주파수의 변화가 작아진다.
③ 각 전력계통의 신뢰도가 증가된다.
④ 선로 임피던스가 증가되어 단락전류가 감소된다.

해설 | 단락전류(I_s)과 %임피던스(%Z)의 관계

$$I_s = \frac{100}{\%Z} \times I_n$$

∴ 전력계통 연계는 병렬연결
%Z 감소, I_s 증가

---

11 전압 요소가 필요한 계전기가 아닌 것은?

① 주파수계전기
② 동기탈조계전기
③ 지락 과전류계전기
④ 방향성 지락 과전류계전기

해설 | 지락 과전류계전기
전압에 관계없이 동작

---

12 수력발전설비에서 흡출관을 사용하는 목적으로 옳은 것은?

① 압력을 줄이기 위하여
② 유효낙차를 늘리기 위하여
③ 속도변동률을 적게 하기 위하여
④ 물의 유선을 일정하게 하기 위하여

해설 | 흡출관
반동수차에만 사용함. 낙차를 크게 함

---

13 인터록(Interlock)의 기능에 대한 설명으로 옳은 것은?

① 조작자의 의중에 따라 개폐되어야 한다.
② 차단기가 열려 있어야 단로기를 닫을 수 있다.
③ 차단기가 닫혀 있어야 단로기를 닫을 수 있다.
④ 차단기와 단로기를 별도로 닫고, 열 수 있어야 한다.

해설 | 단로기 및 차단기 인터록 관계
• 투입 : 단로기(DS) → 차단기(CB)
• 개방 : 차단기(CB) → 단로기(DS)

---

14 같은 선로와 같은 부하에서 교류 단상 3선식은 단상 2선식에 비하여 전압 강하와 배전 효율이 어떻게 되는가?

① 전압 강하는 적고, 배전 효율은 높다.
② 전압 강하는 크고, 배전 효율은 낮다.
③ 전압 강하는 적고, 배전 효율은 낮다.
④ 전압 강하는 크고, 배전 효율은 높다.

해설 | 단상 3선식 장점(단상 2선식 기준)
전압 강하 및 전력 손실 감소, 배전 효율 상승

15 전력 원선도에서는 알 수 없는 것은?

① 송수전할 수 있는 최대 전력
② 선로 손실
③ 수전단 역률
④ 코로나손

해설 | 전력 원선도에서 알 수 없는 것
코로나 손실, 과도 극한 안정 전력, 송전단 역률

16 가공선 계통은 지중선 계통보다 인덕턴스 및 정전용량이 어떠한가?

① 인덕턴스, 정전용량이 모두 작다.
② 인덕턴스, 정전용량이 모두 크다.
③ 인덕턴스는 크고, 정전용량은 작다.
④ 인덕턴스는 작고, 정전용량은 크다.

해설 | 가공선과 인덕턴스 및 정전용량 관계

- 인덕턴스 $L = 0.05 + 0.4605 \log_{10} \frac{D}{r}$
- 정전용량 $C = \dfrac{0.02413}{\log_{10} \dfrac{D}{r}}$
- 가공선은 선간거리 D가 지중선보다 큼
  ∴ 인덕턴스 증가, 정전용량 감소

17 송전선의 특성임피던스는 저항과 누설 컨덕턴스를 무시하면 어떻게 표현되는가? (단, L은 선로의 인덕턴스, C는 선로의 정전용량이다)

① $\sqrt{\dfrac{L}{C}}$ ② $\sqrt{\dfrac{C}{L}}$

③ $\dfrac{L}{C}$ ④ $\dfrac{C}{L}$

해설 | 특성임피던스(Z_0)

$$Z_0 = \sqrt{\frac{Z}{Y}} = \sqrt{\frac{R+jwL}{G+jwC}} = \sqrt{\frac{L}{C}}$$

18 다음 중 송전선로의 코로나 임계전압이 높아지는 경우가 아닌 것은?

① 날씨가 맑다.
② 기압이 높다
③ 상대 공기 밀도가 낮다.
④ 전선의 반지름과 선간거리가 크다.

해설 | 각 요소들과 코로나 임계전압(E_0) 관계

$$E_0 = 24.3\, m_o m_1 \delta\, d \log_{10} \frac{D}{r}\, [kV]$$

(1) m_0(전선표면계수) (2) m_1(날씨계수)
(3) δ(상대 공기 밀도) (4) d(전선 직경)
위 요소들이 클수록 임계전압 E_0 상승

- 날씨가 맑으면 m_1이 증가해서 E_0가 증가한다.
- 기압이 높으면 δ가 증가해서 E_0가 증가한다.
- 전선의 반지름, 선간거리가 증가하면 E_0는 증가한다.
- δ가 낮아지면 E_0는 낮아진다.

정답 15 ④ 16 ③ 17 ① 18 ③

19 어느 수용가의 부하설비는 전등설비가 500 [W], 전열설비가 600 [W], 전동기설비가 400 [W], 기타설비가 100 [W]이다. 이 수용가의 최대수용전력이 1200 [W]이면 수용률은 몇 [%]인가?

① 55 ② 65
③ 75 ④ 85

해설 | 수용률 계산

$$수용률 = \frac{최대전력}{설비용량} \times 100$$

$$= \frac{1200}{500+600+400+100} \times 100$$

$$= 75 [\%]$$

암 수최설

20 케이블의 전력 손실과 관계가 없는 것은?

① 철손 ② 유전체손
③ 시스손 ④ 도체의 저항손

해설 | 케이블의 전력손실
철손과 전력 손실은 관계가 없다.

정답 19 ③   20 ①

전기기사 전력공학 2018년 1회

01 송전선에서 재폐로 방식을 사용하는 목적은?

① 역률 개선
② 안정도 증진
③ 유도장해의 경감
④ 코로나 발생 방지

해설 | 안정도 향상 대책
- 계통의 직렬 리액턴스 감소
- 조속기 작동을 빠르게 함
- 속응 여자 방식
- 계통연계 방식
- 고속도 재폐로 방식
- 중간조상 방식
- 직렬 콘덴서 설치
- 병렬 회선 수 늘림

02 설비용량이 360 [kW], 수용률 0.8, 부등률 1.2일 때 최대 수용 전력은 몇 [kW]인가?

① 120
② 240
③ 360
④ 480

해설 | 합성 최대 수용 전력 계산
- 최대 수용 전력 = 설비용량 × 수용률
 $= 360 \times 0.8 = 288\,[kW]$
- 부등률 = $\dfrac{\text{각 수용가의 최대 수용 전력의 합}}{\text{합성 최대 수용 전력}}$
- $1.2 = \dfrac{288}{x}$

 $\therefore x = 240\,[kW]$

03 배전계통에서 사용하는 고압용 차단기의 종류가 아닌 것은?

① 기중차단기(ACB)
② 공기차단기(ABB)
③ 진공차단기(VCB)
④ 유입차단기(OCB)

해설 | 기중차단기(ACB)
저압용으로 사용

04 SF_6 가스차단기에 대한 설명으로 틀린 것은?

① SF_6 가스 자체는 불활성 기체이다.
② SF_6 가스는 공기에 비하여 소호 능력이 약 100배 정도이다.
③ 절연 거리를 적게 할 수 있어 차단기 전체를 소형, 경량화할 수 있다.
④ SF_6 가스를 이용한 것으로서 독성이 있으므로 취급에 유의하여야 한다.

해설 | SF_6 가스
- 가스차단기 소호매질로 사용
- 무색, 무취, 무해한 가스

정답 01 ② 02 ② 03 ① 04 ④

05 송전선로의 일반회로 정수가 A = 0.7, B = j190, D = 0.9일 때 C의 값은?

① $-j1.95 \times 10^{-3}$
② $j1.95 \times 10^{-3}$
③ $-j1.95 \times 10^{-4}$
④ $j1.95 \times 10^{-4}$

해설 | **4단자 정수**

$AD - BC = 1, \quad C = \dfrac{AD-1}{B}$

$\therefore C = \dfrac{0.7 \times 0.9 - 1}{j190} = j1.95 \times 10^{-3}$

06 부하역률이 0.8인 선로의 저항 손실은 0.9인 선로의 저항 손실에 비해서 약 몇 배 정도 되는가?

① 0.97   ② 1.1
③ 1.27   ④ 1.5

해설 | **전력 손실(P_l)과 역률의 관계식**

- $P_l = I^2 R = \left(\dfrac{P}{V\cos\theta}\right)^2 R$
  $= \dfrac{P^2 R}{V^2 \cos^2\theta}$ [W]

- $P \propto \dfrac{1}{\cos^2\theta}$

$\therefore \dfrac{P_{l\,0.8}}{P_{l\,0.9}} = \dfrac{\frac{1}{0.8^2}}{\frac{1}{0.9^2}} = \dfrac{0.81}{0.64} = 1.27$배

07 단상변압기 3대에 의한 △결선에서 1대를 제거하고 동일 전력을 V결선으로 보낸다면 동손은 약 몇 배가 되는가?

① 0.67   ② 2.0
③ 2.7   ④ 3.0

해설 | △ → V 동손 배수 계산

- V결선 시 변압기 동손 계산식
  $P_{cV} = m^2 (2P_c)$

- 부하율 $m = \dfrac{\text{부하용량}}{\text{변압기용량}}$
  부하용량 $P_\triangle = 3VI_\triangle$
  변압기용량 $P_V = \sqrt{3}\, VI_V$

- $m = \dfrac{3}{\sqrt{3}} = \sqrt{3}, \quad m^2 = 3$

- 변압기 동손 $P_c = 6P_c$

- △결선 시 변압기 동손 계산식
  $P_{c\triangle} = 3P_c$

- $\dfrac{P_{cV}}{P_{c\triangle}} = \dfrac{6P_c}{3P_c} = 2$

$\therefore 3 \times \dfrac{2}{3} = 2$배

08 피뢰기의 충격방전 개시전압은 무엇으로 표시하는가?

① 직류전압의 크기
② 충격파의 평균치
③ 충격파의 최대치
④ 충격파의 실효치

해설 | **충격방전 개시전압**
충격파 최대 전압 인가 시 피뢰기 단자가방전을 개시하는 전압

09 단상 2선식 배전선로의 선로임피던스가 2 + j5 [Ω]이고, 무유도성 부하전류 10 [A]일 때 송전단 역률은? (단, 수전단 전압의 크기는 100 [V]이고, 위상각은 0°이다)

① 5/12
② 5/13
③ 11/12
④ 12/13

해설 | 송전단 역률($\cos\theta$) 계산

- $\cos\theta = \dfrac{R}{Z}$

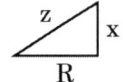

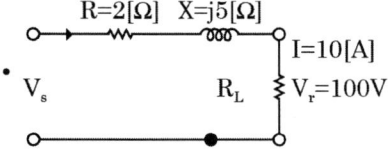

- 부하 저항(R_L) 계산

$$R_L = \frac{V_r}{I} = \frac{100}{10} = 10[\Omega]$$

$$\therefore \cos\theta = \frac{R+R_L}{\sqrt{(R+R_L)^2+X^2}}$$

$$= \frac{(2+10)}{\sqrt{(2+10)^2+5^2}} = \frac{12}{13}$$

10 그림과 같이 전력선과 통신선 사이에 차폐선을 설치하였다. 이 경우에 통신선의 차폐계수(K)를 구하는 관계식은? (단, 차폐선을 통신선에 근접하여 설치한다)

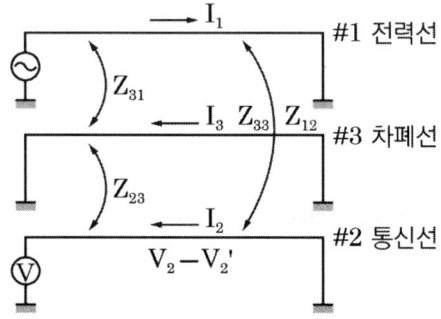

① $K = 1 + \dfrac{Z_{31}}{Z_{12}}$
② $K = 1 - \dfrac{Z_{31}}{Z_{33}}$
③ $K = 1 - \dfrac{Z_{23}}{Z_{33}}$
④ $K = 1 + \dfrac{Z_{23}}{Z_{33}}$

해설 | 차폐계수(K) 계산식

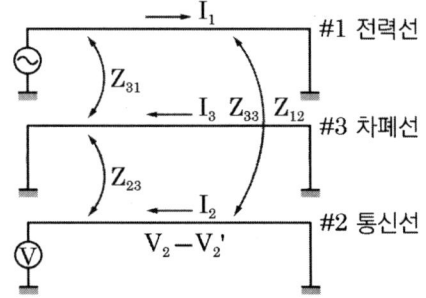

- $K = \left| 1 - \dfrac{Z_{23}Z_{31}}{Z_{33}Z_{12}} \right|$
- 통신선 근접 설치로 $Z_{12} = Z_{31}$

$$\therefore K = 1 - \frac{Z_{23}}{Z_{33}}$$

정답 09 ④ 10 ③

11 모선 보호에 사용되는 계전 방식이 아닌 것은?

① 위상 비교 방식
② 선택 접지 계전 방식
③ 방향 거리 계전 방식
④ 전류 차동 보호 방식

해설 | 모선 보호 계전 방식 종류
- <u>전</u>류 차동 보호 방식
- <u>전</u>압 차동 보호 방식
- <u>위</u>상 비교 방식
- <u>방</u>향 거리(거리 방향) 계전 방식
- <u>환</u>상 모선 보호 방식

암 전전위방환

12 %임피던스와 관련된 설명으로 틀린 것은?

① 정격전류가 증가하면 %임피던스는 감소한다.
② 직렬리액터가 감소하면 %임피던스도 감소한다.
③ 전기기계의 %임피던스가 크면 차단기의 용량은 작아진다.
④ 송전계통에서는 임피던스의 크기를 옴 값 대신에 %값으로 나타내는 경우가 많다.

해설 | %임피던스(%Z) 계산식
$$\%Z = \frac{I_n Z}{E} \times 100$$
∴ 정격전류 I_n 증가 시 %Z 증가

13 A, B 및 C상 전류를 각각 I_a, I_b 및 I_c라 할 때 $I_x = \frac{1}{3}(I_a + a^2 I_b + a I_c)$, $a = -\frac{1}{2} + j\frac{\sqrt{3}}{2}$으로 표시되는 I_x는 어떤 전류인가?

① 정상 전류
② 역상 전류
③ 영상 전류
④ 역상 전류와 영상 전류의 합

해설 | 대칭 좌표법의 대칭 전류
- 영상 전류 $I_0 = \frac{1}{3}(I_a + I_b + I_c)$
- 정상 전류 $I_1 = \frac{1}{3}(I_a + aI_b + a^2 I_c)$
- 역상 전류 $I_2 = \frac{1}{3}(I_a + a^2 I_b + a I_c)$

14 그림과 같이 "수류가 고체에 둘러싸여 있고 A로부터 유입되는 수량과 B로부터 유출되는 수량이 같다"고 하는 이론은?

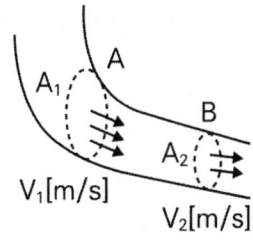

① 수두이론
② 연속의 정리
③ 베르누이의 정리
④ 토리첼리의 정리

해설 | 연속의 정리
$A_1 v_1 = A_2 v_2 = Q$ (일정)

15 4단자 정수가 A, B, C, D인 선로에 임피던스가 $1/Z_T$인 변압기가 수전단에 접속된 경우 계통의 4단자 정수 중 D_0는?

① $D_0 = \dfrac{C+DZ_T}{Z_T}$

② $D_0 = \dfrac{C+AZ_T}{Z_T}$

③ $D_0 = \dfrac{D+CZ_T}{Z_T}$

④ $D_0 = \dfrac{B+AZ_T}{Z_T}$

해설 | 4단자 정수 D_0 계산식

$$\begin{bmatrix} A_0 & B_0 \\ C_0 & D_0 \end{bmatrix} = \begin{bmatrix} A & B \\ C & D \end{bmatrix} \begin{bmatrix} 1 & \dfrac{1}{Z_T} \\ 0 & 1 \end{bmatrix}$$

$$= \begin{bmatrix} A & \dfrac{A}{Z_T}+B \\ C & \dfrac{C}{Z_T}+D \end{bmatrix}$$

16 대용량 고전압의 안정권선(△권선)이 있다. 이 권선의 설치 목적과 관계가 먼 것은?

① 고장전류 저감
② 제3고조파 제거
③ 조상설비 설치
④ 소내용 전원 공급

해설 | △권선의 설치 목적
- 제3고조파 제거
- 조상설비 설치
- 소내용 전원 공급

17 한류리액터를 사용하는 가장 큰 목적은?

① 충전전류의 제한
② 접지전류의 제한
③ 누설전류의 제한
④ 단락전류의 제한

해설 | 한류리액터 목적
단락전류 제한

암 파한단

18 변압기 등 전력설비 내부 고장 시 변류기에 유입하는 전류와 유출하는 전류의 차로 동작하는 보호계전기는?

① 차동계전기
② 지락계전기
③ 과전류계전기
④ 역상전류계전기

해설 | 차동계전기
- 1, 2차 전류 차로 동작
- 변압기 및 발전기의 내부 고장 보호

19 3상 결선 변압기의 단상운전에 의한 소손 방지 목적으로 설치하는 계전기는?

① 차동계전기 ② 역상계전기
③ 단락계전기 ④ 과전류계전기

해설 | 역상계전기
3상 변압기 단상 운전에 의한 소손 방지

정답 15 ① 16 ① 17 ④ 18 ① 19 ②

20 송전선로의 정전용량은 등가선간거리 D가 증가하면 어떻게 되는가?

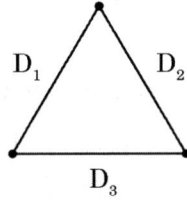

$D = (D_1, D_2, D_3)$

① 증가한다.
② 감소한다.
③ 변하지 않는다.
④ D_2에 반비례하여 감소한다.

해설 | **정전용량(C) 계산식**

$$C = \frac{0.02413}{\log_{10} \frac{D}{r}}$$

∴ D 증가 시 정전용량 감소

전기기사 전력공학 2018년 2회

01 1 [kWh]를 열량으로 환산하면 약 몇 [kcal]인가?

① 80 ② 256
③ 539 ④ 860

해설 | 단위 환산
1 [kWh] = 860 [kcal]

02 22.9 [kV], Y결선된 자가용 수전설비의 계기용 변압기의 2차 측 정격 전압은 몇 [V]인가?

① 110 ② 220
③ $110\sqrt{3}$ ④ $220\sqrt{3}$

해설 | 계기용 변성기의 2차 측 정격 전압
- 계기용 변압기 2차 정격 전압 : 110 [V]
- 계기용 변류기 2차 정격 전류 : 5 [A]

03 순저항 부하의 부하전력 P [kW], 전압 E [V], 선로의 길이 l [m], 고유저항 ρ [Ω·mm²/m]인 단상 2선식 선로에서 선로 손실을 q [W]라 하면 전선의 단면적 [mm²]은 어떻게 표현되는가?

① $\dfrac{plP^2}{qE^2} \times 10^6$ ② $\dfrac{2plP^2}{qE^2} \times 10^6$

③ $\dfrac{plP^2}{2qE^2} \times 10^6$ ④ $\dfrac{2plP^2}{q^2E} \times 10^6$

해설 | 단면적(A) 계산
- 단상전류 $I = \dfrac{P[kW]}{E[V]} = \dfrac{P \times 10^3}{E}$ [A]
- 저항 $R = \rho \dfrac{l}{A}$ [Ω]

  ρ : 고유저항
  l : 선로길이 A : 전선의 단면적
- 단상 2선식 선로 손실 (q)

  $q = 2I^2R = 2 \times (\dfrac{P \times 10^3}{E})^2$

  $\times \rho \dfrac{l}{A} = \dfrac{2\rho lP^2 \times 10^6}{E^2 A}$ [W]

  $\therefore A = \dfrac{2\rho lP^2 \times 10^6}{qE^2}$ [mm²]

정답 01 ④ 02 ① 03 ②

04 동작전류의 크기가 커질수록 동작시간이 짧게 되는 특성을 가진 계전기는?

① 순한시계전기
② 전한시계전기
③ 반한시계전기
④ 반한시 정한시계전기

해설 | 반한시계전기
• 동작전류가 작으면 동작 시간이 길다.
• 동작전류가 크면 동작 시간이 짧아진다.

05 소호리액터를 송전계통에 사용하면 리액터의 인덕턴스와 선로의 정전용량이 어떤 상태로 되어 지락전류를 소멸시키는가?

① 병렬공진
② 직렬공진
③ 고임피던스
④ 저임피던스

해설 | 소호 리액터 접지 방식의 특징
• 병렬 공진 시 지락전류 최소
• 통신 장애 최소
• 차단기 차단 능력 가벼움
• 유도장해 최소
• 보호계전기 동작 불확실
• 단선 사고 시 직렬공진에 의한 이상전압 최대 발생

06 동기조상기에 대한 설명으로 틀린 것은?

① 시충전이 불가능하다.
② 전압 조정이 연속적이다.
③ 중부하 시에는 과여자로 운전하여 앞선 전류를 취한다.
④ 경부하 시에는 부족여자로 운전하여 뒤진 전류를 취한다.

해설 | 동기조상기와 전력용 콘덴서의 특징 비교

구분	동기조상기	전력용 콘덴서
시충전	가능	불가능
전력 손실	크다	작다
무효전력 조정	연속적	계단적
무효전력	진상·지상용	진상용

07 화력발전소에서 가장 큰 손실은?

① 소내용 동력
② 송풍기 손실
③ 복수기에서의 손실
④ 연도 배출가스 손실

해설 | 복수기
• 화력발전에서 손실이 가장 큰 설비
• 우리나라에서는 표면복수기를 주로 사용
• 냉각수를 통해 습증기를 급수로 변환

08 정전용량 0.01 [μF/km], 길이 173.2 [km], 선간전압 60 [kV], 주파수 60 [Hz]인 3상 송전선로의 충전전류는 약 몇 [A]인가?

① 6.3
② 12.5
③ 22.6
④ 37.2

해설 | 충전전류(I_c) 계산

$$I_c = \frac{E}{\frac{1}{\omega C}} = \omega CE \times l$$
$$= 2 \times \pi \times 60 \times 0.01 \times 10^{-6}$$
$$\times \frac{60 \times 10^3}{\sqrt{3}} \times 173.2 ≒ 22.6 [A]$$

TIP 대지전압 = 선간전압 ÷ $\sqrt{3}$

09 발전용량 9800 [kW]의 수력발전소 최대 사용 수량이 10 [m³/s]일 때 유효낙차는 몇 [m]인가?

① 100 ② 125
③ 150 ④ 175

해설 | 유효낙차(H) 계산
- P = 9.8QH [kW]
- 9800 = 9.8 × 10 × H

∴ H = 100

10 차단기의 정격 차단 시간은?

① 고장 발생부터 소호까지의 시간
② 트립코일 여자부터 소호까지의 시간
③ 가동 접촉자의 개극부터 소호까지의 시간
④ 가동 접촉자의 동작 시간부터 소호까지의 시간

해설 | 차단기 정격차단 시간
- 트립 코일 여자부터 아크 소호까지의 시간
- 3, 5, 8 [Hz]

11 부하전류의 차단능력이 없는 것은?

① DS   ② NFB
③ OCB   ④ VCB

해설 | 단로기(DS)
아크 소호장치가 없어 부하전류 차단 곤란

12 전선의 굵기가 균일하고 부하가 송전단에서 말단까지 균일하게 분포되어 있을 때 배전선 말단에서 전압 강하는? (단, 백전선 전체 저항 R, 송전단의 부하전류는 I이다)

① $\frac{1}{2}RI$ ② $\frac{1}{\sqrt{2}}RI$

③ $\frac{1}{\sqrt{3}}RI$ ④ $\frac{1}{3}RI$

해설 | 말단부하와 비교하여 균일 부하 시
- 전력 손실 $P_l = \frac{1}{3}I^2R$
- 전압 강하 $e = \frac{1}{2}IR$

13 역률 개선용 콘덴서를 부하와 병렬로 연결하고자 한다. △결선 방식과 Y결선 방식을 비교하면 콘덴서의 정전용량 [μF]의 크기는 어떠한가?

① △결선 방식과 Y결선 방식은 동일하다.
② Y결선 방식이 △결선 방식의 1/2이다.
③ △결선 방식이 Y결선 방식의 1/3이다.
④ Y결선 방식이 △결선 방식의 1/$\sqrt{3}$이다.

정답 09 ① 10 ② 11 ① 12 ① 13 ③

해설 | 결선 방식별 콘덴서용량 및 정전용량 비교

$$\frac{1}{3}Q_\triangle = Q_Y, \quad C_\triangle = \frac{1}{3}C_Y$$

- 충전용량은 △결선 방식이 Y결선 방식의 3배이다.
- 정전용량은 △결선 방식이 Y결선 방식의 $\frac{1}{3}$배이다.

14 송전선로에서 고조파 제거 방법이 아닌 것은?

① 변압기를 △결선한다.
② 능동형 필터를 설치한다.
③ 유도전압 조정장치를 설치한다.
④ 무효전력 보상장치를 설치한다.

해설 | 유도 전압 조정장치
배전선로의 모선 전압 조정장치로서 고조파 제거와는 무관하다.

15 송전선로에 댐퍼(Damper)를 설치하는 주된 이유는?

① 전선의 진동 방지
② 전선의 이탈 방지
③ 코로나 현상의 방지
④ 현수애자의 경사 방지

해설 | 댐퍼(Damper)
전선의 진동 및 도약 방지설비

16 400 [kVA] 단상변압기 3대를 △-△결선으로 사용하다가 1대의 고장으로 V-V결선을 하여 사용하면 약 몇 [kVA] 부하까지 걸 수 있겠는가?

① 400
② 566
③ 693
④ 800

해설 | V결선 출력(P_V) 계산
$$P_V = \sqrt{3}P_1 = 400 \times \sqrt{3}$$
$$\fallingdotseq 693\,[kVA]$$

17 직격뢰에 대한 방호설비로 가장 적당한 것은?

① 복도체
② 가공지선
③ 서지흡수기
④ 정전방전기

해설 | 가공지선
- 직격뢰, 유도뢰, 통신선에 대한 전자유도 경감의 목적
- 차폐각 35° ~ 40°
- 차폐각이 작을수록 보호율이 높음
- 가공지선을 2회선으로 하면 차폐각이 작아짐
- ACSR 사용

18 선로정수를 평형되게 하고, 근접 통신선에 대한 유도장해를 줄일 수 있는 방법은?

① 연가를 시행한다.
② 전선으로 복도체를 사용한다.
③ 전선로의 이도(처짐 정도)를 충분하게 한다.
④ 소호리액터 접지를 하여 중성점 전위를 줄여준다.

해설 | **연가 효과**
- 선로정수 평형(주 목적)
- 유도장해 감소
- 중성점 잔류 전압 감소
- 직렬공진 방지

19 직류 송전 방식에 대한 설명으로 틀린 것은?

① 선로의 절연이 교류 방식보다 용이하다.
② 리액턴스 또는 위상각에 대해서 고려할 필요가 없다.
③ 케이블 송전일 경우 유전손이 없기 때문에 교류 방식보다 유리하다.
④ 비동기 연계가 불가능하므로 주파수가 다른 계통 간의 연계가 불가능하다.

해설 | **직류 송전 방식 특징**
- 역률이 항상 1이다.
- 비동기 연계가 가능한 장점이 있다.
- 선로의 리액턴스가 없으므로 안정도가 높다.
- 회전자계를 얻기 힘드나(변압 어려움).
- 영점이 없어 고전압, 대전류의 차단이 어렵다.

20 저압개전계통을 구성하는 방식 중 캐스케이딩(Cascading)을 일으킬 우려가 있는 방식은?

① 방사상 방식
② 저압 뱅킹 방식
③ 저압 네크워크 방식
④ 스포트 네트워크 방식

해설 | **캐스케이딩(Cascading)**
- 변압기 2차 측 일부 고장으로 건전한 변압기 일부 또는 전부 고장 발생
- 캐스케이딩 대책 : 구분퓨즈

전기기사 전력공학 — 2018년 3회

01 변류기 수리 시 2차 측을 단락시키는 이유는?

① 1차 측 과전류 방지
② 2차 측 과전류 방지
③ 1차 측 과전압 방지
④ 2차 측 과전압 방지

해설 | **변류기 2차 개방 시 현상**
- 1차 전류가 모두 여자전류가 됨
- 2차 측에 과전압을 유기하여 절연 파괴
- 절연 파괴 대책 : 변류기 2차 측 단락

02 1년 365일 중 185일은 이 양 이하로 내려가지 않는 유량은?

① 평수량   ② 풍수량
③ 고수량   ④ 저수량

해설 | **유황곡선의 유량 크기(365일 기준)**
다음 유량 이하로 내려가지 않는 유량
- 갈수량 : 355일
- 저수량 : 275일
- 평수량 : 185일
- 풍수량 : 95일

암 갈저평풍

03 배전선의 전압조정장치가 아닌 것은?

① 승압기
② 리클로저
③ 유도전압조정기
④ 주상변압기 탭 절환장치

해설 | **리클로저(Recloser)**
배전 선로 고장 시 고장 전류 검출 및 고속 차단하고 자동 재폐로 동작을 수행

TIP 리클로저(R) – 섹셔널라이저(S) 순

04 발전기 또는 주변압기의 내부 고장 보호용으로 가장 널리 쓰이는 것은?

① 거리계전기
② 과전류계전기
③ 비율차동계전기
④ 방향단락계전기

해설 | **비율차동계전기**
- 1, 2차 전류 차가 일정 비율 이상 시 동작
- 변압기 및 발전기의 내부 고장 보호

정답 01 ④ 02 ① 03 ② 04 ③

05 그림과 같은 선로의 등가선간거리는 몇 [m]인가?

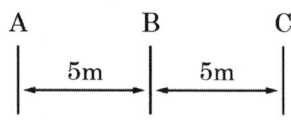

① 5
② $5\sqrt{2}$
③ $5\sqrt[3]{2}$
④ $10\sqrt[3]{2}$

해설 | 등가선간거리(D) 계산
$D = \sqrt[3]{D \times D \times 2D} = 5\sqrt[3]{2}\,[m]$

06 서지파(진행파)가 서지 임피던스 Z_1의 선로 측에서 서지 임피던스 Z_2의 선로 측으로 입사할 때 투과계수(투과파 전압 ÷ 입사파 전압) b를 나타내는 식은?

① $b = \dfrac{Z_2 - Z_1}{Z_1 + Z_2}$
② $b = \dfrac{2Z_2}{Z_1 + Z_2}$
③ $b = \dfrac{Z_1 - Z_2}{Z_1 + Z_2}$
④ $b = \dfrac{2Z_1}{Z_1 + Z_2}$

해설 | 투과계수
$\beta = \dfrac{2Z_2}{Z_1 + Z_2}$

07 3상 송전선로에서 선간 단락이 발생하였을 때 다음 중 옳은 것은?

① 역상전류만 흐른다.
② 정상전류와 역상전류가 흐른다.
③ 역상전류와 영상전류가 흐른다.
④ 정상전류와 영상전류가 흐른다.

해설 | 선간단락 시 전류

고장 종류	대칭분
3상 단락	정상분
선간 단락	정상분, 역상분
1선 지락	정상분, 역상분, 영상분

08 송전계통의 안정도 향상 대책이 아닌 것은?

① 전압 변동을 적게 한다.
② 고속도 재폐로 방식을 채용한다.
③ 고장시간, 고장전류를 적게 한다.
④ 계통의 직렬 리액턴스를 증가시킨다.

해설 | 안정도 향상 대책
• 계통의 직렬 리액턴스 감소
• 조속기 작동을 빠르게 함
• 속응 여자 방식
• 계통연계 방식
• 고속도 재폐로 방식
• 중간 조상 방식
• 직렬 콘덴서 설치
• 병렬 회선 수 늘림

09 배전선로에 사고 범위의 확대를 방지하기 위한 대책으로 적당하지 않은 것은?

① 선택 접지 계전 방식 채택
② 자동 고장 검출장치 설치
③ 진상 콘덴서 설치하여 전압 보상
④ 특고압의 경우 자동 구분 개폐기 설치

해설 | 진상 콘덴서를 설치할 경우 사고 시 사고 범위가 확대될 수 있음

10 화력발전소에서 재열기의 사용 목적은?

① 증기를 가열한다.
② 공기를 가열한다.
③ 급수를 가열한다.
④ 석탄을 건조한다.

해설 | **재열기**
터빈에서 팽창한 증기를 다시 가열

11 송전전력, 송전거리, 전선의 비중 및 전력 손실률이 일정하다고 하면 전선의 단면적 A [mm²]와 송전전압 V [kV]와의 관계로 옳은 것은?

① $A \propto V$
② $A \propto V^2$
③ $A \propto \dfrac{1}{\sqrt{V}}$
④ $A \propto \dfrac{1}{V^2}$

해설 | **전압 n배 승압 시 각 전기 요소 값**
- 공급 전력 $P \propto V^2$
- 전압 강하 $e \propto \dfrac{1}{V}$
- 전선 굵기 $A \propto \dfrac{1}{V^2}$
- 전압 강하율 $\varepsilon \propto \dfrac{1}{V^2}$
- 전력 손실률 $P_l \propto \dfrac{1}{V^2}$

12 선로에 따라 균일하게 부하가 분포된 선로의 전력 손실은 이들 부하가 선로의 말단에 집중적으로 접속되어 있을 때보다 어떻게 되는가?

① 1/2로 된다.
② 1/3로 된다.
③ 2배로 된다.
④ 3배로 된다.

해설 | **말단부하와 비교하여 균일 부하 시**
- 전력 손실 $P_l = \dfrac{1}{3}I^2R$
- 전압 강하 $e = \dfrac{1}{2}IR$

13 반지름 r [m]이고 소도체 간격 S인 4복도체 송전선로에서 전선 A, B, C가 수평으로 배열되어 있다. 등가선간거리가 D [m]로 배치되고 완전 연가된 경우 송전선로의 인덕턴스는 몇 [mH/km]인가?

① $0.4605\log_{10}\dfrac{D}{\sqrt{rS^2}} + 0.0125$
② $0.4605\log_{10}\dfrac{D}{\sqrt[2]{rS^2}} + 0.025$
③ $0.4605\log_{10}\dfrac{D}{\sqrt[3]{rS^2}} + 0.0167$
④ $0.4605\log_{10}\dfrac{D}{\sqrt[4]{rS^3}} + 0.0125$

해설 | **인덕턴스(L) 계산식 [mH/km]**
$$L = \dfrac{0.05}{4} + 0.4605\log_{10}\dfrac{D}{\sqrt[4]{rS^3}}$$
$$= 0.0125 + 0.4605\log_{10}\dfrac{D}{\sqrt[4]{rS^3}}$$

정답 10 ① 11 ④ 12 ② 13 ④

14 최소 동작 전류 이상의 전류가 흐르면 한도를 넘은 양(量)과는 상관없이 즉시 동작하는 계전기는?

① 순한시계전기
② 반한시계전기
③ 정한시계전기
④ 반한시 정한시계전기

해설 | **순한시계전기**
최소 동작 전류 이상의 전류가 흐를 시 즉시 동작

15 최근에 우리나라에서 많이 채용되고 있는 가스절연개폐설비(GIS)의 특징으로 틀린 것은?

① 대기 절연을 이용한 것에 비해 현저하게 소형화할 수 있으나 비교적 고가이다.
② 소음이 적고 충전부가 완전한 밀폐형으로 되어 있기 때문에 안정성이 높다.
③ 가스 압력에 대한 엄중 감시가 필요하며 내부 점검 및 부품 교환이 번거롭다.
④ 한랭지, 산악 지방에서도 액화 방지 및 산화 방지 대책이 필요 없다.

해설 | **가스절연개폐장치(GIS)**
한랭지, 산악 지방에서 가스의 액화 방지 및 산화 방지 대책이 필요하다.

16 송전선로에 복도체를 사용하는 주된 목적은?

① 인덕턴스를 증가시키기 위하여
② 정전용량을 감소시키기 위하여
③ 코로나 발생을 감소시키기 위하여
④ 전선 표면의 전위경도를 증가시키기 위하여

해설 | **복도체 사용 목적**
• 코로나 임계전압(E_0) 계산식

$$E_0 = 24.3\, m_o m_1 \delta\, d \log_{10} \frac{D}{r}\ [kV]$$

• 복도체 사용 시 도체직경(d) 증가로 E_0가 상승하여 코로나 발생을 억제함

암 복코

17 송배전 선로의 전선 굵기를 결정하는 주요 요소가 아닌 것은?

① 전압 강하
② 허용 전류
③ 기계적 강도
④ 부하의 종류

해설 | **전선 굵기를 결정하는 요인**
• 허용전류가 적어야 한다.
• 전압 강하가 적어야 한다.
• 기계적 강도가 커야 한다.

암 허접강도

정답 14 ① 15 ④ 16 ③ 17 ④

18 기준 선간 전압 23 [kV], 기준 3상 용량 5000 [kVA], 1선의 유도 리액턴스가 15 [Ω]일 때 %리액턴스는?

① 28.36 [%] ② 14.18 [%]
③ 7.09 [%] ④ 3.55 [%]

해설 | %리액턴스(%X) 계산
$$\%X = \frac{XP}{10V^2} = \frac{15 \times 5,000}{10 \times 23^2}$$
$$\fallingdotseq 14.18\,[\%]$$
TIP V 및 P_n 단위 [kV] 및 [kVA]여야 함

19 망상(Network) 배전 방식에 대한 설명으로 옳은 것은?

① 전압 변동이 대체로 크다.
② 부하 증가에 대한 융통성이 적다.
③ 방사상 방식보다 무정전 공급의 신뢰도가 더 높다.
④ 인축에 대한 감전 사고가 적어서 농촌에 적합하다.

해설 | 네트워크 배전 방식
• 선로가 복잡해서 인축의 접촉 사고 많음
• 부하 밀집 지역에 유리
• 공급 신뢰도 우수

20 3상용 차단기의 정격 전압은 170 [kV]이고, 정격 차단 전류가 50 [kA]일 때 차단기의 정격 차단용량은 약 몇 [MVA]인가?

① 5000 ② 10000
③ 15000 ④ 20000

해설 | 정격 차단용량(P_s) 계산
$$P_s = \sqrt{3}\,V_n I_s\,[MVA]$$
$$= \sqrt{3} \times 170 \times 50 \fallingdotseq 15,000\,[MVA]$$

정답 18 ② 19 ③ 20 ③

2017년 1회

01 초고압 송전계통에 단권변압기가 사용되는데 그 이유로 볼 수 없는 것은?

① 효율이 높다.
② 단락전류가 작다.
③ 전압변동률이 작다.
④ 자로가 단축되어 재료를 절약할 수 있다.

해설 | **단권변압기의 특징**
- 자로가 단축되어 재료를 절약
- 누설 임피던스가 작으므로 단락 전류 증가
- 전압변동률이 작아 안정도 증가

02 피뢰기의 구비 조건이 아닌 것은?

① 상용주파방전 개시전압이 낮을 것
② 충격방전 개시전압이 낮을 것
③ 속류 차단 능력이 클 것
④ 제한전압이 낮을 것

해설 | **피뢰기 구비 조건**
- 상용주파방전 개시전압이 높을 것
- 충격방전 개시전압이 낮을 것
- 속류 차단 능력이 클 것
- 제한전압이 낮을 것
- 내구성 및 경제성이 있을 것
- 방전 내량이 클 것

03 어떤 화력발전소의 증기조건이 고온원 540 [℃], 저온원 30 [℃]일 때 이 온도 간에서 움직이는 카르노 사이클의 이론 열효율 [%]은?

① 85.2
② 80.5
③ 75.3
④ 62.7

해설 | 카르노 사이클 열효율(η) 계산

$$\eta = 1 - \frac{T_2}{T_1}$$
$$= (1 - \frac{30+273}{540+273}) \times 100 = 62.7 [\%]$$

TIP 섭씨온도를 절대온도로 변환하기 위해서 273을 더한다.

04 그림과 같은 회로의 영상, 정상, 역상 임피던스 Z_0, Z_1, Z_2는?

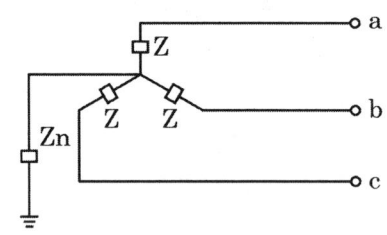

① $Z_0 = Z + 3Z_n$, $Z_1 = Z_2 = Z$
② $Z_0 = 3Z_n$, $Z_1 = Z, Z_2 = 3Z$
③ $Z_0 = 3Z + Z_n$, $Z_1 = 3Z, Z_2 = Z$
④ $Z_0 = Z + Z_n$, $Z_1 = Z_2 = Z + 3Z_n$

정답 01 ② 02 ① 03 ④ 04 ①

해설 | 대칭분회로
$Z_1 = Z_2, \quad Z_0 = Z + 3Z_n$

05 비접지식 송전선로에 있어서 1선 지락 고장이 생겼을 경우 지락점에 흐르는 전류는?

① 직류 전류
② 고장상의 영상전압과 동상의 전류
③ 고장상의 영상전압보다 90° 빠른 전류
④ 고장상의 영상전압보다 90° 늦은 전류

해설 | 비접지 방식의 지락전류 계산식
$I_g = \sqrt{3}\,\omega CV[A]$
C : 대지 정전용량
(90° 빠른 전류 = 충전 전류)

06 가공전선로에 사용하는 전선의 굵기를 결정할 때 고려할 사항이 아닌 것은?

① 절연저항   ② 전압강하
③ 허용전류   ④ 기계적 강도

해설 | 전선 굵기 결정 요인
• 허용전류가 적어야 한다.
• 전압 강하가 적어야 한다.
• 기계적 강도가 커야 한다.

암기 허접강도

07 조상설비가 아닌 것은?

① 정지형 무효전력 보상장치
② 자동고장구분 개폐기
③ 전력용 콘덴서
④ 분로 리액터

해설 | 자동고장구분개폐기
선로를 개폐하는 선로 보호설비로, 역률개선과 상관없음

08 코로나 현상에 대한 설명이 아닌 것은?

① 전선을 부식시킨다.
② 코로나 현상은 전력의 손실을 일으킨다.
③ 코로나 방전에 의하여 전파 장해가 일어난다.
④ 코로나 손실은 전원 주파수의 2/3 제곱에 비례한다.

해설 | 코로나 손실(P_c) 계산식
• $P_c = \dfrac{241}{\delta}(f+25)\sqrt{\dfrac{d}{2D}}(E-E_0)^2 \times 10^{-5}[kW/km/line]$
• 코로나 손실은 전원 주파수(f)에 비례

정답 05 ③ 06 ① 07 ② 08 ④

09 다음 (①), (②), (③)에 들어갈 내용으로 옳은 것은?

> 원자력이란 일반적으로 무거운 원자핵이 핵분열하여 가벼운 핵으로 바뀌면서 발생하는 핵분열에너지를 이용하는 것이고, (①)발전은 가벼운 원자핵을(과) (②)하여 무거운 핵으로 바뀌면서 (③) 전후의 질량결손에 해당하는 방출 에너지를 이용하는 방식이다.

① ① 원자핵융합 ② 융합 ③ 결합
② ① 핵결합 ② 반응 ③ 융합
③ ① 핵융합 ② 융합 ③ 핵반응
④ ① 핵반응 ② 반응 ③ 결합

해설 | 원자력발전
핵융합발전 : 가벼운 원자핵을 융합하여 무거운 핵으로 바뀌면서 핵반응 전후의 질량결손에 해당하는 방출에너지를 이용하는 방식

10 경간 200 [m], 장력 1000 [kg], 하중 2 [kg/m]인 가공전선의 이도(처짐 정도)는 몇 [m]인가?

① 10   ② 11
③ 12   ④ 13

해설 | 전선의 이도(D) 계산

$$D = \frac{WS^2}{8T} = \frac{2 \times 200^2}{8 \times 1000} = 10[m]$$

W : 전선 무게 [kg/m]　S : 경간 [m]
T : 수평장력 [kg]

11 영상 변류기를 사용하는 계전기는?

① 과전류계전기
② 과전압계전기
③ 부족전압계전기
④ 선택지락계전기

해설 | 영상변류기(ZCT)
- 지락 사고 시 지락전류(영상전류) 검출
- 별도의 차단 전류가 필요
- 지락계전기(GR), 선택지락계전기(SGR) 등 추가 설치

12 전력계통의 안정도 향상 방법이 아닌 것은?

① 선로 및 기기의 리액턴스를 낮게 한다.
② 고속도 재폐로 차단기를 채용한다.
③ 중성점 직접접지 방식을 채용한다.
④ 고속도 AVR을 채용한다.

해설 | 직접 접지 특징
- 1선 지락 시 건전상 대지 전압 상승 거의 없음
- 선로 및 기기의 절연 레벨을 낮춤
- 보호계전기 동작 확실
- 단절연 변압기 사용 가능(저감 절연)
- 과도안정도 나쁨
- 지락 시 지락전류가 최대
- 통신선 전자유도 장해 발생
- 차단기 차단 능력 증가

13 증식비가 1보다 큰 원자로는?

① 경수로 ② 흑연로
③ 중수로 ④ 고속증식로

해설 | 고속증식로
증식비가 1보다 큼

14 송전용량이 증가함에 따라 송전선의 단락 및 지락전류도 증가하여 계통에 여러 가지 장해 요인이 되고 있다. 이들의 경감대책으로 적합하지 않은 것은?

① 계통의 전압을 높인다.
② 고장 시 모선 분리 방식을 채용한다.
③ 발전기와 변압기의 임피던스를 작게 한다.
④ 송전선 또는 모선 간에 한류리액터를 삽입한다.

해설 | 단락전류와 임피던스의 관계
상호 반비례하므로 임피던스를 크게 해야 단락전류가 경감된다.

15 송배전 선로에서 선택 지락계전기(SGR)의 용도는?

① 다회선에서 접지 고장 회선의 선택
② 단일 회선에서 접지 전류의 대소 선택
③ 단일 회선에서 접지 전류의 방향 선택
④ 단일 회선에서 접지 사고의 지속 시간 선택

해설 | 선택 접지계전기(SGR)
다회선에서 지락 고장 회선 선택 차단

16 그림과 같은 회로의 일반 회로정수가 아닌 것은?

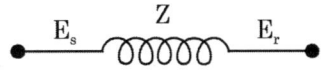

① B = Z + 1 ② A = 1
③ C = 0   ④ D = 1

해설 | 회로정수
A = 1, B = Z, C = 0, D = 1

17 송전선로의 중성점을 접지하는 목적이 아닌 것은?

① 송전용량의 증가
② 과도안정도의 증진
③ 이상 전압 발생의 억제
④ 보호계전기의 신속, 확실한 동작

해설 | 중성점 접지 목적
• 이상전압의 경감 및 발생 억제(주 목적)
• 절연레벨 경감
• 접지계전기의 확실한 동작
• 소호리액터 접지 시 1선 지락 아크 소멸
• 과도안정도의 증진

정답 13 ④ 14 ③ 15 ① 16 ① 17 ①

18 부하전류가 흐르는 전로는 개폐할 수 없으나 기기의 점검이나 수리를 위하여 회로를 분리하거나 계통의 접속을 바꾸는 데 사용하는 것은?

① 차단기   ② 단로기
③ 전력용 퓨즈   ④ 부하 개폐기

해설 | 단로기(DS)
아크 소호장치가 없어 부하전류 차단 곤란

19 보호계전기와 그 사용 목적이 잘못된 것은?

① 비율 차동계전기 : 발전기 내부 단락 검출용
② 전압 평형계전기 : 발전기 출력 측 PT 퓨즈 단선에 의한 오작동 방지
③ 역상 과전류계전기 : 발전기 부하 불평형 회전자 과열 소손 방지
④ 과전압계전기 : 과부하 단락 사고

해설 | 과전압계전기
• 전압이 정정 값 초과 시 동작
• 과부하 및 단락 보호에 사용되지 않음

20 송전선로의 정상 임피던스를 Z_1, 역상 임피던스를 Z_2, 영상 임피던스를 Z_0라 할 때 옳은 것은?

① $Z_1 = Z_2 = Z_0$ ② $Z_1 = Z_2 < Z_0$
③ $Z_1 > Z_2 = Z_0$ ④ $Z_1 < Z_2 = Z_0$

해설 | 대칭분회로
송전선로에서 각 임피던스는
$Z_1 = Z_2, \quad Z_0 = Z + 3Z_n$

정답 18 ② 19 ④ 20 ②

2017년 2회

01 동기조상기 [A]와 전력용 콘덴서 [B]를 비교한 것으로 옳은 것은?

① 시충전 : (A) 불가능, (B) 가능
② 전력 손실 : (A) 작다, (B) 크다
③ 무효전력 조정
  : (A) 계단적, (B) 연속적
④ 무효전력
  : (A) 진상·지상용, (B) 진상용

해설 | 동기조상기와 전력용 콘덴서의 비교

구분	동기조상기	전력용 콘덴서
시충전	가능	불가능
전력 손실	크다	작다
무효전력 조정	연속적	계단적
무효전력	진상·지상용	진상용

02 어떤 공장의 소모 전력이 100 [kW]이며, 이 부하의 역률이 0.6일 때 역률을 0.9로 개선하기 위한 전력용 콘덴서의 용량은 약 몇 [kVA]인가?

① 75   ② 80
③ 85   ④ 90

해설 | 전력용 콘덴서용량(Q_c) 계산 [kVA]

$$Q_c = P\left(\frac{\sqrt{1-\cos^2\theta_1}}{\cos\theta_1} - \frac{\sqrt{1-\cos^2\theta_2}}{\cos\theta_2}\right)$$

$$= 100 \times \left(\frac{\sqrt{1-0.6^2}}{0.6} - \frac{\sqrt{1-0.9^2}}{0.9}\right)$$

$$\fallingdotseq 85$$

03 수력발전소에서 사용되는 수차 중 15 [m] 이하의 저낙차에 적합하여 조력발전용으로 알맞은 수차는?

① 카플란 수차   ② 펠톤 수차
③ 프란시스 수차 ④ 튜블러 수차

해설 | 튜블러 수차
15 [m] 이하 저낙차용으로 조력 발전소에서 쓰임

04 어떤 화력발전소에서 과열기 출구의 증기압이 169 [kgf/cm²]이다. 이것은 약 몇 [atm]인가?

① 127.1   ② 163.6
③ 1650   ④ 12850

해설 | 압력단위 변환
$1\ [atm] = 1.033\ [kgf/cm^2]$

$$\therefore 169 \times \frac{1}{1.033} = 163.6\ [atm]$$

정답 01 ④ 02 ③ 03 ④ 04 ②

05 가공 송전선로를 가선할 때에는 하중 조건과 온도 조건을 고려하여 적당한 이도(처짐정도)를 주도록 하여야 한다. 이도에 대한 설명으로 옳은 것은?

① 이도의 대소는 지지물의 높이를 좌우한다.
② 전선을 가선할 때 전선을 팽팽하게 하는 것을 이도가 크다고 한다.
③ 이도가 작으면 전선이 좌우로 크게 흔들려서 다른 상의 전선에 접촉하여 위험하게 된다.
④ 이도가 작으면 이에 비례하여 전선의 장력이 증가되며, 너무 작으면 전선 상호 간이 꼬이게 된다.

해설 | 이도
② 전선을 가선할 때 전선을 팽팽하게 하는 것을 이도가 작다고 함
③ 이도가 크면 전선이 좌우로 크게 흔들릴 수 있음
④ 이도가 작으면 전선 상호 간 꼬이지 않음

06 승압기에 의하여 전압 V_e에서 V_h로 승압할 때 2차 정격전압 e, 자기용량 W인 단상 승압기가 공급할 수 있는 부하용량은?

① $\dfrac{V_h}{e} \times W$

② $\dfrac{V_e}{e} \times W$

③ $\dfrac{V_e}{V_h - V_e} \times W$

④ $\dfrac{V_h - V_e}{V_e} \times W$

해설 | 단상 승압기 부하용량 계산
• $\dfrac{\text{자기용량}}{\text{부하용량}} = \dfrac{V_h - V_e}{V_h} = \dfrac{e}{V_h}$

• 부하용량 $= \dfrac{V_h}{e} \times$ 자기용량

$\therefore \dfrac{V_h}{e} \times W$

07 일반적으로 부하의 역률을 저하시키는 원인은?

① 전등의 과부하
② 선로의 충전전류
③ 유도 전동기의 경부하 운전
④ 동기 전동기의 중부하 운전

해설 | 역률
유도 전동기는 역률이 낮은 기기이고, 경부하 운전 시에는 더욱 역률이 낮아짐

08 송전단 전압을 V_s, 수전단 전압을 V_r, 선로의 리액턴스를 X라 할 때 정상 시의 최대 송전전력의 개략적인 값은?

① $\dfrac{V_s - V_r}{X}$

② $\dfrac{V_s^2 - V_r^2}{X}$

③ $\dfrac{V_s(V_s - V_r)}{X}$

④ $\dfrac{V_s V_r}{X}$

해설 | 최대 송전전력 조건
$P = \dfrac{V_s V_r}{X} \sin\delta$에서 $\sin\delta = 1$

$\therefore P = \dfrac{V_s V_r}{X}$

정답 05 ④ 06 ① 07 ③ 08 ④

09 가공지선의 설치 목적이 아닌 것은?

① 전압 강하의 방지
② 직격뢰에 대한 차폐
③ 유도뢰에 대한 정전차폐
④ 통신선에 대한 전자유도 장해 경감

해설 | **가공지선**
- 직격뢰, 유도뢰, 통신선에 대한 전자유도 경감의 목적
- 차폐각 35° ~ 40°
- 차폐각이 작을수록 보호율이 높음
- 가공지선을 2회선으로 하면 차폐각이 작아짐
- ACSR 사용

10 피뢰기가 방전을 개시할 때의 단자 전압의 순싯값을 방전 개시전압이라 한다. 방전 중의 단자 전압의 파곳값을 무엇이라 하는가?

① 속류
② 제한전압
③ 기준 충격 절연 강도
④ 상용주파 허용 단자 전압

해설 | **피뢰기 제한전압**
- 피뢰기가 처리하고 남은 전압
- 충격파 전류가 흐르고 있을 때 피뢰기 단자전압의 파곳값

11 송전 계통의 한 부분이 그림과 같이 3상 변압기로 1차 측은 △로, 2차 측은 Y로 중성점이 접지되어 있을 경우 1차 측에 흐르는 영상전류는?

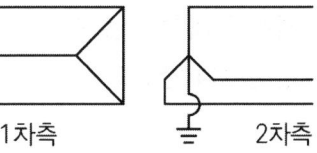

① 1차 측 선로에서 ∞이다.
② 1차 측 선로에서 반드시 0이다.
③ 1차 측 변압기 내부에서는 반드시 0이다.
④ 1차 측 변압기 내부와 1차 측 선로에서 반드시 0이다.

해설 | **△권선 특징**
영상전류는 외부로는 유출되지 못하므로 반드시 0임

12 배전선로에 관한 설명으로 틀린 것은?

① 밸런서는 단상 2선식에 필요하다.
② 저압 뱅킹 방식은 전압 변동을 경감할 수 있다.
③ 배전선로의 부하율이 F일 때 손실계수는 F와 F^2의 사이의 값이다.
④ 수용률이란 최대수용전력을 설비용량으로 나눈 값을 퍼센트로 나타낸다.

해설 | **단상 3선식 배전 방식**
- 중성선 단선 시 전압 불평형 발생
- 불평형 대책 : 밸런서 설치

13 수차발전기에 제동권선을 설치하는 주된 목적은?

① 정지 시간 단축
② 회전력의 증가
③ 과부하 내량의 증대
④ 발전기의 안정도 증진

해설 | 난조 현상
• 원동기의 조속기 감도가 예민한 경우 발생
• 난조 현상 대책 : 제동권선 → 안정도 증진

암 조예난제

14 3상 3선식 가공전선로에서 한 선의 저항은 15 [Ω], 리액턴스는 20 [Ω]이고, 수전단 선간전압은 30 [kV], 부하역률은 0.8(뒤짐)이다. 전압강하율을 10 [%]라 하면 이 송전선로는 몇 [kW]까지 수전할 수 있는가?

① 2500
② 3000
③ 3500
④ 4000

해설 | 송전 전력(P) 계산

• $\varepsilon = \dfrac{P}{V^2}(R + \tan\theta)$ ε : 전압강하율

• $0.1 = \dfrac{P}{(30 \times 10^3)^2} \times (15 + 20 \times \dfrac{0.6}{0.8})$

∴ $P = 3000000\,[W] = 3000\,[kW]$

15 송전선로에서 사용하는 변압기 결선에 △결선이 포함되어 있는 이유는?

① 직류분의 제거
② 제3고조파의 제거
③ 제5고조파의 제거
④ 제7고조파의 제거

해설 | 변압기 △결선 목적
제3고조파 제거

16 교류 송전 방식과 비교하여 직류 송전 방식의 설명이 아닌 것은?

① 전압 변동률이 양호하고 무효전력에 기인하는 전력 손실이 생기지 않는다.
② 안정도의 한계가 없으므로 송전용량을 높일 수 있다.
③ 전력 변환기에서 고조파가 발생한다.
④ 고전압, 대전류의 차단이 용이하다.

해설 | 직류 송전 방식의 특징
• 역률이 항상 1이다
• 비동기 연계가 가능한 장점이 있다.
• 선로의 리액턴스가 없으므로 안정도가 높다.
• 회전자계를 얻기 힘들다(변압 어려움).
• 영점이 없어 고전압, 대전류 차단이 어렵다.

정답 13 ④ 14 ② 15 ② 16 ④

17 전압 66000 [V], 주파수 60 [Hz], 길이 15 [km], 심선 1선당 작용 정전용량 0.3587 [μF/km]인 한 선당 지중 전선로의 3상 무부하 충전전류는 약 몇 [A]인가? (단, 정전용량 이외의 선로정수는 무시한다)

① 62.5
② 68.2
③ 73.6
④ 77.3

해설 | 충전전류(I_c) 계산

$$I_c = \frac{E}{\frac{1}{\omega C}} = \omega CE \times \ell$$

$$= 2 \times \pi \times 60 \times 0.3587 \times 10^{-6}$$

$$\times \frac{66 \times 10^3}{\sqrt{3}} \times 15 \fallingdotseq 77.3\,[A]$$

TIP 대지전압 = 선간전압 ÷ $\sqrt{3}$

18 전력계통에서 사용되고 있는 GCB(Gas Circuit Breaker)용 가스는?

① N_2 가스
② SF_6 가스
③ 아르곤 가스
④ 네온 가스

해설 | SF_6 가스
- 가스차단기 소호매질로 사용
- 무색, 무취, 무해한 가스

19 차단기와 아크 소호 원리가 바르지 않은 것은?

① OCB : 절연유의 분해 가스 흡부력 이용
② VCB : 공기 중 냉각에 의한 아크 소호
③ ABB : 압축공기를 아크에 불어 넣어서 차단
④ MBB : 전자력을 이용하여 아크를 소호실 내로 유도하여 냉각

해설 | 진공차단기(VCB)
- 진공 중의 아크 소호 능력 이용
- 22.9 [kV] 이하 수·변전설비에서 많이 사용

20 네트워크 배전 방식의 설명으로 옳지 않은 것은?

① 전압 변동이 적다.
② 배전 신뢰도가 높다.
③ 전력 손실이 감소한다.
④ 인축의 접촉 사고가 적어진다.

해설 | 네트워크 배전 방식
- 선로가 복잡해서 인축의 접촉사고가 많음
- 부하 밀집지역에 유리
- 공급 신뢰도가 우수

2017년 3회

전기기사 / 전력공학

01 전력용 콘덴서에 의하여 얻을 수 있는 전류는?
① 지상 전류 ② 진상 전류
③ 동상 전류 ④ 영상 전류

해설 | **전력용 콘덴서**
진상 전류를 얻음

02 부하 역률이 현저히 낮은 경우 발생하는 현상이 아닌 것은?
① 전기 요금의 증가
② 유효 전력의 증가
③ 전력 손실의 증가
④ 선로의 전압 강하 증가

해설 | **역률 개선의 효과**
- 전력 손실 경감
- 전압 강하 경감
- 설비용량 여유분 증가
- 전기 요금 절약
∴ 역률 낮을 시 유효전력은 감소된다.

03 배전용 변전소의 주변압기로 주로 사용되는 것은?
① 강압 변압기 ② 체승 변압기
③ 단권 변압기 ④ 3권선 변압기

해설 | **주변압기**
송전용 변압기 : 체승 변압기, 단권 변압기, 3권선변압기
배전용 변압기 : 강압 변압기

04 초호각(Arcing horn)의 역할은?
① 풍압을 조절한다.
② 송전 효율을 높인다.
③ 애자의 파손을 방지한다.
④ 고조파수의 섬락전압을 높인다.

해설 | **초호각(Arcing horn)**
선로의 섬락으로부터 애자련 보호

05 △-△결선된 3상 변압기를 사용한 비접지 방식의 선로가 있다. 이때 1선 지락 고장이 발생하면 다른 건전한 2선의 대지 전압은 지락 전의 몇 배까지 상승하는가?
① $\sqrt{3}/2$ ② $\sqrt{3}$
③ $\sqrt{2}$ ④ 1

정답 01 ② 02 ② 03 ① 04 ③ 05 ②

해설 | 비접지 계통(△) 1선 지락 사고 시
- 지락되는 상(고장 상)은 '0' 전위가 됨
- 나머지 상의 전위는 $\sqrt{3}$배 상승

06 22 [kV], 60 [Hz] 1회선의 3상 송전선에서 무부하 충전전류는 약 몇 [A]인가? (단, 송전선의 길이는 20 [km]이고, 1선 1 [km]당 정전용량은 0.5 [μF]이다)

① 12   ② 24
③ 36   ④ 48

해설 | 충전전류(I_c) 계산

$$I_c = \frac{E}{\frac{1}{\omega C}} = \omega CE \times \ell$$

$$= 2 \times \pi \times 60 \times 0.5 \times 10^{-6}$$

$$\times \frac{22 \times 10^3}{\sqrt{3}} \times 20$$

$$\fallingdotseq 48 \, [A]$$

TIP 대지전압 = 선간전압 ÷ $\sqrt{3}$

07 개폐서지의 이상전압을 감쇄할 목적으로 설치하는 것은?

① 단로기   ② 차단기
③ 리액터   ④ 개폐 저항기

해설 | 개폐서지 발생 및 대책
- 송전 선로의 개폐 조작 시 발생
- 전위 상승 4배 상승
- 개폐서지 대책 : 개폐 저항기

08 모선 보호용계전기로 사용하면 가장 유리한 것은?

① 거리 방향계전기
② 역상계전기
③ 재폐로계전기
④ 과전류계전기

해설 | 모선 보호 계전 방식 종류
- <u>전</u>류 차동 보호 방식
- <u>전</u>압 차동 보호 방식
- <u>위</u>상 비교 방식
- <u>방</u>향 거리(거리 방향) 계전 방식
- <u>환</u>상 모선 보호 방식

암 전전위방환

09 현수애자에 대한 설명으로 틀린 것은?

① 애자를 연결하는 방법에 따라 클래비스형과 볼소켓형이 있다.
② 큰 하중에 대하여는 2연 또는 3연으로 하여 사용할 수 있다.
③ 애자의 연결 개수를 가감함으로써 임의의 송전전압에 사용할 수 있다.
④ 2 ~ 4층의 갓 모양의 자기편을 시멘트로 접착하고, 그 자기를 주철제 베이스로 지지한다.

해설 | 현수애자
④는 핀 애자에 대한 설명

정답 06 ④ 07 ④ 08 ① 09 ④

10 송전선로의 고장전류 계산에 영상 임피던스가 필요한 경우는?

① 1선 지락 ② 3상 단락
③ 3선 단선 ④ 선간 단락

해설 | 대칭좌표법

고장 종류	대칭분
3상 단락	정상분
선간 단락	정상분, 역상분
1선 지락	정상분, 역상분, 영상분

11 그림과 같은 3상 송전 계통에서 송전단 전압은 3300 [V]이다. 점 P에서 3상 단락 사고가 발생했다면 발전기에 흐르는 단락전류는 약 몇 [A]인가?

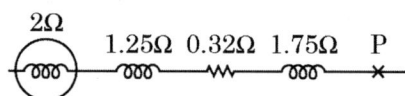

① 320 ② 330
③ 380 ④ 410

해설 | 단락전류(I_s) 계산

$$I_s = \frac{E}{Z} = \frac{E}{\sqrt{R^2+X^2}} = \frac{\frac{3300}{\sqrt{3}}}{\sqrt{0.32^2+5^2}}$$

$$\fallingdotseq 380\,[A]$$

TIP Y결선 시 대지전압 = 선간전압 ÷ $\sqrt{3}$

12 조속기의 폐쇄 시간이 짧을수록 옳은 것은?

① 수격작용은 작아진다.
② 발전기의 전압 상승률은 커진다.
③ 수차의 속도 변동률은 작아진다.
④ 수압관 내의 수압 상승률은 작아진다.

해설 | 수차의 속도변동률(δ)
조속기 폐쇄 시간이 짧을수록, 수차의 최대속도(N_m)이 감소하여 속도 변동률은 작아진다.

$$\delta = \frac{N_m - N_0}{N_0} \times 100\,[\%]$$

N_m : 수차의 최대 회전 속도
N_0 : 정격 회전 속도

13 그림과 같은 수전단 전압 3.3 [kV], 역률 0.85(뒤짐)인 부하 300 [kW]에 공급하는 선로가 있다. 이때 송전단 전압은 약 몇 [V]인가?

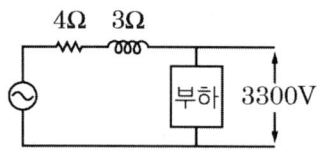

① 3430 ② 3530
③ 3730 ④ 3830

해설 | 송전단 전압(E_s) 계산

$$E_s = E_r + \frac{P}{E_r}(R + X\tan\theta)$$

$$= 3300 + \frac{300 \times 10^3}{3300}$$

$$\times (4 + 3 \times \frac{\sqrt{1-0.85^2}}{0.85})$$

$$\fallingdotseq 3830\,[V]$$

정답 10 ① 11 ③ 12 ③ 13 ④

14 증기의 엔탈피란?

① 증기 1 [kg]의 잠열
② 증기 1 [kg]의 현열
③ 증기 1 [kg]의 보유 열량
④ 증기 1 [kg]의 증발열을 그 온도로 나눈 것

해설 | **엔탈피**
증기 1 [kg]의 보유 열량

15 장거리 송전선로는 일반적으로 어떤 회로로 취급하여 회로를 해석하는가?

① 분포정수회로
② 분산부하회로
③ 집중정수회로
④ 특성 임피던스회로

해설 | **장거리 송전선로**
장거리 송전선로(100 [km] 이상)은 분포정수회로로 취급하여 해석함

구분	회로
단거리	집중정수회로
중거리	T회로, π회로
장거리	분포정수회로

16 4단자 정수 A = D = 0.8, B = j1.0인 3상 송전선로에 송전단 전압 160 [kV]를 인가할 때 무부하 시 수전단 전압은 몇 [kV]인가?

① 154
② 164
③ 180
④ 200

해설 | 무부하 시 수전단 전압(E_r) 계산
- $E_s = AE_r + BI_r$, $I_s = CE_r + DI_r$
- 무부하 ($I_r = 0$)일 때, $E_s = AE_r$

$\therefore E_r = \dfrac{E_s}{A} = \dfrac{160}{0.8} = 200 [kV]$

17 유도장해를 방지하기 위한 전력선 측의 대책으로 틀린 것은?

① 차폐선을 설치한다.
② 고속도 차단기를 사용한다.
③ 중성점 전압을 가능한 높게 한다.
④ 중성점 접지에 고 저항을 넣어서 지락 전류를 줄인다.

해설 | **전자유도장해**
(1) 전력선 측 대책
  - 차폐선을 설치
  - 각 선간거리를 멀리함
  - 고속도 지락보호계전기를 채택
  - 중성점 접지 저항 값을 크게 함
(2) 통신선 측 대책
  - 연피 통신 케이블을 사용
  - 성능 좋은 피뢰기를 설치
  - 통신선의 도중에 중계코일을 설치

정답 14 ③ 15 ① 16 ④ 17 ③

18 원자로의 감속재에 대한 설명으로 틀린 것은?

① 감속 능력이 클 것
② 원자 질량이 클 것
③ 사용 재료로 경수를 사용
④ 고속 중성자를 열중성자로 바꾸는 작용

해설 | **감속재**
가벼운 원자핵일수록 효과가 큼

19 송전선로에 매설지선을 설치하는 주된 목적은?

① 철탑 기초의 강도를 보강하기 위하여
② 직격뢰로부터 송전선을 차폐 보호하기 위하여
③ 현수애자 1연의 전압 분담을 균일화하기 위하여
④ 철탑으로부터 송전선로의 역섬락을 방지하기 위하여

해설 | **역섬락**
- 철탑 접지저항이 크면 비교적 저항이 적은 선로 측으로 이상전류가 흐름
- 역섬락 대책
  매설지선 : 철탑 접지저항을 감소시키는 전선

20 송전전력, 부하역률, 송전 거리, 전력 손실, 선간전압이 동일할 때 3상 3선식에 의한 소요 전선량은 단상 2선식의 몇 [%]인가?

① 50   ② 67
③ 75   ④ 87

해설 | 단상 2선식 대비 전체 전선 중량비
= 전력 손실비(사용 전압 및 전력, 손실 일정)

- 단상 3선식 $\frac{3}{8}$
- 3상 3선식 $\frac{3}{4}$
- 3상 4선식 $\frac{1}{3}$

$\therefore$ 3상 3선식 : $\frac{3}{4}$ = 75 [%]

정답 18 ② 19 ④ 20 ③

모아 전기기사 전력공학 필기 이론+과년도 8개년

발행일	2024년 9월 6일 초판 1쇄
지은이	천은지
발행인	황모아
발행처	(주)모아교육그룹
주 소	서울특별시 영등포구 영신로 32길 29 세화빌딩 2층
전 화	02-2068-2393(출판, 주문)
등 록	제2015-000006호 (2015.1.16.)
이메일	moagbooks@naver.com
ISBN	979-11-6804-315-2 (13560)

이 책의 가격은 뒤표지에 있습니다.

Copyright ⓒ (주)모아교육그룹 Co., Ltd. All Rights Reserved.

이 책은 저작권법에 의해 보호를 받는 저작물이므로 저자와 출판사의 서면 허락 없이 내용의 전부 또는 일부를 이용하는 것을 금합니다.

전기기사 합격!
여러분의 합격은 모아의 보람입니다.

끊임없이 변화를 추구하는 교육기업
모아교육그룹

모아를 선택해주신 여러분께 감사드립니다.

- ✔ 모아는 혁신적인 교육을 통해 인간의 사고(思考)를 확장 및 변화시킬 수 있다고 믿고 있습니다.
- ✔ 모아는 미래를 교육으로 변화시킬 수 있다고 믿고 있습니다.
- ✔ 모아는 청년부터 장년, 중년, 노년까지의 성인교육에 중점을 두고 사업을 진행하고 있습니다.

초고령화, 불확실성의 시대
모아는 당신의 미래를 함께 하는 혁신적인 교육 플랫폼이 되겠습니다.